高等学校计算机应用规划教材

新编计算机基础教程
(Windows 7+Office 2010 版)
(第四版)

宋耀文　主　编
刘松霭　副主编

清华大学出版社
北　京

内 容 简 介

本书以突出"应用"、强调"技能"为目标，同时涵盖了全国计算机等级考试一、二级(Windows 环境)相关内容。全书共 7 章，内容主要包括：电子计算机概述、计算机系统、Windows 7 操作系统、Word 2010 文字处理、Excel 2010 电子表格、PowerPoint 2010 演示文稿、数据库管理系统 Access 2010。

本书适合作为各类高等学校非计算机专业的计算机基础课程的教学用书，也可作为参加全国计算机等级考试一、二级考试的复习用书，还可作为各类计算机培训班用书或初学者的自学用书。

本书配套的电子课件、教案和操作训练素材及样章可以到 http://www.tupwk.com.cn/downpage 网站下载，也可以扫描前言中的二维码下载。

图书在版编目(CIP)数据

新编计算机基础教程：Windows 7+Office 2010 版 / 宋耀文 主编. 一4 版. 一北京：清华大学出版社，2020.5 (2020.12重印)

高等学校计算机应用规划教材

ISBN 978-7-302-55072-3

Ⅰ.①新… Ⅱ.①宋… Ⅲ.①Windows 操作系统—高等学校—教材 ②办公自动化—应用软件—高等学校—教材 Ⅳ.①TP316.7 ②TP317.1

中国版本图书馆 CIP 数据核字(2020)第 039397 号

责任编辑：胡辰浩
装帧设计：孔祥峰
责任校对：成凤进
责任印制：丛怀宇

出版发行：清华大学出版社
　　网　　　址：http://www.tup.com.cn，http://www.wqbook.com
　　地　　　址：北京清华大学学研大厦 A 座　　　邮　　编：100084
　　社 总 机：010-62770175　　　　　　　　　　邮　　购：010-62786544
　　投稿与读者服务：010-62776969，c-service@tup.tsinghua.edu.cn
　　质 量 反 馈：010-62772015，zhiliang@tup.tsinghua.edu.cn
印 装 者：小森印刷霸州有限公司
经　　销：全国新华书店
开　　本：185mm×260mm　　　印　　张：16.5　　　字　　数：422 千字
版　　次：2014 年 7 月第 1 版　　2020 年 5 月第 4 版　　印　　次：2020 年 12 月第 3 次印刷
印　　数：5001～6500
定　　价：69.00 元

产品编号：087381-02

前　言

　　"大学计算机基础"是高校开设最为普遍、受益面最广的一门计算机基础课程，是为高校非计算机专业学生开设的第一层次的计算机基础教育课程。本书是为了适应大学计算机基础教学新形势的需要，根据教育部高等学校非计算机专业计算机基础课程教学指导委员会提出的高等院校非计算机专业计算机基础教育大纲而编写的。主要为各级高校学生提供一本既有理论基础，又注重操作技能的实用计算机基础教程。本教材针对高等院校非计算机专业计算机基础教学的特点，注重基础知识的系统性和基本概念的准确性，更强调应用性和实用性。

　　全书共分为 7 章。第 1 章 "电子计算机概述" 由宋耀文编写；第 2 章 "计算机系统" 由宋耀文编写；第 3 章 "Windows 7 操作系统" 由宋耀文编写；第 4 章 "Word 2010 文字处理" 由刘松霭编写；第 5 章 "Excel 2010 电子表格" 由刘松霭编写；第 6 章 "PowerPoint 2010 演示文稿" 由刘松霭编写；第 7 章 "数据库管理系统 Access 2010" 由刘松霭编写。全书由宋耀文副教授统稿。

　　本书各章后面均配有实训内容，对教材的知识点、技能或方法，进行提炼、概括和总结，设计了大量的实践项目，便于学生巩固复习。本书以突出 "应用"、强调 "技能" 为目标，同时涵盖了全国计算机等级考试一、二级(Windows 环境)相关内容。本书适合作为各类高等学校非计算机专业的计算机基础课程的教学用书，也可作为参加全国计算机等级考试一、二级等级考试的复习用书，还可作为各类计算机培训班用书或初学者的自学用书。

　　由于作者水平所限，书中难免有错误与不足之处，恳请专家和广大读者批评指正。在编写本书的过程中参考了相关文献，在此向这些文献的作者深表感谢。我们的电话是 010-62796045，信箱是 huchenhao@263.net。

　　本书配套的电子课件、教案和操作训练素材及样章可以到 http://www.tupwk.com.cn/downpage 网站下载，也可以扫描下方的二维码下载。

编　者

2020 年 1 月

目　　录

第 1 章

电子计算机概述

1.1 计算机概述

　　计算机的应用已经渗透到各个领域，成为人们工作、生活、学习不可或缺的重要组成部分，并由此形成了独特的计算机文化。计算机文化作为当今最具活力的一种崭新文化形态，加快了人类社会前进的步伐，其所产生的思想观念、所带来的物质基础条件以及计算机文化教育的普及，推动了人类社会的进步和发展。

1.1.1 计算机的产生

　　自从人类文明形成，人类就不断地追求先进的计算工具。远在古代，人们为了计数和计算发明了算筹和算盘。

　　1621 年，英国人威廉·奥特瑞发明了计算尺。法国数学家布莱斯·帕斯卡于 1642 年发明了机械计算器。机械计算器用纯粹机械代替了人的思考和记录，标志着人类已开始向自动计算工具领域迈进。

　　1822 年英国人查尔斯设计了差分机和分析机。设计的理论与现在的电子计算机理论类似。

　　机械计算机在程序自动控制、系统结构、输入输出和存储等方面为现代计算机的产生奠定了技术基础。

　　1854 年，英国逻辑学家、数学家乔治·布尔设计了一组符号，表示逻辑理论中的基本概念，并规定了运算法则，把形式逻辑归结成一种代数运算，从而建立了逻辑代数。应用逻辑代数可以从理论上解决具有两种电状态的电子管作为计算机的逻辑元件问题，为现代计算机采用二进制奠定了理论基础。

　　1936 年，英国著名数学家图灵发表了论文《论可计算数及其在判定问题中的应用》，给出了现代电子数字计算机的数学模型，从理论上论证了通用计算机产生的可能性。

　　1945 年 6 月，美籍匈牙利数学家约翰·冯·诺依曼首先提出在计算机中"存储程序"的概念，奠定了现代计算机的结构理论基础。

　　1946 年，世界上第一台通用电子数字计算机 ENIAC(Electronic Numerical Integrator And Calculator，中文名为"埃尼阿克")在美国的宾夕法尼亚大学研制成功。ENIAC 的研制成功，是计算机发展史上的一座里程碑。该计算机最初是为了分析和计算炮弹的弹道轨迹而研制的。

ENIAC 共使用了 18000 多个电子管、1500 个继电器以及其他器件，其总体积约 90 立方米，重达 30 吨，占地约 170 平方米，耗电量为 140 千瓦/小时，运算速度为 5000 次/秒。

1949 年 5 月，英国剑桥大学数学实验室根据冯•诺依曼的思想，制成电子延迟存储自动计算机(Electronic Delay Storage Automatic Calculator，EDSAC)，这是第一台带有存储程序结构的电子计算机。

1.1.2　计算机的发展

1. 计算机的发展历程

从世界上第一台电子计算机问世到现在，计算机技术获得了突飞猛进的发展，在人类科技史上还没有一门技术可以与计算机技术的发展速度相提并论。根据组成计算机的电子逻辑器件，可将计算机的发展分成如下 4 个阶段。

(1) 电子管计算机(1946—1957 年)

其主要特点是采用电子管作为基本电子元器件，体积大、耗电量大、寿命短、可靠性低、成本高；存储器采用水银延迟线，在这个时期，没有系统软件，用机器语言和汇编语言编程。计算机只能在少数尖端领域中得到应用，一般用于科学、军事和财务等方面的计算。

(2) 晶体管计算机(1958—1964 年)

其主要特点是采用晶体管制作基本逻辑部件，体积减小，重量减轻，能耗降低，成本下降，计算机的可靠性和运算速度均得到提高；存储器采用磁芯和磁鼓，出现了系统软件(监控程序)，提出了操作系统的概念，并且出现了高级语言，如 Fortran 语言等。其应用扩大到数据和事务处理。

(3) 集成电路计算机(1965—1971 年)

其主要特点是采用中、小规模集成电路制作各种逻辑部件，从而使计算机体积小，重量更轻，耗电更省，寿命更长，成本更低，运算速度有了更大的提高。第一次采用半导体存储器作为主存，取代了原来的磁芯存储器，使存储器容量的存取速度有了革命性的突破，增加了系统的处理能力；系统软件有了很大发展，并且出现了计算机高级语言，如 BASIC、Pascal 等。

(4) 大规模、超大规模集成电路计算机(1972 年至今)

其主要特点是基本逻辑部件采用大规模、超大规模集成电路，使计算机体积、重量、成本均大幅度降低，计算机的性能空前提高。操作系统和高级语言的功能越来越强大，并且出现了微型计算机。

2. 我国计算机的发展历程

我国计算机事业始于 1956 年，经过几十年的发展，取得了很大的成就。

1958 年 8 月 1 日，我国成功研制出 103 小型电子计算机，从而实现了计算机技术零的突破。1959 年 10 月 1 日，我国又成功研制出 104 大型电子计算机，这种计算机的技术指标当时已处于比较先进的水平。

1973 年 1 月 15 日至 27 日在北京召开了"电子计算机首次专业会议"(即 7301 会议)。这次专业会议分析了计算机的发展形势，提出了我国计算机工业发展的政策，并规划了 DJS-100 小型计算机系列、DJS-200 大中型计算机系列的联合设计和试制生产任务。

1983 年 12 月 6 日，我国第一台被命名为“银河-I”的亿次巨型电子计算机在国防科技大学研制成功。至此，中国成为继美、日等国之后，能够独立设计和制造巨型机的国家。2001 年 2 月，曙光 3000 超级服务器诞生，峰值计算速度达到每秒 4032 亿次。曙光 3000 超级服务器的研制开发具有非同寻常的战略意义，它是我国综合科技实力的体现。

经过多年的努力，目前我国在国产 CPU 芯片的研制及其在巨型机上的应用取得了重大成果，已具备采用国产 CPU 芯片研制百万亿次量级巨型机的能力。“银河”“曙光”“深腾”等高性能计算机也都取得了令人瞩目的成果。2010 年 11 月中国天河-1A 超级计算机曾在世界 500 强超级计算机中排名第一位。天河-1A 每秒可进行 2.57 千万亿次浮点运算，这个速度意味着，如果用“天河一号”计算一秒，则相当于全国 13 亿人连续计算 88 年。如果用“天河一号”计算一天，一台当前主流微机得算 160 年。“天河一号”的存储量，则相当于 4 个国家图书馆藏书量之和。“天河一号”由国防科技大学研制，部署在国家超级计算天津中心。现在，中国的世界 500 强超级计算机已经从 42 台增加到 62 台。

1.1.3　计算机的发展趋势

随着计算机技术的发展以及社会对计算机不同层次的需求，当前计算机正在向巨型化、微型化、网络化和智能化方向发展。

1. 巨型化

巨型化是指向高速运算、大存储容量、高精度的方向发展的巨型计算机。其运算能力一般在每秒百亿次以上。巨型计算机主要用于尖端科学技术和军事国防系统的研究开发，如模拟核试验、破解人类基因密码等。巨型计算机的发展集中体现了当前计算机科学技术发展的最高水平，推动了计算机系统结构、硬件和软件的理论和技术、计算数学以及计算机应用等多个学科分支的发展。巨型机的研制水平标志着一个国家的科技能力和综合国力。

2. 微型化

微型化是指计算机向使用方便、体积小、成本低和功能齐全的方向发展，20 世纪 70 年代以来，由于大规模和超大规模集成电路的飞速发展，微处理器芯片连续更新换代，微型计算机的成本不断下降，加上丰富的软件和外设，易于操作，使微型计算机很快普及到社会各个领域并走进了千家万户。随着微电子技术的进一步发展，微型计算机的发展将更加迅速，其中笔记本型、掌上型等微型计算机必将以更优的性价比受到人们的青睐。

3. 网络化

网络化是指利用通信技术和计算机技术，把分布在不同地点的计算机互联起来，按照网络协议相互通信，以达到所有用户均可共享软件、硬件和数据资源的目的，方便快捷地实现信息交流。目前，计算机网络在交通、金融、企业管理、教育、邮电、商业等各行各业中得到广泛的应用。人们通过网络能更好地传送数据、文本资料、声音、图形和图像，可随时随地在全世界范围拨打可视电话或收看任意国家的电视和电影。

4. 智能化

智能化就是要求计算机能模拟人的感知和思维能力，是计算机研究的重要方向之一。智能化的研究领域很多，其中最具代表性的领域是专家系统和机器人。

1.1.4 计算机的分类

计算机按照不同的标准可以有不同的分类方法。

1. 按处理数据信息的形式分类

按处理数据信息的形式可以把计算机分为数字计算机、模拟计算机以及数字模拟混合计算机。

(1) 数字计算机

数字计算机通过电信号的有无来表示数据，并利用算术和逻辑运算法则进行计算。它具有运算速度快、精度高、灵活性大和便于存储等优点，因此适合于科学计算、信息处理、实时控制和人工智能等应用。通常所用的计算机一般是指数字计算机。

(2) 模拟计算机

模拟计算机通过电压的高低来表示数据，即通过电的物理变化过程来进行数值计算。其优点是速度快，适合于解高阶的微分方程。在模拟计算和控制系统中应用较多，但通用性不强，信息不易存储，且计算机的精度受到设备的限制。因此，没有数字计算机的应用普遍。

(3) 数字模拟混合计算机

数字模拟混合计算机兼有数字和模拟两种计算机的优点，既能接收、输出和处理模拟量，又能接收、输出和处理数字量。

2. 按规模分类

按照计算机的规模，根据其运算速度、输入输出能力、存储能力等综合因素，通常将计算机分为巨型机、大型机、小型机和微型机。

(1) 巨型机

巨型机运算速度快，存储量大，结构复杂，价格昂贵，主要用于尖端科学研究领域，如IBM 390系列、银河计算机等。

(2) 大型机

大型机的规模次于巨型机，有比较完善的指令系统和丰富的外部设备，主要用于计算机网络和大型计算中心，如IBM 4300。

(3) 小型机

小型机可以为多个用户执行任务，通常是一个多用户系统。结构简单、设计周期短，便于采用先进工艺，并且对运行环境要求低，易于操作和维护。典型的小型机如PDP-11。

(4) 微型机

微型机采用微处理器、半导体存储器和输入输出接口等芯片组成，比小型机体积更小、价格更低、灵活性更强、可靠性更高、使用更加方便。目前许多微型机的性能已超过以前的大型机。

3. 按功能分类

按计算机的功能分类，一般可分为专用计算机与通用计算机。专用计算机功能单一、可靠性高、适应性差。但在特定用途下最有效、最经济、最快速，是其他计算机无法替代的，如军事系统、银行系统使用的就是专用计算机。通用计算机功能齐全，适应性强，目前人们所使用的大都是通用计算机。

另外还可按工作模式分为服务器和工作站。

1.2　计算机的特点与应用

最初设计计算机的主要目的是用于复杂的数值计算，"计算机"也因此而得名。但随着计算机技术的迅猛发展，它的应用范围不断扩大，不再局限于数值计算，而被广泛地应用于自动控制、信息处理、智能模拟等各个领域。

1.2.1　计算机的特点

计算机凭借传统信息处理工具所不具备的特征，深入到社会生活的各个方面，而且它的应用领域正在变得越来越广泛，主要具备以下几方面的特点。

1. 运算能力强，运行速度快

一般微机运算速度可达每秒几十兆至几百兆次，目前计算机运算速度已超过百万亿次/秒。

2. 计算精度高，数据准确度高

数据的精确度主要取决于计算机的字长，字长越长，运算精度越高，从而计算机的数值计算更加精确。如圆周率 π 的计算，计算机在很短的时间内就能精确地计算到 200 万位以上。

3. 具有超强的"记忆"能力和逻辑判断能力

计算机依靠各种存储设备，存储容量越来越大，可存储大量信息。一片单面的 DVD 容量为 4.7GB，可存储大约播放 135 分钟的电影。计算机不仅能进行计算，还具有逻辑判断能力，可实现推理和证明，并能根据判断的结果自动决定以后执行的命令，因而能解决各种各样的复杂问题。例如，百年数学难题"四色猜想"(任意复杂的地图，使相邻区域的颜色不同，最多只用 4 种颜色表示)利用计算机得以验证。

4. 自动化程度高

计算机可以按照预先编制的程序自动执行而不需要人工干预。

1.2.2 计算机的应用

1. 科学计算

科学计算主要指计算机用于完成和解决科学研究和工程技术中的数学计算问题，尤其是一些十分庞大而复杂的科学计算，靠其他计算工具有时难以解决。如天气预报、卫星发射轨迹的计算等都离不开计算机。

2. 数据及事务处理

所谓数据及事务处理，泛指数据管理和计算处理。其主要特点是，要处理的原始数据量大，而算术运算较简单，并有大量的逻辑运算和判断，结果常要求以表格或图形等形式存储或输出。如银行日常账务管理、股票交易管理、图书资料的检索等。

3. 自动控制与人工智能

由于计算机计算速度快且又有逻辑判断能力，因此可广泛用于自动控制领域。如对生产和实验设备及其过程进行控制，可以大大提高自动化水平，减轻劳动强度，缩短生产和实验周期，提高劳动效率，提高产品质量和产量，特别是在现代国防及航空航天等领域，可以说计算机控制技术起着决定性的作用。另外，随着智能机器人的研制成功，机器人可以代替人的部分脑力和体力劳动，特别是人难以完成的工作。21世纪，人工智能的研究目标是使计算机更好地模拟人的思维活动，完成更复杂的任务。

4. 计算机辅助系统

计算机辅助系统是以计算机为工具，并且配备专用软件来辅助人们完成特定的工作任务，以提高工作效率和工作质量为目标的硬件环境和软件环境的总称。

(1) 计算机辅助设计(CAD)

利用计算机高速处理、大容量存储和图形处理的能力，可以辅助设计人员进行产品设计。计算机辅助设计技术已广泛应用于电路设计、机械设计、土木建筑以及服装设计等各个方面，不但提高了设计速度，而且大大提高了产品质量。

(2) 计算机辅助制造(CAM)

在机器制造业中，利用计算机通过各种数值计算控制机床和设备，自动完成产品的加工、装配、检测和包装等制造过程。

(3) 计算机辅助教学(CAI)

计算机用于支持教学和学习的各类应用统称为CAI。计算机辅助教学系统使教学内容生动、形象逼真，能够模拟其他手段难以实现的动作和场景。通过交互方式帮助学生自学、自测，方便灵活，可满足不同层次人员对教学不同的要求。

(4) 其他计算机辅助系统

其他计算机辅助系统主要包括：利用计算机作为工具辅助产品测试的计算机辅助测试(CAT)；利用计算机对学生的教学、训练和对教学事务进行管理的计算机辅助教育(CAE)；利用计算机对文字、图像等信息进行处理、编辑、排版的计算机辅助出版系统(CAP)等。

5. 通信与网络

随着信息化社会的发展，特别是计算机网络的迅速发展，使得计算机在通信领域的作用越来越大，目前遍布全球的互联网(Internet)已把全球的大多数国家联系在一起。如远程教学，利用计算机辅助教学和计算机网络在家里学习来代替学校、课堂这种传统教学方式已经变成现实。

6. 计算机模拟

在传统的工业生产中，常使用"模型"对产品或工程进行分析、设计。20 世纪后期，人们尝试利用计算机程序代替实物模型进行模拟试验，并为此开发了一系列通用模拟语言。事实证明，计算机容易实现仿真环境、器件的模拟，特别是破坏性试验模拟，更能突出计算机模拟的优势，从而被工业和科研部门广泛采用，比如模拟核爆炸实验。目前，计算机模拟广泛应用于飞机、汽车等产品设计，危险或代价很高的人体试验、环境试验，人员训练以及"虚拟现实"新技术，社会科学等领域。

除此之外，计算机在电子商务、电子政务等领域的应用也得到了快速发展。

1.3　信息在计算机内部的表示与存储

在计算机中，无论是数值型数据还是非数值型数据，都是以二进制的形式存储的，即无论参与运算的是数值型数据，还是文字、图形、声音、动画等非数值型数据，都是以 0 和 1 组成的二进制代码表示的。计算机之所以能区分这些不同的信息，是因为它们采用不同的编码规则。

1.3.1　数制的概念

数制是指用一组固定的符号和统一的规则来计数的方法。

1. 进位计数制

计数是数的记写和命名，各种不同的记写和命名方法构成计数制。按进位的方式计数的数制，称为进位计数制，简称进位制。在日常生活中通常使用十进制数，除此之外，还使用其他进制数，比如，一年有 12 个月，为十二进制；1 小时等于 60 分钟，为六十进制；一双筷子有两支，为二进制。

数据无论采用哪种进位制表示，都涉及两个基本概念：基数和权。例如，十进制有 0、1、2、…、9 共 10 个数码，二进制有 0、1 两个数码，通常把数码的个数称为基数，十进制数的基数为 10，进位原则是"逢十进一"，二进制数的基数为 2，进位原则是"逢二进一"。即 R 进制数的进位原则是"逢 R 进 1"，其中 R 是基数。在进位计数制中，一个数可以由有限个数码排列在一起构成，数码所在数位不同，其代表的数值也不同，这个数码所表示的数值等于该数码本身乘以一个与它所在数位有关的常数，这个常数称为"位权"，简称"权"。例如十进制数 432，由 4、3、2 三个数码排列而成，4 在百位，代表 400(4×10^2)；3 在十位，代表 30(3×10^1)；2 在个位，代表 2(2×10^0)。它们分别具有不同的位权，4 所在数位的位权为 10^2，3 所在数位的位权为 10^1，2 所在数位的位权为 10^0。显然，权是基数的幂。

2. 计算机内部采用二进制的原因

(1) 易于物理实现

具有两种稳定状态的物理器件容易实现，如电压的高低、电灯的亮熄、开关的通断，这样的两种状态恰好可以表示为二进制数中的"0"和"1"。计算机中若采用十进制，则需要具有10种稳定状态的物理器件，制造出这样的器件是很困难的。

(2) 运算规则简单

二进制的加法和乘法规则各有3种，而十进制的加法和乘法运算规则各有55种，从而简化了运算器等物理器件的设计。

(3) 工作可靠性高

由于电压的高低、电流的有无两种状态分明，因此采用二进制可以提高信号的抗干扰能力，可靠性高。

(4) 适合逻辑运算

二进制的"0"和"1"两种状态，符合逻辑值的"真(TRUE)"和"假(FALSE)"，因此采用二进制数进行逻辑运算非常方便。

3. 计算机中常用的数制

计算机内部采用二进制数，但二进制数在表示一个数字时，位数太长，书写烦琐，不易识别。在书写计算机程序时，经常用到十进制数、八进制数、十六进制数，常见进位计数制的基数和数码如表 1-1 所示。

表 1-1 常见进位计数制的基数和数码表

进位制	基数	数字符号	标识
二进制	2	0, 1	B
八进制	8	0, 1, 2, 3, 4, 5, 6, 7	O 或 Q
十进制	10	0, 1, 2, 3, 4, 5, 6, 7, 8, 9	D
十六进制	16	0, 1, 2, 3, 4, 5, 6, 7, 8, 9, A, B, C, D, E, F	H

为了区分不同计数制的数，常采用括号外面加数字下标的表示方法，或采用数字后面加相应的英文字母标识来表示。如十进制数 230 可表示为 $(230)_{10}$ 或 230D。

任何一种进位制数都可以表示成按位权展开的多项式之和的形式。

$$(X)_r = d_{n-1}r^{n-1} + d_{n-2}r^{n-2} + \cdots + d_0r^0 + d_{-1}r^{-1} + \cdots + d_{-m}r^{-m}$$

其中：X 为 r 进制数，d 为数码，r 为基数，n 是整数位数，m 是小数位数，下标表示位置，上标表示幂的次数。

例如十进制数 $(123.45)_{10}$ 可以表示为：

$$(123.45)_{10} = 1 \times (10)^2 + 2 \times (10)^1 + 3 \times (10)^0 + 4 \times (10)^{-1} + 5 \times (10)^{-2}$$

同理，八进制数 $(123.45)_8$ 可以表示为：

$$(123.45)_8 = 1 \times (8)^2 + 2 \times (8)^1 + 3 \times (8)^0 + 4 \times (8)^{-1} + 5 \times (8)^{-2}$$

1.3.2 数制转换

1. 将 R 进制数转换为十进制数

把一个 R 进制数转换成为十进制数的方法是：按权展开，然后按十进制运算法则把数值相加。

【例 1-1】把二进制数$(11110.011)_2$转换为十进制数。

$$(11110.011)_2 = 1\times2^4 + 1\times2^3 + 1\times2^2 + 1\times2^1 + 0\times2^0 + 0\times2^{-1} + 1\times2^{-2} + 1\times2^{-3}$$
$$= 16+8+4+2+0+0+0.25+0.125$$
$$= (30.375)_{10}$$

【例 1-2】把八进制数$(26.76)_8$转换为十进制数。

$$(26.76)_8 = 2\times8^1 + 6\times8^0 + 7\times8^{-1} + 6\times8^{-2}$$
$$= 16+6+0.875+0.09375$$
$$= (22.96875)_{10}$$

【例 1-3】把十六制数$(2E.9A)_{16}$转换为十进制数。

$$(2E.9A)_{16} = 2\times16^1 + 14\times16^0 + 9\times16^{-1} + 10\times16^{-2}$$
$$= 32+14+0.5625+0.039$$
$$= (46.601)_{10}$$

2. 将十进制数转换成 R 进制数

将十进制数转换成R进制数时，应将整数部分和小数部分分别转换，然后加起来即可得出结果。整数部分采用“除R取余”的方法，即将十进制数除以R，得到商和余数，再将商除以R，又得到一个商和一个余数，如此继续下去，直至商为 0 为止，将每次得到的余数按得到的顺序逆序排列，即为R进制的整数部分；小数部分采用“乘R取整”的方法，即将小数部分连续地乘以R，保留每次相乘的整数部分，直到小数部分为 0 或达到精度要求的位数为止，将得到的整数部分按得到的顺序排列，即为R进制的小数部分。

【例 1-4】把十进制数$(143.8125)_{10}$转换为二进制数。

结果为$(143.8125)_{10}=(10001111.1101)_2$

【例1-5】把十进制数$(132.525)_{10}$转换成八进制数(小数部分保留两位有效数字)。

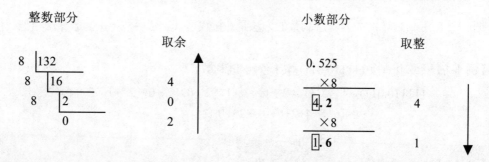

结果为$(132.525)_{10}=(204.41)_8$

【例1-6】把十进制数$(130.525)_{10}$转换成十六进制数(小数部分保留两位有效数字)。

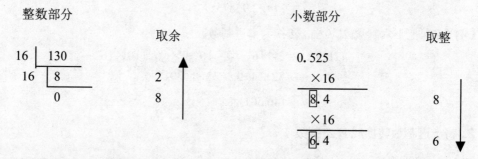

结果为$(130.525)_{10}=(82.86)_{16}$

3. 二进制数、八进制数、十六进制数的相互转换

(1) 将二进制数转换成八进制数

由于$2^3=8$,即3位二进制数可以对应1位八进制数,如表1-2所示。利用这种对应关系,可以方便地实现二进制数和八进制数的相互转换。

表1-2 二进制数与八进制数相互转换对照表

二 进 制 数	八 进 制 数	二 进 制 数	八 进 制 数
000	0	100	4
001	1	101	5
010	2	110	6
011	3	111	7

转换方法:以小数点为界,整数部分从右向左每3位分为一组,若不够3位,在左面补"0",补足3位;小数部分从左向右每3位一组,若不足位,右面补"0",然后将每3位二进制数用一位八进制数表示,即可完成转换。

【例1-7】将二进制数(1001101.1101)₂转换成八进制数。

$$(001 \quad 001 \quad 101 . 110 \quad 100)_2$$
$$| \quad\quad | \quad\quad | \quad\quad | \quad\quad |$$
$$(1 \quad\quad 1 \quad\quad 5 . 6 \quad\quad 4)_8$$

结果为(1001101.1101)₂=(115.64)₈

(2) 将八进制数转换成二进制数

转换方法：将每位八进制数用3位二进制数替换，按照原有的顺序排列，即可完成转换。

【例1-8】把八进制数(611.53)₈转换成二进制数。

$$(6 \quad 1 \quad 1 . 5 \quad 3)_8$$
$$| \quad | \quad | \quad\quad | \quad |$$
$$(110\,001\,001 \quad . \quad 101\,011)_2$$

结果为(611.53)₈=(110001001.101011)₂

(3) 将二进制数转换成十六进制数

由于2^4=16，即4位二进制数可以对应1位十六进制数，如表1-3所示。利用这种对应关系，可以方便地实现二进制数和十六进制数的相互转换。

表1-3 二进制数与十六进制数相互转换对照表

二 进 制	十 六 进 制	二 进 制	十 六 进 制
0000	0	1000	8
0001	1	1001	9
0010	2	1010	A
0011	3	1011	B
0100	4	1100	C
0101	5	1101	D
0110	6	1110	E
0111	7	1111	F

转换方法：以小数点为界，整数部分从右向左每4位分为一组，若不够4位，在左面补"0"，补足4位；小数部分从左向右每4位一组，若不足位，右面补"0"，然后将每4位二进制数用一位十六进制数表示，即可完成转换。

【例1-9】把二进制数(1011101011.001)₂转换成十六进制数。

$$(0010 \quad 1110 \quad 1011 . 0010)_2$$
$$| \quad\quad | \quad\quad | \quad\quad |$$
$$(2 \quad\quad E \quad\quad B . 2)_{16}$$

结果为(1011101011.001)₂=(2EB.2)₁₆

(4) 将十六进制数转换成二进制数

转换方法：将每位十六进制数用4位二进制数替换，按照原有的顺序排列，即可完成转换。

【例 1-10】 将(1F3.5E)$_{16}$ 转换成二进制数。

$$(\quad 1 \quad F \quad 3 \quad . \quad 5 \quad E \;)_{16}$$
$$\quad | \quad \; | \quad \; | \quad \quad | \quad \; |$$
$$(0001 \quad 1111 \quad 0011. \; 0101 \; 1110 \;)_2$$

结果为(1F3.5E)$_{16}$=(000111110011.01011110)$_2$

八进制数和十六进制数的转换，一般利用二进制数作为中间媒介进行转换。

4. 二进制数的算术运算和逻辑运算

二进制数的运算包括算术运算和逻辑运算。算术运算完成的是四则运算，而逻辑运算主要是对逻辑数据进行处理。

(1) 二进制数的算术运算

二进制数的算术运算非常简单，它的基本运算是加法。

在计算机中，引入补码表示后，加上一些控制逻辑，利用加法就可以实现二进制数的减法、乘法和除法运算。

① 二进制数的加法运算规则

0+0=0；0+1=1+0=1；1+1=10(向高位进位)。

【例 1-11】 完成(100)$_2$+(110)$_2$=(1010)$_2$ 的运算。

$$\begin{array}{r} 100 \\ +110 \\ \hline 1010 \end{array}$$

② 二进制数的减法运算规则

0-0=1-1=0；1-0=1；0-1=1(向高位借位)。

【例 1-12】 完成(1100)$_2$-(1001)$_2$=(11)$_2$ 的运算。

$$\begin{array}{r} 1100 \\ -1001 \\ \hline 11 \end{array}$$

③ 二进制数的乘法运算规则

0×0=0；0×1=1×0=0；1×1=1。

【例 1-13】 完成(101)$_2$×(110)$_2$=(11110)$_2$ 的运算。

$$\begin{array}{r} 101 \\ \times \; 110 \\ \hline 000 \\ 101 \\ 101 \\ \hline 11110 \end{array}$$

④ 二进制数的除法运算规则

0÷1=0(1÷0 无意义)；1÷1=1。

【例 1-14】 完成 $(11100)_2 \div (100)_2 = (111)_2$ 的运算。

$$
\begin{array}{r}
111 \\
100\ \overline{)\ 11100} \\
100 \\
\hline
110 \\
100 \\
\hline
100 \\
100 \\
\hline
0
\end{array}
$$

(2) 二进制数的逻辑运算

因为现代计算机中经常处理逻辑数据，所以逻辑数据之间的运算称为逻辑运算。二进制数 1 和 0 在逻辑上可以代表"真(TRUE)"与"假(FALSE)""是"与"否"。计算机的逻辑运算与算术运算的主要区别是，逻辑运算是按位进行的，位与位之间不像加减运算那样有进位或借位的关系。

逻辑运算主要包括 3 种基本运算："或"运算(又称逻辑加法)、"与"运算(又称逻辑乘法)和"非"运算(又称逻辑否定)。此外还包括"异或"运算。

① "或"运算

用运算符号"+"或"∨"表示。逻辑加法运算规则：0+0=0；0+1=1；1+0=1；1+1=1。

从以上运算规则可以看出，只要两个变量中有一个是"1"，则逻辑或的结果为 1。

② "与"运算

用运算符号"×"或"∧"表示。逻辑乘法运算规则：0×0=0；0×1=0；1×0=0；1×1=1。

从以上运算规则可以看出，逻辑乘法具有"与"的意义，并且当且仅当参与运算的逻辑变量都同时取值为 1 时，其逻辑乘积才等于 1。

③ "非"运算

常在逻辑变量上方加一横线表示。例如：对 A 的非运算可表示为 $\overline{A}$。运算规则：$\overline{0} = 1$（非 0 等于 1）；$\overline{1} = 0$（非 1 等于 0）。

从以上运算规则可以看出，逻辑非运算具有对数据求反的功能。

④ "异或"运算

运算符号为"⊕"，运算规则：0⊕0=0；0⊕1=1；1⊕0=1；1⊕1=0。

从以上运算规则可以看出，仅当两个逻辑量相异时，输出才为 1。

1.3.3　计算机中的编码

广义上的数据是指表达现实世界中各种信息的一组可以记录和识别的标记或符号，是信息的载体和具体表现形式。在计算机领域，狭义的数据是指能够被计算机处理的数字、字母和符号等信息的集合。

计算机除了用于数值计算之外，还要进行大量的非数值数据的处理，但各种信息都是以二进制编码的形式存在的。计算机中的编码主要分为数值型数据编码和非数值型数据编码。

1. 计算机中数据的存储单位

位(bit)：计算机中最小的数据单位，是二进制的一个数位，简称位(比特)，1 位二进制数取值为 0 或 1。

字节(Byte)：是计算机中存储信息的基本单位，规定把 8 位二进制数称为 1 字节，单位是B(1B＝8bit)，常用的信息存储容量与字节有关的单位换算如下：

$1KB=2^{10}B=1024B$

$1MB=1024KB=2^{20}B$

$1GB=1024MB=2^{30}B$

$1TB=1024GB=2^{40}B$

字：字是位的组合，并作为一个独立的信息单位处理。字又称为计算机字，它的含义取决于机器的类型、字长以及使用者的要求。常用的固定字长有 8 位、16 位、32 位等。

字长：一个字可由若干字节组成，通常将组成一个字的二进制位数称为该字的字长。在计算机中通常用"字长"表示数据和信息的长度。如 8 位字长与 16 位字长所表示数的范围是不一样的。

2. 计算机中数值型数据的编码

(1) 原码

原码是一种直观的二进制机器数表示形式，其中最高位表示符号。最高位为"0"表示该数为正数，最高位为"1"表示该数为负数，有效值部分用二进制数绝对值表示。例如：若机器的字长为 8 位，则$(+10)_{10}$的二进制原码表示为$(00001010)_2$、$(-10)_{10}$的原码为$(10001010)_2$。

(2) 反码

反码是一种中间过渡的编码，采用它的主要原因是为了计算补码。编码规则是：正数的反码与其原码相同，负数的反码是该数的绝对值所对应的二进制数按位求反。例如：若机器的字长为 8 位，则$(+10)_{10}$的二进制反码为$(00001010)_2$，而$(-10)_{10}$的二进制反码为$(11110101)_2$。

(3) 补码

正数的补码等于它的原码，而负数的补码为该数的反码再加"1"。例如：$(+10)_{补}=(00001010)_2$，而$(-10)_{补}=(11110110)_2$。

在计算机中，由于所要处理的数值数据可能带有小数，根据小数点的位置是否固定，数值的格式分为定点数和浮点数两种。定点数是指在计算机中小数点的位置固定不变的数，主要分为定点整数和定点小数两种。利用浮点数的主要目的是扩大实数的表示范围。

3. 计算机中非数值型数据的编码

在计算机中通常用若干位二进制数代表一个特定的符号，用不同的二进制数据代表不同的符号，并且二进制代码集合与符号集合一一对应，这就是计算机的编码原理。常见的符号编码如下。

(1) ASCII 码

ASCII(American Standard Code for Information Interchange，美国信息交换标准代码)码诞生于 1963 年，是一种比较完整的字符编码，现已成为国际通用的标准编码，广泛用于微型计算机与外设的通信。每个 ASCII 码以 1 字节(Byte)存储，从 0 到数字 127 代表不同的常用符号，例如大写 A 的 ASCII 码是十进制数 65，小写 a 则是十进制数 97。标准 ASCII 码使用 7 个二进制位对字符进行编码，标准的 ASCII 字符集共有 128 个字符，其中有 96 个可打印字符，包括常用的字母、数字、标点符号等，另外还有 32 个控制字符。对应的标准为 ISO 646 标准。标准 ASCII 码如表 1-4 所示。

表 1-4　标准 ASCII 码表

H L	0000	0001	0010	0011	0100	0101	0110	0111
0000	NUL	DLE	SP	0	@	P	'	p
0001	SOH	DC1	!	1	A	Q	a	q
0010	STX	DC2	"	2	B	R	b	r
0011	ETX	DC3	#	3	C	S	c	s
0100	EOT	DC4	$	4	D	T	d	t
0101	ENQ	NAK	%	5	E	U	e	U
0110	ACK	SYN	&	6	F	V	f	V
0111	BEL	ETB	,	7	G	W	g	W
1000	BS	CAN	)	8	H	X	h	X
1001	HT	EM	(	9	I	Y	i	Y
1010	LF	SUB	*	:	J	Z	j	Z
1011	VT	ESC	+	;	K	[	k	{
1100	FF	FS	,	<	L	\	l		
1101	CR	GS	_	=	M	]	m	}
1110	SO	RS	.	>	N	^	n	~
1111	SI	US	/	?	0	-	o	DEL

　　标准 ASCII 码只用了字节的低七位，最高位并不使用。后来为了扩充 ASCII 码，将最高的一位也编入这套编码中，成为 8 位的扩充 ASCII 码，这套编码加上了许多外文和表格等特殊符号，成为目前常用的编码。

　　(2) 汉字编码

　　对于我国使用的汉字，在利用计算机进行汉字处理时，同样也必须对汉字进行编码。汉字的编码主要有以下几种。

　　① 国标区位码

　　由于汉字信息在计算机内部也以二进制形式存放，并且因为汉字数量多，用一个字节的 128 种状态不能全部表示出来，因此在我国于 1980 年颁布的《信息交换用汉字编码字符集—基本集》(即国家标准 GB2312—80 方案)中规定，用两个字节的十六位二进制数表示一个汉字，每个字节都只使用低 7 位(与 ASCII 码相同)，即有 128×128=16384 种状态。由于 ASCII 码的 34 个控制代码在汉字系统中也要使用，为了不发生冲突，因此不能作为汉字编码，所以汉字编码表的大小是 94(区)×94(位)=8836，用于表示国标码规定的 7445 个汉字和图形符号。

每个汉字或图形符号分别用两位的十进制区码(行码)和两位的十进制位码(列码)表示,不足的地方补 0,组合起来就是区位码。把区位码按一定的规则转换成的二进制代码称为信息交换码(简称国标区位码)。国标码共有汉字 6763 个(其中一级汉字是最常用的汉字,按汉语拼音字母顺序排列,共 3755 个;二级汉字属于次常用汉字,按偏旁部首的笔画顺序排列,共 3008 个),数字、字母、符号等 682 个,共 7445 个。

② 机内码

为了方便计算机内部处理和存储汉字,又区别于 ASCII 码,将国标区位码中的每个字节在最高位设为 1,这样就形成了在计算机内部用来进行汉字的存储、运算的编码,即机内码(或汉字内码,或内码)。内码既与国标区位码有简单的对应关系,易于转换,又与 ASCII 码有明显的区别,且有统一的标准(内码是唯一的)。

③ 机外码

为了方便汉字的输入而制定的汉字编码,称为汉字输入码,又称机外码。不同的输入方法,形成了不同的汉字外码。常见的输入法有以下几类:

- 按汉字的排列顺序形成的编码,如国标区位码;
- 按汉字的读音形成的编码,如全拼、简拼、双拼等;
- 按汉字的字形形成的编码,如五笔字型、郑码等;
- 按汉字的音、形结合形成的编码,如自然码、智能 ABC。

虽然汉字输入法有很多种,但是输入码在计算机中必须转换成机内码,才能进行存储、处理和使用。

1.4 计算机病毒及防治

计算机病毒是一段可执行的程序代码,它们附着在各种类型的文件上,随着文件从一个用户复制给另一个用户,计算机病毒也就传播蔓延开来。计算机病毒具有非授权可执行性、隐蔽性、传染性、潜伏性、破坏性等特点,对计算机信息具有非常大的危害。

1.4.1 计算机病毒的基本知识

1. 计算机病毒

我国于 1994 年 2 月 18 日颁布实施的《中华人民共和国计算机信息系统安全保护条例》在第二十八条中对计算机病毒有明确的定义:计算机病毒,是指编制或者在计算机程序中插入的破坏计算机功能或者毁坏数据,影响计算机使用,并能自我复制的一组计算机指令或者程序代码。也就是说:

- 计算机病毒是一段程序。
- 计算机病毒具有传染性,可以传染其他文件。
- 计算机病毒的传染方式是修改其他文件,把自身的副本嵌入到其他程序中。

计算机病毒并不是自然界中发展起来的生命体,它们不过是某些人专门做出来的、具有一些特殊功能的程序或者程序代码片段。

计算机病毒既然是计算机程序，那么其运行就需要消耗计算机的资源。当然，计算机病毒并不一定都具有破坏力，有些计算机病毒可能只是恶作剧，例如计算机感染病毒后，只是显示一条有趣的消息和一幅恶作剧的画面，但是大多数计算机病毒的目的是设法毁坏数据。

2. 计算机病毒的特征

作为一段程序，计算机病毒和正常的程序一样可以执行，以实现一定的功能，达到一定的目的。但计算机病毒一般不是一段完整的程序，而需要附着在其他正常的程序之上，并且要不失时机地传播和蔓延。所以，计算机病毒又具有普通程序所没有的特性。计算机病毒一般具有以下特性。

(1) 传染性

传染性是计算机病毒的基本特征。计算机病毒通过把自身嵌入到一切符合其传染条件的未受到传染的程序中，实现自我复制和自我繁殖，达到传染和扩散的目的。其中，被嵌入的程序叫作宿主程序。计算机病毒的传染可以通过各种移动存储设备，如移动硬盘、U 盘、可擦写光盘、手机等；也可以通过有线网络、无线网络、手机网络等渠道迅速波及全球，而是否具有传染性是判别一个程序是否为计算机病毒的最重要条件。

(2) 潜伏性

计算机病毒在进入系统之后通常不会马上发作，但会长期隐藏在系统中，除了传染外不做什么破坏，以提供足够的时间繁殖扩散。计算机病毒在潜伏期，不破坏系统，因而不易被用户发现。潜伏性越好，其在系统中的存在时间就会越长，计算机病毒的传染范围就会越大。计算机病毒只有在满足特定触发条件时才启动。

(3) 可触发性

计算机病毒因某个事件或数值的出现，激发其进行传染。激活计算机病毒的表现部分或破坏部分的特性称为可触发性。计算机病毒一般都有一个或者多个触发条件，可能是使用特定文件、某个特定日期或特定时刻，或是计算机病毒内置的计数器达到一定次数等。计算机病毒运行时，触发机制检查预定条件是否满足，若满足，则会触发感染或破坏动作，否则继续潜伏。

(4) 破坏性

计算机病毒是一种可执行程序，计算机病毒的运行必然要占用系统资源，例如，占用内存空间、占用磁盘存储空间以及系统运行时间等。所以，所有计算机病毒都存在一个共同的危害，即占用系统资源，降低计算机系统的工作效率，而具体的危害程度取决于具体的病毒程序。计算机病毒的破坏性主要取决于计算机病毒设计者的目的。

(5) 针对性

计算机病毒是针对特定的计算机、操作系统、服务软件甚至特定的版本和特定模板而设计的。例如：CodeBlue(蓝色代码)专门攻击 Windows 2000 操作系统。英文 Word 程序中的宏病毒模板在同一版本的中文 Word 程序中无法打开而自动失效。2002 年出现的感染 SWF 文件的 SWF.LFM.926 病毒由于依赖 Macromedia 独立运行的 Flash 播放器，而不是依靠安装在浏览器中的插件，使其传播受到限制。

(6) 隐蔽性

大部分计算机病毒都设计得短小精悍，一般只有几百 KB 甚至几十 KB，并且，计算机病毒通常都附在正常程序中或磁盘较隐蔽的地方(如引导扇区)，或以隐含文件的形式出现，目的是不让用户发现它的存在。计算机病毒在潜伏期并不破坏系统工作，受感染的计算机系统通常仍能正常运行，从而隐藏计算机病毒的存在，使计算机病毒可以在不被察觉的情况下，感染更多的计算机系统。

(7) 衍生性

变种多是当前计算机病毒呈现出的新特点。很多计算机病毒使用高级语言编写，如"爱虫"是脚本语言病毒、"美丽莎"是宏病毒，它们比以往用汇编语言编写的计算机病毒更容易理解和修改。通过分析计算机病毒的结构可以了解设计者的设计思想和设计目的，从而衍生出各种不同于原版本的新的计算机病毒，称为变种病毒，这体现了计算机病毒的衍生性。变种病毒造成的后果可能比原版病毒更为严重。"爱虫"病毒在十几天中出现30多种变种。"美丽莎"病毒也有多种变种，并且此后很多宏病毒都使用了"美丽莎"的传染机理。这些变种病毒的主要传染和破坏机理与母体病毒基本一致，只是改变了计算机病毒的外部表象。

随着计算机软件和网络技术的发展，网络时代的计算机病毒又具有很多新的特点，如利用微软操作系统漏洞主动传播，主动通过网络和邮件系统传播、传播速度极快、变种多；计算机病毒与黑客技术融合，具有更多攻击手段，更具危害性。

3. 计算机病毒的类型

通常，计算机病毒可以分为以下几种类型。

① 寄生病毒：这是一类传统、常见的计算机病毒类型。这种计算机病毒寄生在其他应用程序中。当被感染的程序运行时，寄生病毒程序也随之运行，继续感染其他程序，传播计算机病毒。

② 引导区病毒：这种病毒感染计算机操作系统的引导区，系统在引导操作系统前先将计算机病毒引导入内存，进行繁殖和破坏性活动。

③ 蠕虫病毒：蠕虫病毒通过不停地复制自己，最终使计算机资源耗尽而崩溃，或向网络中大量发送广播，致使网络阻塞。蠕虫病毒是目前网络中最为流行、猖獗的计算机病毒。

④ 宏病毒：它是专门感染 Word、Excel 文件的计算机病毒，危害性极大。宏病毒与大多数计算机病毒不同，它只感染文档文件，而不感染可执行文件。文档文件本来存放的是不可执行的文本和数字，但"宏"是 Word 和 Excel 文件中的一段可执行代码。宏病毒伪装成 Word 和 Excel 中的"宏"，当 Word 或 Excel 文件被打开时，宏病毒便会运行并感染其他文件。

⑤ 特洛伊病毒：又称为木马病毒。特洛伊病毒会伪装成应用程序、游戏而藏于计算机中。通过不断地将受到感染的计算机中的文件发送到网络中而泄露机密信息。

⑥ 变形病毒：这是一种能够躲避杀毒软件检测的计算机病毒。变形病毒在每次感染时都会创建与自己功能相同、但程序代码明显变化的复制品，这使得防病毒软件难以检测到。

4. 计算机病毒的破坏方式

不同的计算机病毒，会实施不同的破坏行为，主要的破坏方式有以下几种。

① 破坏操作系统，使计算机瘫痪。有一类计算机病毒使用直接破坏操作系统的磁盘引导区、文件分区表、注册表的方法，使计算机无法启动。

② 破坏数据和文件。计算机病毒发起攻击后会改写磁盘文件甚至删除文件，造成数据永久性的丢失。

③ 占用系统资源，使计算机运行异常缓慢，或使系统因资源耗尽而停止运行。例如，振荡波病毒，如果攻击成功，则会占用大量资源，使 CPU 占用率达到 100%。

④ 破坏网络。如果网络内的计算机感染了蠕虫病毒，蠕虫病毒会使该计算机向网络中发送大量的广播包，从而占用大量的网络带宽，使网络拥塞。

⑤ 传输垃圾信息。Windows XP 内置消息传送功能，用于传送系统管理员所发送的消息。Win32 QLExp 这样的计算机病毒会利用这个服务，使网络中的各个计算机频繁弹出一个名为"信使服务"的窗口，广播各种各样的信息。

⑥ 泄露计算机内的信息。像"广外女生"、Netspy.698 这样的木马程序，专门将所驻留计算机的信息泄露到网络中。有的木马病毒会向指定计算机传送屏幕显示情况或特定数据文件(如搜索到的口令)。

⑦ 扫描网络中的其他计算机，开启后门。感染"口令蠕虫"病毒的计算机会扫描网络中的其他计算机，进行共享会话，猜测其他计算机的管理员口令。如果猜测成功，就将蠕虫病毒传送到那台计算机上，开启 VNC 后门，对该计算机进行远程控制。被传染的计算机上的蠕虫病毒又会开启扫描程序，扫描、感染其他计算机。

各种破坏方式的计算机病毒自动复制，感染其他计算机，扰乱计算机系统和网络系统的正常运行，这对社会构成了极大危害。防治计算机病毒是保障计算机系统安全的重要任务。

1.4.2　计算机病毒的防治

对于计算机病毒，需要树立以防为主、清除为辅的观念，防患于未然。由于计算机病毒在处理过程上，存在对症下药的问题，即发现计算机病毒后，才能找到相应的杀毒方法，因此具有很大的被动性。而防范计算机病毒，可具有主动性，重点应放在计算机病毒的防范上。

1. 防范计算机病毒

为了最大限度地减少计算机病毒的发生和危害，必须采取有效的预防措施，使计算机病毒的波及范围、破坏作用减到最小。下面列出一些简单有效的计算机病毒预防措施。

① 备好启动盘并设置写保护。在对计算机进行检查、修复和手工杀毒时，通常要使用无毒的启动盘，使设备在较为干净的环境下操作。

② 尽量不用 U 盘、移动硬盘或其他移动存储设备启动计算机，而用本地硬盘启动。同时尽量避免在无防毒措施的机器上使用可移动的存储设备。

③ 定期对重要的资料和系统文件进行备份，数据备份是保证数据安全的重要手段。可以通过比照文件大小、检查文件个数、核对文件名字来及时发现计算机病毒，也可以在文件损坏后尽快恢复。

④ 重要的系统文件和磁盘可以通过赋予只读功能，避免计算机病毒的寄生和入侵。也可以通过转移文件位置，并修改相应的系统配置来保护重要的系统文件。

⑤ 重要部门的计算机，尽量专机专用，与外界隔绝。

⑥ 使用新软件时，先用杀毒程序扫描，减少中毒机会。

⑦ 安装杀毒软件、防火墙等防病毒工具，并准备一套具有查毒、防毒、杀毒及修复系统的工具软件，并定期对软件进行升级、对系统进行查毒。

⑧ 经常升级安全补丁。80%的网络病毒是通过系统安全漏洞进行传播的，如红色代码、尼姆达等计算机病毒，所以应定期到相关网站去下载最新的安全补丁。

⑨ 使用复杂的密码。有许多网络病毒是通过猜测简单密码的方式攻击系统的，因此使用复杂的密码，可大大提高计算机的安全系数。

⑩ 不要在 Internet 上随意下载软件。免费软件是计算机病毒传播的重要途径，如果特别需要，须在下载软件后进行杀毒。

⑪ 不要轻易打开电子邮件的附件。邮件病毒是当前计算机病毒的主流之一，通过邮件传播计算机病毒具有传播速度快、范围广、危害大的特点。较妥当的做法是先将附件保存下来，待杀毒软件检查后再打开。

⑫ 不要随意借入和借出移动存储设备，在使用借入或返还的这些设备时，一定要通过杀毒软件的检查，避免感染计算机病毒，对返还的设备，若有干净备份，应重新格式化后再使用。

⑬ 使用合理的补丁程序，注意防病毒软件的安装顺序。

新安装完操作系统后，需要调整安全设置，安装补丁和防病毒软件。Windows 的下述操作顺序非常重要：

首先，要注意接入网络的时间。操作系统安装完成后，各种服务就会自动运行。此时，操作系统还存在着各种漏洞，非常容易被外界侵入。因此，在调整安全设置、安装补丁和防病毒软件工作完成之前，不要将计算机接入网络。

其次，应注意在什么时候安装补丁程序。补丁程序的安装应该在所有应用软件安装之后再安装，因为补丁程序往往要替换或修改一些系统文件，所以如果先装补丁程序的话，可能无法起到应有的效果。合理的系统安装顺序如图 1-1 所示。

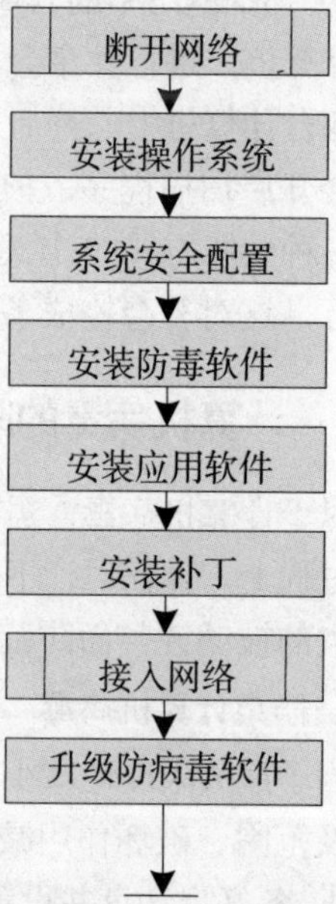

了解一些计算机病毒知识，就可以及时发现新病毒并采取相应措施，在关键时刻使自己的计算机免受计算机病毒破坏。一旦发现计算机病毒，应迅速隔离受感染的计算机，避免计算机病毒继续扩散，并使用可靠的查杀工具查杀病毒。若硬盘资料已遭破坏，应利用杀毒程序和恢复工具加以分析，重建受损状态，而不要急于格式化。

图 1-1　合理的系统安装顺序

2. 清除计算机病毒

由于计算机病毒不仅干扰受感染的计算机的正常工作，更严重的是继续传播计算机病毒、泄密和干扰网络的正常运行，因此，当计算机感染了病毒后，需要立即采取措施予以清除。

清除计算机病毒一般采用人工清除和自动清除两种方法。

(1) 人工清除

借助工具软件打开被感染的文件，从中找到并清除病毒代码，使文件复原。这种方法仅适用于专业防病毒研究人员清除新病毒，不适合一般用户。

(2) 自动清除

杀毒软件是专门用于防范和清除计算机病毒的工具。自动清除是借助杀毒软件来清除计算机病毒。用户只需要按照杀毒软件的菜单或联机帮助操作即可轻松杀毒。

目前，国内外有很多杀毒软件，比较流行的有卡巴斯基、诺顿、瑞星、金山毒霸等杀毒软件。由于目前的杀毒软件都具有病毒防范和拦截功能，能够以快于病毒传播的速度发现、分析并部署拦截，因此安装杀毒软件是最有效的防范计算机病毒感染的方法。

对于计算机病毒的防治，不仅是设备的维护问题，而且是合理的管理问题；不仅要有完善的规章制度，而且要有健全的管理体制。所以，只有提高认识，加强管理，做到措施到位，才能防患于未然，减少计算机病毒入侵后造成的损失。

1.5 指法训练

1. 打开 Microsoft Word 2010 软件。

2. 录入以下内容：

(1)《琵琶行》——白居易诗作

《琵琶行》原作《琵琶引》。行，又叫"歌行"，源于汉魏乐府，是其名曲之一。篇幅较长，句式灵活，平仄不拘，用韵富于变化，可多次换韵。歌、行、引(还有曲·吟·谣等)本来是古代歌曲的 3 种形式，它源于汉魏乐府，是乐府曲名之一，后来成为古代诗歌中的一种体裁。三者的名称虽不同，其实并无严格区别，其音节、格律一般都比较自由，形式采用五言、七言、杂言等的古体。这里主要介绍的是唐代著名诗人白居易作于唐宪宗元和十一年(公元 816 年)秋的长篇叙事抒情诗《琵琶行》。

浔阳江头夜送客，枫叶荻花秋瑟瑟。

主人下马客在船，举酒欲饮无管弦。

醉不成欢惨将别，别时茫茫江浸月。

忽闻水上琵琶声，主人忘归客不发。

寻声暗问弹者谁？琵琶声停欲语迟。

移船相近邀相见，添酒回灯重开宴。

千呼万唤始出来，犹抱琵琶半遮面。

转轴拨弦三两声，未成曲调先有情。

弦弦掩抑声声思，似诉平生不得志。(注：苏教版原文是"似诉平生不得意。")

低眉信手续续弹，说尽心中无限事。

轻拢慢捻抹复挑，初为《霓裳》后《六幺》(《六幺》又作《绿腰》)。

大弦嘈嘈如急雨，小弦切切如私语。

嘈嘈切切错杂弹，大珠小珠落玉盘。

间关莺语花底滑，幽咽泉流冰下难。

冰泉冷涩弦凝绝，凝绝不通声暂歇。

别有幽愁暗恨生，此时无声胜有声。
银瓶乍破水浆迸，铁骑突出刀枪鸣。
曲终收拨当心画，四弦一声如裂帛。
东船西舫悄无言，唯见江心秋月白。
沉吟放拨插弦中，整顿衣裳起敛容。
自言本是京城女，家在虾蟆陵下住。
十三学得琵琶成，名属教坊第一部。
曲罢曾教善才服，妆成每被秋娘妒。
五陵年少争缠头，一曲红绡不知数。
钿头银篦击节碎，血色罗裙翻酒污。
今年欢笑复明年，秋月春风等闲度。
弟走从军阿姨死，暮去朝来颜色故。
门前冷落车马稀，老大嫁作商人妇。
商人重利轻别离，前月浮梁买茶去。
去来江口守空船，绕船月明江水寒。
夜深忽梦少年事，梦啼妆泪红阑干。
我闻琵琶已叹息，又闻此语重唧唧。
同是天涯沦落人，相逢何必曾相识！
我从去年辞帝京，谪居卧病浔阳城。
浔阳地僻无音乐，终岁不闻丝竹声。
住近湓江地低湿，黄芦苦竹绕宅生。
其间旦暮闻何物？杜鹃啼血猿哀鸣。
春江花朝秋月夜，往往取酒还独倾。
岂无山歌与村笛？呕哑嘲哳难为听。
今夜闻君琵琶语，如听仙乐耳暂明。
莫辞更坐弹一曲，为君翻作《琵琶行》。
感我此言良久立，却坐促弦弦转急。
凄凄不似向前声，满座重闻皆掩泣。
座中泣下谁最多？江州司马青衫湿。

(2) Yesterday Once More——Carpenters
when i was young i'd listen to the radio
waiting for my favorite songs
when they played i'd sing along,
it make me smile.
those were such happy times and not so long ago
how i wondered where they'd gone.
but they're back again just like a long lost friend
all the songs i love so well.

every shalala every wo'wo

still shines.

every shing-a-ling-a-ling

that they're starting

to sing so fine

when they get to the part

where he's breaking her heart

it can really make me cry

just like before.

it's yesterday once more.

(shoobie do lang lang)

looking bak on how it was in years gone by

and the good times that had

makes today seem rather sad,

so much has changed.

it was songs of love that i would sing to them

and i'd memorise each word.

those old melodies still sound so good to me

as they melt the years away

every shalala every wo'wo still shines

every shing-a-ling-a-ling

that they're starting to sing

so fine

all my best memorise come back clearly to me

some can even make me cry

just like before.

it's yesterday once more.

(shoobie do lang lang)

every shalala every wo'wo still shines.

every shing-a-ling-a-ling

that they're starting to sing

so fine

every shalala every wo'wo still shines.

3. 保存上述《琵琶行》Word 文档，并命名为：琵琶行.docx。

第 2 章

计算机系统

2.1 计算机系统的组成

完整的计算机系统包括硬件系统和软件系统两大部分。计算机硬件系统是计算机系统中由电子类、机械类和光电类器件组成的各种计算机部件和设备的总称，是组成计算机的物理实体，是计算机完成各项工作的物质基础。计算机软件系统是在计算机硬件设备上运行的各种程序、相关的文档和数据的总称。计算机硬件系统和计算机软件系统共同构造了一个完整的计算机系统，两者相辅相成，缺一不可。计算机系统的组成如图 2-1 所示。

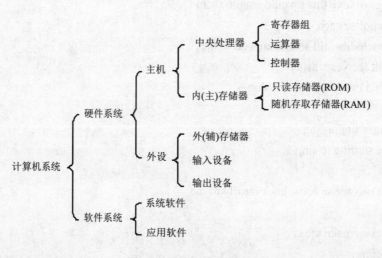

图 2-1 计算机系统的组成

2.1.1 冯·诺依曼型计算机

1946 年，美籍匈牙利数学家冯·诺依曼等人，在题为"电子计算装置逻辑设计的初步讨论"的论文中，系统且深入地阐述了以存储程序概念为指导的计算机逻辑设计思想(存储程序原理)，勾画出了一个完整的计算机体系结构。冯·诺依曼的这一设计思想是计算机发展史上的里程碑，标志着计算机时代的真正开始，冯·诺依曼也因此被誉为"现代计算机之父"。现代计算机虽然在结构上有多种类别，但就其本质而言，多数都服从冯·诺依曼提出的计算机体系结构理念，因此，称为冯·诺依曼型计算机。

冯·诺依曼型计算机的基本思想如下：

计算机由运算器、控制器、存储器、输入设备和输出设备五大部分组成。

数据和程序以二进制代码形式存放在存储器中，存放的位置由地址确定。

控制器根据存放在存储器中的指令序列(程序)进行工作，并由程序计数器控制指令的执行，控制器具有判断能力，能以计算结果为基础，选择不同的工作流程。

2.1.2　计算机硬件系统

冯·诺依曼提出的计算机"存储程序"工作原理决定了计算机硬件系统由五大部分组成：运算器、控制器、存储器、输入设备和输出设备，如图 2-2 所示。

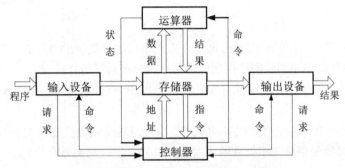

图 2-2　计算机硬件系统的逻辑结构

1. 存储器

存储器是用来存储数据和程序的部件。计算机中的信息都是以二进制代码形式表示的，必须使用具有两种稳定状态的物理器件来存储信息。这些物理器件主要有磁芯、半导体器件、磁表面器件等。

根据功能的不同，存储器一般分为主存储器和辅存储器两种类型。

(1) 主存储器

主存储器(又称为内存储器，简称为主存或内存)用来存放正在运行的程序和数据，可直接与运算器及控制器交换信息。按照存取方式，主存储器又可分为随机存取存储器(Random Access Memory，RAM)和只读存储器(Read Only Memory，ROM)两种。只读存储器用来存放监控程序、系统引导程序等专用程序，在生产制作只读存储器时，将相关的程序指令固化在存储器中，在正常工作环境下，只能读取其中的指令，而不能修改或写入信息。随机存取存储器用来存放正在运行的程序以及所需的数据，具有存取速度快、集成度高、电路简单等优点，但断电后，信息将自动丢失。

主存储器由许多存储单元组成，所有存储单元按一定顺序编号，称为存储器的地址。存储器采取按地址存(写)取(读)的工作方式，每个存储单元存放一个单位长度的信息。

(2) 辅存储器

辅存储器(又称为外存储器，简称为辅存或外存)用来存放多种大信息量的程序和数据，可以长期保存，其特点是存储容量大、成本低，但存取速度相对较慢。外存储器中的程序和数据不能直接被运算器、控制器处理，必须先调入内存储器。目前广泛使用的微型机外存储器主要有硬盘、光盘以及 U 盘等。

对某些辅存储器中的数据信息进行读写操作，需要使用驱动设备。如读写软盘上的数据信息，需要使用软盘驱动器；读取光盘上的数据信息，需要使用光盘驱动器。

2. 运算器

运算器是计算机中处理数据的核心部件，主要由执行算术运算和逻辑运算的算术逻辑单元ALU(Arithmetic Logic Unit)、存放操作数和中间结果的寄存器组以及连接各部件的数据通路组成，用于完成各种算术运算和逻辑运算。

在运算过程中，运算器不断得到由主存储器提供的数据，运算后又把结果送回到主存储器保存起来。整个运算过程是在控制器的统一指挥下，按程序中编排的操作顺序进行的。

3. 控制器

控制器是计算机中控制管理的核心部件，主要由程序计数器(PC)、指令寄存器(IR)、指令译码器(ID)、时序控制电路和微操作控制电路等组成。在系统运行过程中，不断地生成指令地址、取出指令、分析指令、向计算机的各个部件发出微操作控制信号，指挥各个部件高速协调地工作。

运算器和控制器合称为中央处理器，即 CPU(Central Processing Unit)，是计算机的核心部件。CPU 和主存储器是信息加工处理的主要部件，通常把这两部分合称为主机。

4. 输入输出设备

输入输出设备(简称 I/O 设备)又称为外设，是与计算机主机进行信息交换，实现人机交互的硬件环境。

输入设备用于输入人们要求计算机处理的数据、字符、文字、图形、图像、声音等信息，以及处理这些信息所必需的程序，并把它们转换成计算机能识别的形式(二进制代码)。常见的输入设备有键盘、鼠标、扫描仪、光笔、手写板、麦克风(输入语音)等。

输出设备用于将计算机的处理结果或中间结果，以人们可识别的形式(如显示、打印、绘图)表达出来。常见的输出设备有显示器、打印机、绘图仪、音响设备等。

辅(外)存储器可以把存放的信息输入主机，主机处理后的数据也可以存储到辅(外)存储器中。因此，辅(外)存储设备既可以作为输入设备，也可以作为输出设备。

2.1.3 计算机软件系统

软件包括可在计算机上运行的各种程序、数据及其有关文档。通常把计算机软件系统分为系统软件和应用软件两大类。

1. 系统软件

系统软件也称为系统程序，是完成对整个计算机系统进行调度、管理、监控及服务等功能的软件。利用系统程序的支持，用户只需使用简便的语言和符号等就可编制程序，并使程序在计算机硬件系统上运行。系统程序能够合理地调度计算机系统的各种资源，使之得到高效率的使用，能监控和维护系统的运行状态，能帮助用户调试程序、查找程序中的错误等，大大减轻了用户管理计算机的负担。系统软件一般包括操作系统、语言处理程序、数据库管理系统、系统服务程序等。

2. 应用软件

应用软件也称为应用程序，是专业软件公司针对应用领域的需求，为解决某些实际问题而研制开发的程序，或由用户根据需要编制的各种实用程序。应用程序通常需要系统软件的支持，才能在计算机硬件上有效运行。例如，文字处理软件、电子表格软件、作图软件、网页制作软件、财务管理软件等均属于应用软件。

2.1.4 计算机硬件系统和软件系统之间的关系

现代计算机不是一种简单的电子设备，而是由硬件与软件结合而成的十分复杂的整体。

计算机硬件是支撑软件工作的基础，没有足够的硬件支持，软件无法正常工作。相对于计算机硬件而言，软件是无形的。但是不安装任何软件的计算机(称为裸机)，不能进行任何有意义的工作。系统软件为现代计算机系统正常有效地运行提供良好的工作环境，丰富的应用软件使计算机强大的信息处理能力得以充分发挥。

在具体的计算机系统中，硬件、软件是紧密相关、缺一不可的，但是对某一具体功能来说，既可以用硬件实现，也可以用软件实现，这体现了硬件、软件在逻辑功能上的等效。所谓硬件、软件在逻辑功能上的等效，是指由硬件实现的操作，在原理上均可用软件模拟来实现；同样，任何由软件实现的操作，在原理上也可由硬件来实现。因此，在设计计算机系统时，必须充分考虑设计的复杂程度、现有的工艺技术条件、产品的造价等因素，确定哪些功能直接由硬件实现，哪些功能通过软件实现，这就是硬件和软件的功能分配。

在计算机技术的飞速发展过程中，计算机软件随着硬件技术的发展而不断发展与完善，软件的发展又促进了硬件技术的发展。

2.2 计算机的工作原理

依照冯·诺依曼型计算机的体系结构，数据和程序存放在存储器中，控制器根据程序中的指令序列进行工作。简单地说，计算机的工作过程就是运行程序指令的过程。

2.2.1 计算机的指令系统

1. 指令及其格式

指令是能被计算机识别并执行的二进制代码，它规定了计算机能完成的某一种操作。例如，加、减、乘、除、存数、取数等都是基本操作，分别用一条指令来实现。一台计算机所能执行的所有指令的集合称为该台计算机的指令系统。

计算机硬件只能够识别并执行机器指令，用高级语言编写的源程序必须由程序语言翻译系统把它们翻译为机器指令后，计算机才能执行。

计算机指令系统中的指令，有规定的编码格式。一般一条指令可分为操作码和地址码两部分。其中，操作码规定了该指令进行的操作种类，如加、减、存数、取数等；地址码给出了操作数地址、结果存放地址以及下一条指令的地址。指令的一般格式如图 2-3 所示。

操作码	地址码

图 2-3　指令的一般格式

2. 指令的分类与功能

计算机指令系统一般包括下列几类指令。

(1) 数据传送型指令

数据传送型指令的功能是将数据在存储器之间、寄存器之间以及存储器与寄存器之间进行传送。如取数指令将存储器某一存储单元中的数据读入寄存器；存数指令将寄存器中的数据写入某一存储单元。

(2) 数据处理型指令

数据处理型指令的功能是对数据进行运算和变换。如加、减、乘、除等算术运算指令；与、或、非等逻辑运算指令。

(3) 程序控制型指令

程序控制型指令的功能是控制程序中指令的执行顺序。如无条件转移指令、条件转移指令、子程序调用指令和停机指令。

(4) 输入输出型指令

输入输出型指令的功能是实现输入输出设备与主机之间的数据传输。如读指令、写指令。

(5) 硬件控制指令

硬件控制指令的功能是对计算机的硬件进行控制和管理。如动态停机指令、空操作指令。

2.2.2　计算机的基本工作原理

计算机工作过程中主要有两种信息：数据信息和指令控制信息。数据信息指的是原始数据、中间结果、结果数据等，这些信息从存储器读入运算器进行运算，所得的计算结果再存入存储器或传送到输出设备。指令控制信息是由控制器对指令进行分析、解释后向各部件发出的控制命令，指挥各部件协调地工作。

指令的执行过程如图 2-4 所示。其中，左半部是控制器，包括指令寄存器、指令计数器、指令译码器等；右上部是运算器，包括累加器、算术与逻辑运算部件等；右下部是内存储器，其内存放程序和数据。

下面通过指令的执行过程简单来说明计算机的基本工作原理。指令的执行过程可分为以下步骤：

① 取指令。即按照指令计数器中的地址(图 2-4 中为"0132H")，从内存储器中取出指令(图 2-4 中的指令为"072015H")，并送往指令寄存器中。

② 分析指令。即对指令寄存器中存放的指令(图 2-4 中的指令为"072015H")进行分析，由操作码("07H")确定执行什么操作，由地址码("2015H")确定操作数的地址。

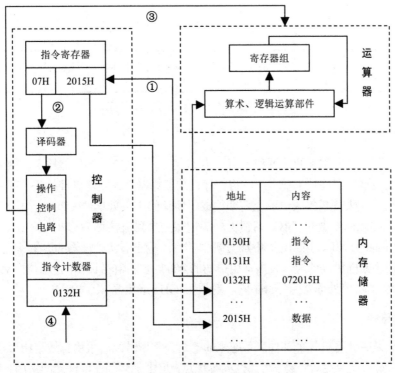

图 2-4 指令的执行过程

③ 执行指令。即根据分析的结果，由控制器发出完成该操作所需要的一系列控制信息，去完成该指令所要求的操作。

④ 执行指令的同时，指令计数器加 1，为执行下一条指令做好准备。如果遇到转移指令，则将转移地址送入指令计数器。

2.3 微型计算机系统的组成

微型计算机简称微机，属于第四代计算机。微机的一个突出特点是：利用大规模集成电路和超大规模集成电路技术，将运算器和控制器做在一块集成电路芯片上(微处理器)。微机具有体积小、重量轻、功耗小、可靠性高、对使用环境要求低、价格低廉、易于成批生产等特点，从而得以迅速普及，深入到当今社会的各个领域，是计算机发展史上又一个里程碑。

2.3.1 微型计算机的基本结构

微型计算机硬件的系统结构与冯·诺依曼型计算机在结构上无本质上的差异，微处理器、存储器(主存)、输入输出接口之间采用总线连接。

微型计算机系统的结构示意图如图 2-5 所示。

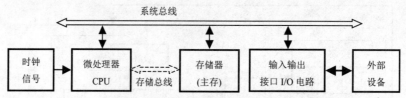

图 2-5 微型计算机系统的结构示意图

1. 微处理器

随着人类科学技术水平的发展和提高, 20 世纪 60 年代末, 半导体技术、微电子制作工艺有了突破性的发展。在此技术前提下, 将计算机的运算器、控制器以及相关的部件集中制作在同一块大规模或超大规模集成电路上, 即构成了整体的中央处理器(CPU)。由于处理器的体积大大减小了, 因此称为微处理器。习惯上一般把微处理器直接称为CPU。

1971 年 Intel 公司研制推出的 4004 处理器芯片, 标志着微处理器的诞生。之后的 40 多年来, 微处理器不断向更高的层次发展, 由最初的 4004 处理器(字长 4 位, 主频 1MHz), 发展到现在的酷睿 i9 十八核处理器(字长 64 位, 主频 4.4GHz 或更高)。

2. 系统总线

系统总线是将计算机各个部件联系起来的一组公共信号线。采用总线结构形式, 具有系统结构简单、系统扩展及更新容易、可靠性高等优点, 但由于必须在部件之间采用分时传送操作, 因而降低了系统的工作速度。系统总线根据传送的信号类型, 分为数据总线、地址总线和控制总线三部分。

(1) 数据总线

数据总线(Data Bus, DB)是传送数据和指令代码的信号线。数据总线是双向的, 即数据可传送至 CPU, 也可从 CPU 传送到其他部件。

(2) 地址总线

地址总线(Address Bus, AB)是传送 CPU 所要访问的存储单元或输入输出接口地址的信号线。地址总线是单向的, 因而通常地址总线将地址从 CPU 传送给存储器或输入输出接口。

(3) 控制总线

控制总线(Control Bus, CB)是管理总线上活动的信号线。控制总线中的信号用来实现 CPU 对其他部件的控制、状态等信息的传送以及中断信号的传送等。

总线上的信号必须与连接到总线上的各个部件所产生的信号协调。用于将总线与某个部件或设备之间建立连接的局部电路称为接口。例如, 用于实现存储器与总线相连接的电路称为存储器接口, 而用于实现外设和总线连接的电路称为输入输出接口。

早期的微型计算机采用单总线结构, 即微处理器、存储器、输入输出接口之间由同一组系统总线连接, 相比而言, 微处理器和主存储器之间的信息交换更为频繁, 而单总线结构则降低了主存储器的地位。为此, 在微处理器和主存储器之间增加了一组存储器总线, 使微处理器可以通过存储器总线直接访问主存储器, 从而构成面向主存的双总线结构。

3. 微型计算机和个人计算机

根据微处理器的应用领域, 微处理器大致可以分为 3 类: 通用高性能微处理器、嵌入式微处理器和微控制器。一般而言，通用高效能微处理器追求高性能，用于运行通用软件，配备完备、复杂的操作系统；嵌入式微处理器强调处理特定应用问题，用于运行面向特定领域的专用程序，配备轻量级操作系统，如移动电话、PDA(Personal Digital Assistant，个人数字助理)等电子设备；微控制器价位相对较低，在微处理器市场上需求量最大，主要用于汽车、空调、自动机械等领域的自控设备。

　　通常所说的微型计算机，其实特指以通用高性能微处理器为核心，配以存储器和其他外设部件，并装载完备的软件系统的通用微型计算机，简称微机。

　　微处理器诞生后的 10 年之间，布什内尔利用 4004 处理器发明了游戏机；罗伯茨利用 8080 微处理器组装了名为"阿尔泰"的计算机，可称为世界上第一台微型计算机；比尔·盖茨为"阿尔泰"编写过 BASIC 程序，进而开创了微软(Microsoft)公司，专门研制销售计算机软件；乔布斯开创了苹果(Apple)公司，专营"苹果"微型计算机。

　　1981 年 8 月，美国国际商用机器公司(IBM)推出了采用 Intel 公司 8088 微处理器作为 CPU 的 16 位个人计算机(Personal Computer，PC)。从此，微型计算机开始逐步进入社会生活的各个领域，并迅速普及。

　　随着微型计算机的广泛应用，其他品牌的微型计算机也先后进入市场，如 Dell(戴尔)、Compaq(康柏)、Lenovo(联想)、Acer(宏碁)、Founder(方正)等个人计算机。这些计算机以 IBM-PC 为参照标准，在结构设计、器件选用上与其不完全一致，在性能上和软件应用上与 IBM-PC 没有大的差异，甚至在某些方面优于 IBM-PC，相对 IBM-PC 而言称为兼容机。

　　购置 CPU、内存等器件自行组装(Do It Yourself，DIY)的计算机称为组装机，以求达到较高的性能或性价比，具有这种兴趣的电脑爱好者称为 DIYer。对于计算机硬件选购，不能片面追求高配置、高性能，应根据用途考虑合理的性价比。如一般的办公应用，选用主流标准配置即可；音乐编辑创作，则要考虑选择高性能的音频处理部件；图像影视编辑制作，则要考虑选择高速处理器、大容量存储器、高端显示器、高性能显卡等部件。

2.3.2　微型计算机的硬件组成

　　微型计算机的硬件组成同样遵循计算机硬件系统的"主机+外设"原则，如图 2-6 所示。从外观上看，一套基本的微机硬件由主机箱、显示器、键盘、鼠标组成，还可增加一些外设，如打印机、扫描仪、音视频设备等。

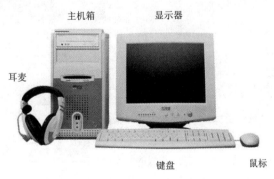

图 2-6　微型计算机外观示意图

在主机箱内部，包括主板、CPU、内存、硬盘、光盘驱动器、各种接口卡(适配卡)、电源等。其中CPU、内存是计算机结构的"主机"部分，其他部件与显示器、键盘、鼠标、音视频设备等都属于"外设"。

1. 主板

主板(Main Board)又称系统板或母板，是微机的核心连接部件。微机硬件系统的其他部件全部都直接或间接通过主板相连。主板的实物图如图2-7所示。

主板是一块较大的平面电路板，电路板上配以各种必需的电子元件、接口插座和插槽。其结构(不同的主板，结构布局略有不同)如图2-8所示。

图2-7　主板

主板主要由如下几大部分组成：

(1) 主板芯片组

主板芯片组(Chipset)也称为外围芯片组，是与CPU相配合的系统控制集成电路，一般为两个集成电路，用于接收CPU指令，控制内存、总线和接口等。芯片组通常分为南桥和北桥两个芯片，所谓南桥、北桥，是根据这两个电路芯片在主板上所处的位置而约定俗成的称谓，将主板的背板端口向上放置，从地图方位的角度看，靠近主机的CPU、内存，布局位置偏上的芯片称为"北桥"，靠近总线、接口部分，布局位置偏下的芯片称为"南桥"。主板芯片组的主要厂商有Intel(英特尔)、SIS(矽统)、VIA(威盛)、Ali(扬智)公司。

(2) 内存芯片

主板上还有一类用于构成系统内部存储器的集成电路，统称为内存芯片，主要是ROM BIOS芯片和CMOS RAM芯片。

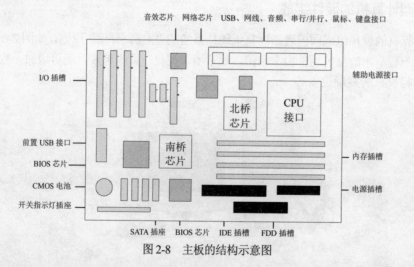

图2-8　主板的结构示意图

① ROM BIOS 芯片

ROM BIOS芯片是在内部"固化"了系统启动必需的基本输入输出指令系统(BIOS)的只读

存储器。BIOS程序在开机后由CPU自动顺序执行，使系统进入正常工作状态，并引导操作系统。

② CMOS RAM 芯片

CMOS RAM 芯片用于存储不允许丢失但用户可以改写的系统 BIOS 硬件配置信息，如硬盘驱动器类型、显示模式、内存大小和系统工作状态参数等。主板上安装了一块纽扣式锂电池来保证 CMOS RAM 芯片的供电支持。

(3) CPU 接口和内存插槽

主板上的 CPU 接口是一个方形的插座，不同型号的主板，CPU 接口的规格不同，接入的 CPU 类型也不同。从连接方式的角度来看，有对应于 CPU 的 PGA(针栅阵列)和 LGA(栅格阵列)封装方式的两种主流接口类型。

采用 PGA 方式封装的 CPU，对外电路的连接由几百个针脚组成，对应的 CPU 接口由对应数目的插孔组成；采用 LGA 方式封装的 CPU，取消了针脚，取而代之的是一个个排列整齐的金属圆形触点，对应的 CPU 接口由对应数目的具有弹性的触须组成。

目前主流的内存插槽是 DIMM(Dual Inline Memory Module，双列直插存储器模块)插槽，有两列共 184 个电路连接点，也叫作 184 线插槽。可接入 DDR(Double Data Rate，双倍数据速率)系列内存条。

(4) IDE 设备及软驱接口

IDE(Integrated Drive Electronics，本意是指把控制器与盘体集成在一起的硬盘驱动器)接口，也叫 ATA(Advanced Technology Attachment，高级技术附加装置)接口，用于将硬盘和光盘驱动器接入系统，采用并行数据传输方式。目前，性能更好、连接更方便的 SATA(Serial ATA，串行 ATA)接口已取代 IDE 接口。

软驱接口一般也称为 Floppy 接口或 FDD 接口，用于将软盘驱动器接入系统。

(5) I/O 扩展插槽

微机硬件系统是一种复杂的电子组合设备，由于技术发展速度、器件工艺、器件造价等多方面因素的制约，多数部件无法与 CPU 以同样的时钟频率工作，从而形成"瓶颈"。实际的微型计算机系统结构中，为了兼顾不同部件的特点，充分提高整机性能，采用了多种类型的总线。从连接范围、传输速率以及作用对象的角度，总线还可分为以下几种。

① 片内总线是 CPU 内部各功能单元(部件)的连线，延伸到 CPU 外，又称 CPU 总线。

② 前端总线(Front Side Bus，FSB)是 CPU 连接到北桥芯片的总线。

③ 系统总线主要用于南桥控制芯片与 I/O 扩展插槽之间的连接，随着技术的不断改进，主要有下列几个标准：

- 工业标准体系(Industry Standard Architecture，ISA)总线，主板上对应的 I/O 插槽称为 ISA 插槽，目前已淘汰。
- 外围部件互联(Peripheral Component Interconnect，PCI)总线，主板上对应的 I/O 插槽称为 PCI 插槽，是目前微机主要的设备扩展接口之一，用于连接多种适配卡。
- 加速图像端口(Accelerated Graphics Port，AGP)比 PCI 总线的速度快两倍以上，主板上的 AGP 插槽专门用于连接显卡。
- 高速外围部件互联(PCI Express)总线，这是新一代的系统总线，采用串行传输方式，具有更高的速度。可采用多种连接方式，每台设备可以建立独立的数据传输通道，实现点对点的数据传输。目前，主板上的 PCI-E 插槽专门用于连接显卡。

④ 外总线一般是指 PC 与 PC 之间、PC 与外设之间的通信线路。

(6) 端口

端口(Port)是系统单元和外设的连接槽。部分端口专门用于连接特定的设备，如连接鼠标、键盘的 PS/2 端口；多数端口则具有通用性，它们可以连接多种外设。

① 串行口(Serial Port)：主要用于连接鼠标、键盘、调制解调器等设备到系统单元。串行口以比特串的方式传输数据，适用于相对较长距离的信息传输。

② 并行口(Parallel Port)：用于连接需要在较短距离内高速收发信息的外设。在一条多导线的电缆上以字节为单位同时进行传输，最常见的是用并行口连接打印机。

③ 通用串行总线口(Universal Serial Bus，USB)：是串行和并行口的最新替代技术。一个 USB 能同时连接多台设备到系统单元，并且速度更快。USB 1.1 标准的传输速率为 12Mb/s，USB 2.0 标准的传输速率为 480Mb/s。目前，利用 USB 接口可接入移动存储设备、打印机、扫描仪、鼠标、键盘、数码相机等多种外设。

④ IEEE 1394 总线：又称为"火线"(Firewire)接口，是一种新的连接技术。目前主要用于连接高速移动存储设备和数码摄像机等设备。最高传输速率是 400Mb/s。

(7) 其他

目前多数主板上，都集成了具有音频处理功能的电路单元和网络连接处理的电路单元，并相应设置了音频输入输出接口和网络连接接口，还有工作电源的开关、工作指示灯的连接点、参数设置的跳线开关等。

2. CPU

CPU 是微机的核心部件，在微机系统中特指微处理器芯片。目前主流的 CPU，一般是由 Intel 和 AMD 两大厂家生产的，虽然设计技术、工艺标准和参数指标存在差异，但都能满足微机的运行需求。CPU 的外观如图 2-9 所示。

图 2-9 CPU

为缓解微机系统的"瓶颈"，在 CPU 与内存之间设计增加了临时存储器单元，称为高速缓存(Cache Memory)，它的容量比内存小，但交换速度快。高速缓存分为一级缓存(L1 Cache)和二级缓存(L2 Cache)两部分，L1 Cache 集成在 CPU 内部，早期的 L2 Cache 制作在主板上，从 Pentium II 处理器问世起，L2 Cache 也集成到 CPU 内部了。

目前，Intel 和 AMD 两大生产厂家推出的 CPU 系列，均有高端和低端两大类产品，主要区别就在于 L2 Cache 的容量，一般同主频的低端产品的 L2 Cache 容量仅为高端产品的一半或更低，价格也因此大大降低。

Intel 公司的高端产品是奔腾(Pentium)系列,低端产品是赛扬(Celeron)系列;AMD 公司的高端产品是皓龙(Opteron)和速龙(Athlon)系列,低端产品是闪龙(Sempron)系列。

自 1971 年微处理器诞生以来,人们就习惯以 CPU 主频的不断提升来衡量 CPU 的更新速度和技术性能。但近两年来,CPU 主频的继续提升受到技术条件的制约,另外,仅靠提升 CPU 的处理速度,而整机的瓶颈得不到有效解决,微机整机性能不可能显著改善。

目前 CPU 的前沿技术主要有以下几种。

超线程(Hyper-Threading,HT)技术:利用特殊的硬件指令,在逻辑上将处理器内核模拟成两个物理芯片,使得单个处理器能同时执行两个线程,进行并行计算,进而支持多线程操作系统和应用软件,减少 CPU 的闲置时间,提高处理器的资源利用率,增加 CPU 的吞吐量。但当两个线程都同时需要某个资源时,其中一个要暂时停止,并让出资源,直到这个资源闲置后才能继续。因此,超线程技术的性能并非绝对等于两颗 CPU 的性能。

64 位技术:处理器的通用寄存器的数据宽度扩展为 64 位,采用 64 位指令集,即处理器的一个寄存器一次可以同时处理 64 位数据。可以进行更大范围的数值运算,计算精度更高,支持更大的内存。

双核技术:双核处理器是指在同一个集成电路芯片上,制作成的相互关联的两个功能一样的核心处理器,即两个物理处理器核心整合在一个内核中,将原来由单一处理器执行的任务分给两个处理器来完成。在此基础上,利用超线程技术,在逻辑上相当于拥有 4 个处理单元。

3. 内存条

微机系统的内存储器是将多个存储器芯片焊接在一块长方形的电路板上,构成内存组,一般称为内存条,它通过连接到主板的内存插槽接入系统。内存条如图 2-10 所示。

在微机中,内存主要指随机存取存储器(RAM)部分。RAM 存储器芯片又分为静态 RAM(Static RAM,SRAM)和动态 RAM(Dynamic RAM,DRAM)。

图 2-10　内存条

SRAM 主要应用于高速缓存单元,目前微机中主要应用的是用 DDR SDRAM(Double Data Rate Synchronous DRAM,双倍数据速率同步 DRAM)芯片制作的内存条。"双倍数据速率"是指在时钟脉冲的上升沿和下降沿都进行读写操作;"同步"是指存储器能与系统总线时钟同步工作。

4. 外存储器

(1) 硬盘

硬盘是计算机重要的外部存储设备,计算机的操作系统、应用软件、文档、数据等都可以存放在硬盘上。

硬盘是硬盘系统的简称,由硬盘片、硬盘驱动器和接口等组成。硬盘片密封在硬盘驱动器中,不能随便取出,如图 2-11 所示。

图 2-11　硬盘的外观及内部结构

硬盘工作时，驱动器的电机带动硬盘片高速圆周旋转，磁头在传动手臂的带动下，做径向往复运动，从而可以访问到硬盘片的每一个存储单元。

目前市场上主流的硬盘容量有 500GB、1TB、4TB 等，盘片转速多数为 7200 转/分钟，磁盘缓存为 64MB，个人计算机的硬盘接口主要有 IDE 和 SATA 接口。主要的硬盘生产厂家有 Seagate(希捷)、Maxtor(迈拓)、WD(西部数据)等。

(2) 软盘和软盘驱动器

软盘是可移动的外部存储器。常用的软盘存储容量为 1.44MB，由直径为 3.5 英寸的涂有磁性介质的聚酯材料圆形盘和硬质塑料封套组成。

软盘驱动器又叫软驱，是用来读写软盘数据的设备。软盘和软盘驱动器如图 2-12 所示。

软盘盘片划分为多条同心圆磁道，以双面高密度 3.5 寸的软盘为例，最外为 0 磁道，向内依次为 1 磁道、2 磁道……共 80 个磁道，每个磁道又等分为 18 个扇形段，一般称为扇区，如图 2-13 所示。每个扇区的存储容量为 512B，整个磁盘的存储容量计算如下：

$$512B \times 80 \text{ 磁道} \times 18 \text{ 扇区} \times 2 \text{ 面} = 1474560B \approx 1.44MB$$

图 2-12　软盘和软驱

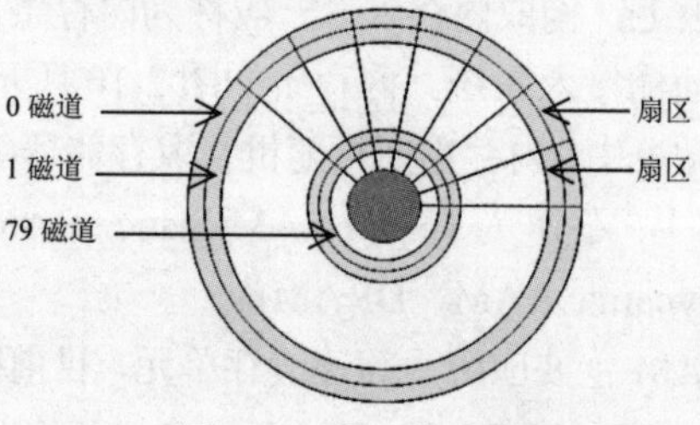

图 2-13　软盘的存储区

将软盘插入软盘驱动器，软盘封套上的金属滑片滑开，软驱的磁头通过露出读写口与盘片接触。进行软盘读写操作时，软盘驱动器的驱动系统使盘片做圆周运动，同时使磁头径向移动，从而读写数据。

软盘的右下角有写保护口，当把写保护滑片移到下边时，软盘处于写保护状态，这时软盘只能读，不能写，软盘上的数据不会被删除；当把写保护滑片移到上边，即覆盖写保护口时，软盘处于非写保护状态，这时软盘既能读、又能写，软盘上的数据也可以删除。

(3) 光盘和光盘驱动器

光盘驱动器是用来驱动光盘，完成主机与光盘信息交换的设备，简称光驱。光盘和光盘驱动器如图 2-14 所示。

图 2-14　光盘与光驱

光盘驱动器分为只读型光驱和刻录机(可擦写型光驱)。

只读型光驱分为 CD-ROM 驱动器和 DVD-ROM 驱动器两种，DVD-ROM 驱动器能读取 CD-ROM 光盘数据和 DVD-ROM 光盘数据，而 CD-ROM 驱动器只能读取 CD-ROM 光盘数据。

刻录机分为 CD 刻录机和 DVD 刻录机。DVD-ROM 驱动器能读写 CD-ROM 光盘数据和 DVD-ROM 光盘数据，而 CD-ROM 驱动器只能读写 CD-ROM 光盘数据。

光驱是利用光线的投射与反射原理来实现数据的存储与读取的。光驱的主要技术指标是"倍速"，光驱读取信息的速率标准是 150KB/s，光驱的读写速率=速率标准×倍速系数，如 40 倍速光驱，是指光驱的读取速度为 150KB/s×40=6000KB/s。目前常用的光驱倍速是 8 倍速、16 倍速、24 倍速、40 倍速、52 倍速。

光盘的信息存储轨迹是一个螺旋道，从中心开始，旋向外边。CD-ROM 系列光盘的存储容量一般是 650MB，DVD-ROM 系列光盘的存储容量一般为 4.7GB，有的可以达到 8.5GB(双面)或 17GB(双面双层)，能存储容量较大的软件、游戏或影视节目等信息。

光盘一般分为只读型光盘、一次写入型光盘和可擦写型光盘。

- 只读型光盘(CD-ROM、DVD-ROM)：其内容由生产厂家写入，用户在使用过程中只能读取，不能修改和删除，也不能写入。
- 一次写入型光盘(CD-R、DVD-R)：一般由用户用光盘刻录机写入信息。它只能写一次，写入后不能删除和修改，是一次写入多次读出的光盘。
- 可擦写型光盘(CD-RW、DVD-RW)：用户既可以对这种光盘读取信息，还可以用光盘刻录机对光盘上的信息进行删除和改写。

Combo 光驱是一种多功能设备，能读取 CD-ROM 和 DVD 光盘的数据，还能刻录 CD-R 和 CD-RW 光盘。

(4) U 盘

U 盘也称为闪盘，采用半导体存储介质存储数据信息，存储容量一般为 4GB、8GB 或 16GB 等。通过微机的 USB 接口连接，可以热(带电)插拔。因具有操作简单、携带方便、容量大、用途广泛等优点，成为最便携的存储器件，如图 2-15 所示。

图 2-15　U 盘

(5) 其他存储设备

包括 ZIP 软盘和 MO 磁光盘，由于对应的驱动设备造价高，难以普及，因此没有得到广泛应用。另外，在某些特殊行业还用磁带作为存储介质。

5. 显示器与显卡

(1) 显示器

显示器是标准的输出设备，是计算机系统的重要组成部分。显示器性能的优劣，直接影响计算机信息显示的效果。目前主流显示器分为阴极射线管显示器(CRT)和液晶显示器(LCD)两大类。

显示器的技术参数主要有以下几个。

- 点距：对于 CRT 显示器来说，点距是荧光屏上两个相邻同色荧光点间的直线距离。点距越小，图像清晰度越高。大多数采用 0.28mm 的点距，较高档的显示器点距更小；对于 LCD 显示器，点距在 0.255mm~0.294mm。

- 刷新频率：屏幕每秒时间内刷新的次数。刷新率低，则画面有闪烁和抖动现象，人眼容易疲劳。刷新频率达到 75Hz 以上，人眼基本上感觉不到闪烁和抖动。
- 分辨率：一般指屏幕可容纳的像素个数。屏幕越大，点距越小，分辨率就越高。
- 响应时间：LCD 显示器各像素点对输入信号反应的速度，即像素由暗转亮或由亮转暗所需要的时间。响应时间越短，显示动态画面时越不会有尾影拖曳现象。目前主流的 LCD 显示器的响应时间是 4ms、8ms。CRT 显示器不涉及此参数。
- 可视角度：是指用户可以从不同的方向清晰地观察 LCD 显示器屏幕上所有内容的角度。支持 LCD 显示器显示的光源经折射和反射后输出时已有一定的方向性，超出这一范围观看就会产生色彩失真现象，可视角度越大，视觉效果越好。目前市场上大多数产品的可视角度在 140°~160° 之间，部分产品达到了 170°。CRT 显示器不涉及此参数。
- 带宽：带宽决定显示器可以处理的信号频率范围。带宽越宽，显示器处理的信号频率范围就越大，图像的边缘就越清晰。带宽=最大分辨率×刷新频率。
- 辐射与环保：液晶显示器属于低辐射的环保型显示器。阴极射线管显示器需要工作在高电压、高脉冲状态下，会辐射对人体有害的电磁波和射线。国际上有多种关于显示器环保的认证。

(2) 显示适配卡

显示适配卡简称显示卡或显卡，是微机与显示器之间的一种接口卡。显卡的作用主要是负责图形数据处理、传输数据给显示器并控制显示器的数据组织方式。显卡的性能主要取决于显卡上的图形处理芯片，早期的图形处理主要由 CPU 负责，显卡只负责把 CPU 处理好的数据传输给显示器，随着图形化软件的广泛应用，图形的处理任务加重，如果全部由 CPU 负责，会严重影响整机的运行效率。目前微机系统中大量的图形处理工作由显卡完成。显卡的性能直接决定显示器的成像速度和效果。

目前主流的显卡是具有 2D、3D 图形处理功能的 AGP 接口或 PCI-E 接口的显卡，由图形加速芯片(Graphics Processing Unit，图形处理器，简称 GPU)、随机存取存储器(显存或显卡内存)、数模转换器、时钟合成器以及基本输入输出系统五大部分组成。GPU 负责将图形数据处理为可还原的显示视频信号。显存作为待处理的图形数据和处理后的图形信号的暂存空间，显存容量有 128MB、256MB、512MB、1024MB 等几种。

6. 键盘与鼠标

键盘是最常用的也是最主要的输入设备，通过键盘可以把英文字母、数字、中文文字、标点符号等输入计算机，从而可以对计算机发出指令，输入数据。现在常用的是 104 键的标准键盘，还有许多种添加了特定功能键的多媒体键盘。

鼠标最早用于苹果公司生产的系列微机中，随着 Windows 操作系统的流行，鼠标成了不可缺少的工具。

鼠标按工作原理分为机械式和光电式鼠标两种。机械式鼠标利用鼠标内的圆球滚动来触发传导杆控制鼠标指针的移动；光电式鼠标则利用光的反射来启动鼠标内部的红外线发射和接收装置。光电式鼠标比机械式鼠标的定位精度要高。

常用的鼠标是双键鼠标和三键鼠标，还有在双键鼠标的两键中间设置了一个或两个(水平和垂直)滚轮的鼠标，滑动滚轮为快速浏览屏幕窗口信息提供了方便。

无线鼠标有两种：无线红外型鼠标和无线电波型鼠标。使用无线红外型鼠标时需要对准计算机红外线发射装置，否则不起作用。无线电波型鼠标无须方向定位，使用起来更方便。

7. 扫描仪

图像扫描仪(Image Scanner)简称扫描仪。图像扫描仪不仅在印刷、广告、出版等领域得到了广泛应用，而且已成功地向医疗、数字影楼、电脑美术服务以及一般的办公、家用等领域延伸。扫描仪的类型一般有平台式扫描仪、手持式扫描仪和滚筒式扫描仪等。

扫描仪的主要部件是感光器件，分为 CIS 和 CCD 两种。

CIS(Contact Image Sensor，接触式传感器件)感光器件早期被广泛应用于传真机和手持式扫描仪，其极限分辨率为 600dpi 左右。缺点是扫描的层次有些不足，对扫描摆放不平的文稿和图片成像程度较差。

CCD(Charge Couple Device，电荷耦合器件)感光器件的扫描仪技术已经成熟，配合由光源、反射镜和光学镜头组成的成像系统，在传感器表面进行成像，有一定的景深，能扫描凹凸不平的实物。

目前，常用扫描仪的光学分辨率是 2400dpi×4800dpi，主流接口标准是 USB 接口。

8. 打印机

打印机是重要的输出设备，可以分为击打式和非击打式打印机两种。

(1) 击打式打印机

击打式打印机利用打印头内的点阵撞针，撞击在色带和纸上来产生打印效果，所以又称为针式打印机。针式打印机性能稳定，便于维护，耗材比较便宜，应用广泛。常见的针式打印机为 24 针，如 Epson 公司生产的 LQ-1600K、LQ-1900K 等。

(2) 非击打式打印机

非击打式打印机主要有喷墨打印机和激光打印机两种。

喷墨打印机利用排成阵列的微型喷墨机，在纸上喷出墨点来形成打印效果。具有价格适当、输出品质佳和噪音低的优点。但对耗材、纸张要求较高，使用成本较高。主流的喷墨打印机有 Lexmark(利盟)、Epson(爱普生)、Cannon(佳能)等系列。

激光打印机综合利用了复印机、计算机和激光技术来进行输出，打印速度快、质量高，但碳粉、硒鼓等成像材料和配件价格较高。常见的产品是 HP(惠普)系列激光打印机。

2.3.3 微型计算机的软件配置

应用较普遍的微型机通用类软件，版本不断更新，功能不断完善，交互界面更加友好，同时也要求具有较苛刻的硬件环境。为适应不同的需要或更好地解决某些应用问题，新软件也层出不穷。一台微型计算机应该配备哪些软件，应根据实际需求来决定。

对于一般微机用户来讲，列出如下软件供参考。

1. 操作系统

操作系统是微机必须配置的软件。目前用户采用微软公司的 Windows XP、Windows 7 等操作系统的比较普遍。

　　Windows 7 是目前较新的操作系统软件,支持最新的软硬件技术,但对硬件设备要求较高,近几年来购置的微机均可使用,但稍早购置的设备,因部分部件的技术落后,在功能上会受限。

　　建议近两年购置的微机最好安装 Windows 7 操作系统,有利于整机性能的充分发挥。

2. 工具软件

　　配置必要的工具软件有利于管理系统、保障系统安全。

- 反病毒软件,用于尽量减少计算机病毒对资源的破坏,保障系统正常运行。常用的有瑞星、金山毒霸、卡巴斯基等。
- 压缩工具软件,用于对大容量的数据资源压缩存储或备份,便于交换传输,缓解资源空间危机,有利于数据安全。常用的有 ZIP、WinRAR 等。
- 网络应用软件,用于网络信息浏览、资源交流、实时通信等。常用的有腾讯 TT(浏览器)、迅雷(下载软件)、Foxmail(邮件处理软件)、QQ(实时通信软件)等。

3. 办公软件

　　相对而言,办公软件是应用最广泛的应用软件,可提供文字编辑、数据管理、多媒体编辑演示、工程制图、网络应用等多项功能。常用的有微软 Office 系列、金山 WPS 系列。

4. 程序开发软件

　　程序开发软件主要指计算机程序设计语言,用于开发各种程序。目前较常用的有 C/C++、Visual Studio 系列、Visual Studio .NET 系列、Java 等。

5. 多媒体编辑软件

　　多媒体编辑软件主要用于对音频、图像、动画、视频进行创作和加工。
　　常用的有 Cool Edit Pro(音频处理软件)、Photoshop(图像处理软件)、Flash(动画处理软件)、Premiere(视频处理软件)、Authorware(多媒体制作软件)等。

6. 工程设计软件

　　工程设计软件用于机械设计、建筑设计、电路设计等多行业的设计工作,常用的有 AutoCAD、Protel、Visio 等。

7. 教育与娱乐软件

　　教育软件主要指用于各方面教学的多媒体应用软件,如"轻松学电脑"系列、"小星星启蒙"儿童教育系列等。
　　娱乐软件主要指用于图片、音频、视频的播放软件以及电脑游戏等,如 ACDSee(图片浏览软件)、暴风影音(影音播放软件)、魔兽争霸(游戏软件)。

8. 其他专用软件

　　基于不同的工作需求,还有大量的行业专用软件,如"用友"财务软件系统、"北大方正"

印刷出版系统、"法高"彩色证卡系统等。

在具体配置微机软件系统时，操作系统是必须安装的，工具软件、办公软件也应该安装，对于其他软件，应根据需要选择安装，也可以事先准备好可能需要的程序安装软件，在使用时即用即装。不建议将尽可能全的软件都安装到同一台微机中，一方面影响整机的运行速度，以Windows 操作系统平台为例，软件安装的越多，注册表就越庞大，资源管理工作量就加大，则速度会下降；另一方面，软件间可能会发生冲突，如反病毒软件在系统工作时，进行实时监控，不断收集分析可疑数据和代码。若同时安装两套反病毒软件，将会造成互相侦测、怀疑，如此反复循环，最终导致系统瘫痪；此外，不常用的程序安装在微机中，还将对宝贵的存储空间造成不必要的浪费。

2.4　计算机的主要技术指标及性能评价

计算机是由多个组成部分构成的复杂系统，技术指标繁多，涉及面广，评价计算机的性能，要结合多种因素，综合分析。

2.4.1　计算机的主要技术指标

1. 字长

字长是指 CPU 能够同时处理的比特(bit)数目。它直接关系到计算机的计算精度、功能和速度。字长越长，计算精度越高，处理能力越强。目前微型机字长有 8 位、16 位、32 位、64 位。

2. 主频

主频即 CPU 的时钟频率(CPU Clock Speed)，是 CPU 内核(整数和浮点数运算器)电路的实际运行频率。一般称为 CPU 运算时的工作频率，简称主频。主频越高，单位时间内完成的指令数也越多。目前主流的微型机 CPU 主频是 3.6GHz、4.4GHz。

3. 运算速度

由于计算机执行不同的运算所需的时间不同，因此只能用等效速度或平均速度来衡量。一般以计算机单位时间内执行的指令条数来表示运算速度。单位是 MIPS(每秒百万条指令数)。

4. 内存容量

内存容量是指内存储器中能够存储信息的总字节数，以 KB、MB、GB 为单位，反映了内存储器存储数据的能力。内存容量的大小直接影响计算机的整体性能。

5. 存取周期

存取周期是指对内存进行一次读/写(取数据/存数据)访问操作所需的时间。

2.4.2　计算机的性能评价

对计算机的性能进行评价，除采用上述主要技术指标外，还应考虑如下几个方面：

1. 系统的兼容性

系统的兼容性一般包括硬件的兼容、数据和文件的兼容、系统程序和应用程序的兼容、硬件和软件的兼容等。对用户而言，兼容性越好，越便于硬件和软件的维护和使用；对机器而言，更有利于机器的普及和推广。

2. 系统的可靠性和可维护性

系统的可靠性是指系统在正常条件下不发生故障或失效的概率，一般用平均无故障时间来衡量。系统的可维护性是指系统出了故障能否尽快恢复，一般用平均修复时间来衡量。

3. 外设配置

外设包括计算机的输入和输出设备，不同的外设配置将影响计算机性能的发挥。例如，显示器有高、中、低分辨率之分，若使用分辨率较低的显示器，将难以准确还原显示高质量的图片；硬盘的存储大小不同，若选用低容量的硬盘，则系统无法满足大信息量的存储需求。

4. 软件配置

软件配置包括操作系统、工具软件、程序设计语言、数据库管理系统、网络通信软件、汉字软件及其他各种应用软件等。计算机只有配备了必需的系统软件和应用软件，才能高效地完成相关任务。

5. 性能价格比

性能一般指计算机的综合性能，包括硬件、软件等各方面；价格指购买整个计算机系统的价格，包括硬件和软件的价格。购买时应该从性能、价格两方面考虑。性能价格比(简称性价比)越高越好。

此外，评价计算机的性能时，还要兼顾多媒体处理能力、网络功能、信息处理能力、部件的可升级扩充能力等因素。

2.5　图形与表格训练

要求：

1. 在 C 盘按照自己姓名建立一个文件夹；
2. 在该文件夹内，按照自己"学号+姓名"建立一个 Word 文档；
3. 在该 Word 文档内完成以下内容：

一、绘制以下图形：

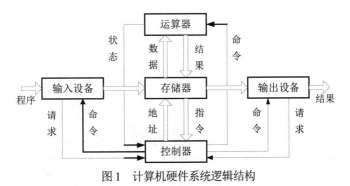

图1 计算机硬件系统逻辑结构

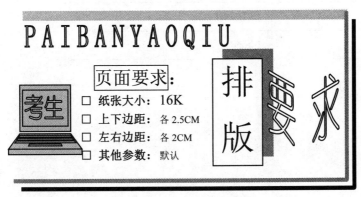

图2 绘制并组合出上面图形

二、完成以下表格：

1. 学生成绩表

学生成绩表

科目 姓名	数 学	英 语	哲 学	语 文	总分
张林林	85	92	88	94	
李阳	70	90	81	92	
刘祥	84	96	78	87	

要求：

(1) 绘制学生成绩表，并按图格式化。

(2) 运用公式计算出各个同学总分。

(3) 在总分求出后，在总分列后插入一列"平均分"，并运用公式计算出各个同学的平均分。

2. 个人履历表

个人履历表

姓名		性别			照
民族		出生日期			
籍贯		E-mail			片
家庭住址					
学习经历					
自我评价					

要求：

(1) 绘制个人履历表，并按图格式化。

(2) 插入照片和水印背景图片。

(3) 简要填入表中各项内容。

3. 课程表

时间\课程\星期	星期一	星期二	星期三	星期四
上午	高等数学	计算机	大学英语	计算机
下午	大学英语	上机操作	古典文学	上机操作

课程表

1		2	3	
辑器制作。排版(不用公式编表格边框、公式制作、对齐方式、本栏考核：表格		☺	$\sqrt[5]{\dfrac{\alpha+\beta}{x-y}} \Rightarrow \left(3\ell\Big/\Delta\right)^{1/5}$	

$$\begin{cases} \oiint_a \left[(d+c)a^2 - \dfrac{1}{2}C_{2n}^{n} + \alpha\beta\right] > \sqrt{\dfrac{1}{n_1^2 + n_2^2}} + \sum_i \dfrac{1}{\sqrt{a+b}} \\ \cos^2\alpha + \sin^2\alpha = 1 \end{cases}$$

要求：

(1) 绘制课程表，并按表格式化。

(2) 简要填入表中各项内容。

(3) 用公式编辑器插入课程表中的相关公式。

第 3 章

Windows 7操作系统

3.1 操作系统概述

操作系统是最重要的系统软件，是整个计算机系统的管理与指挥中心，管理着计算机的所有资源。但要熟练使用计算机的操作系统，首先须了解一些有关操作系统的基本知识。

3.1.1 操作系统的基本概念

操作系统管理和控制着计算机软硬件资源，合理组织计算机的工作流程，以便有效地利用这些资源为用户提供功能强大、使用方便且可扩展的工作环境，为用户使用计算机提供程序接口。

在计算机系统中，操作系统位于硬件和用户之间，一方面它能向用户提供接口，方便用户使用计算机；另一方面它能管理计算机软硬件资源，以便充分合理地利用它们。

3.1.2 操作系统的功能

从资源管理的角度来看，操作系统具有如下功能。

1. 处理机管理

处理机管理的主要任务是对处理机的分配和运行实施有效的管理。分配资源的基本单位是进程。进程是指一个具有一定独立功能的程序在一个数据集上的一次动态执行过程。因此，对处理机的管理可归结为对进程的管理。进程管理应实现下述主要功能：

- 进程控制：负责进程的创建、撤销及状态转换。
- 进程同步：对并发执行的进程进行协调。
- 进程通信：负责完成进程间的信息交换。
- 进程调度：按一定算法进行处理机分配。

2. 存储器管理

存储器管理的主要任务是负责内存分配、内存保护、内存扩充。合理地为程序分配内存，保证程序间不发生冲突和相互破坏。

- 内存分配：按一定的策略为每个程序分配内存。

- 内存保护：保证各程序在自己的内存区域内运行而不相互干扰。
- 内存扩充：借助虚拟存储技术增加内存。

3. 设备管理

设备管理的主要任务是对计算机系统内的所有设备实施有效的管理，使用户方便灵活地使用设备。设备管理应实现下述功能：

- 设备分配：根据一定的设备分配原则对设备进行分配。
- 设备传输控制：实现物理的输入输出操作，即启动设备、中断处理、结束处理等。
- 设备独立性：用户程序中的设备与实际使用的物理设备无关。

4. 文件管理

文件管理负责管理软件资源，并为用户提供对文件的存取、共享和保护等手段。文件管理应实现下述功能：

- 文件存储空间管理：负责存储空间的分配与回收等功能。
- 目录管理：目录是为方便文件管理而设置的数据结构，能提供按名存取的功能。
- 文件操作管理：实现文件的操作，负责完成数据的读写。
- 文件保护：提供文件保护功能，防止文件遭到破坏。

5. 用户接口

提供方便、友好的用户界面，使用户无须了解过多的软硬件细节就能方便灵活地使用计算机。通常，操作系统以两种方式提供给用户使用。

- 命令接口：提供一组命令供用户方便地使用计算机，近年来出现的图形接口(也称图形界面)是命令接口的图形化。
- 程序接口：提供一组系统程序，供用户程序和其他系统程序使用。

3.1.3　操作系统的分类

操作系统是计算机系统软件的核心，根据操作系统在用户界面的使用环境和功能特征的不同，有很多分类方法。

1. 按结构和功能分类

一般分为：批处理操作系统、分时操作系统、实时操作系统、网络操作系统和分布式操作系统。

(1) 批处理操作系统

批处理(Batch Processing)操作系统的工作方式是，用户将作业交给系统操作员，系统操作员将许多用户的作业组成一批作业，之后输入到计算机中，在系统中形成一个自动转接的连续的作业流，然后启动操作系统，系统自动、依次执行每个作业，最后由操作员将作业结果交给用户。

(2) 分时操作系统

分时(Time Sharing)操作系统的工作方式是一台主机连接了若干个终端，每个终端有一个用户在使用。用户交互式地向系统提出命令请求，系统接受每个用户的命令，采用时间片轮转方式处理服务请求，并通过交互方式在终端上向用户显示结果。用户根据上步结果发出下道命令。分时操作系统将 CPU 的时间划分成若干个片段，称为时间片。操作系统以时间片为单位，轮流为每个终端用户服务。每个用户轮流使用一个时间片，使每个用户并不会感到有其他用户存在。

(3) 实时操作系统

实时操作系统(Real-Time Operating System，RTOS)是指使计算机能及时响应外部事件的请求，在规定的严格时间内完成对该事件的处理，并控制所有实时设备和实时任务协调一致地工作的操作系统。实时操作系统追求的目标是对外部请求在严格时间范围内做出反应，有高可靠性和完整性。

(4) 网络操作系统

网络操作系统基于计算机网络，是在各种计算机操作系统上按网络体系结构协议标准开发的系统软件，包括网络管理、通信、安全、资源共享和各种网络应用。其目标是相互通信及资源共享。网络操作系统除了具有一般操作系统的基本功能之外，还具有网络管理模块。网络操作系统用于对多台计算机的硬件和软件资源进行管理和控制。网络管理模块的主要功能是提供高效而可靠的网络通信能力，提供多种网络服务。

网络操作系统通常用在计算机网络系统中的服务器上。最有代表性的几种网络操作系统产品有：Novell 公司的 Netware、Microsoft 公司的 Windows 2000 Server、UNIX 和 Linux 等。

(5) 分布式操作系统

分布式操作系统是由多台计算机通过网络连接在一起而组成的系统，系统中任意两台计算机可以通过远程过程调用交换信息，系统中的计算机无主次之分，系统中的资源所有用户共享，一个程序可分布在几台计算机上并行地运行，互相协调完成一个共同的任务。分布式操作系统的引入主要是为了增加系统的处理能力、节省投资、提高系统的可靠性。用于管理分布式系统资源的操作系统称为分布式操作系统。

2. 按用户数目分类

一般分为单用户操作系统和多用户操作系统。

单用户操作系统又可以分为单用户单任务操作系统和单用户多任务操作系统。

(1) 单用户单任务操作系统是指在一个计算机系统内，一次只能运行一个用户程序，此用户独占计算机系统的全部软硬件资源。常见的单用户单任务操作系统有 MS-DOS、PC-DOS 等。

(2) 单用户多任务操作系统也是为单用户服务的，但它允许用户一次提交多项任务。常见的单用户多任务操作系统有 Windows 95、Windows 98 等。

(3) 多用户操作系统允许多个用户通过各自的终端使用同一台主机，共享主机中的各类资源。常见的多用户多任务操作系统有Windows 2000 Server、Windows XP、Windows 2003和UNIX。

3.1.4 典型操作系统介绍

1. DOS 操作系统

DOS(Disk Operation System，磁盘操作系统)由微软公司于 1981 年 8 月推出，它是一种单用户单任务的计算机操作系统。DOS 采用字符界面，必须输入各种命令来操作计算机，这些命令都是英文单词或缩写，比较难以记忆，不利于一般用户操作计算机。进入 20 世纪 90 年代后，DOS 逐步被 Windows 操作系统取代。

2. Windows 操作系统

Microsoft 公司成立于 1975 年，其产品覆盖操作系统、编译系统、数据库管理系统、办公自动化软件和 Internet 支撑软件等各个领域。从 1983 年 11 月 Microsoft 公司宣布 Windows 1.0 诞生到今天的 Windows 10，Windows 已经成为风靡全球的计算机操作系统。Windows 操作系统的发展历程如表 3-1 所示。

表 3-1　Windows 操作系统发展历程

Windows 版本	推出时间	特点
Windows 3.x	1990 年	具备图形化界面，增加 OLE 技术和多媒体技术
Windows 95	1995 年 8 月	脱离 DOS 独立运行，采用 32 位处理技术，引入"即插即用"等许多先进技术，支持 Internet
Windows 98	1998 年 6 月	FAT 32 支持，增强 Internet 支持、增强多媒体功能
Windows 2000	2000 年	网络操作系统，稳定、安全、易于管理
Windows XP	2001 年 10 月	纯 32 位操作系统，更加安全、稳定、易用性更好
Windows 2003	2003 年 4 月	服务器操作系统，易于构建各种服务器
Windows Vista	2005 年 7 月	在界面、安全性和软件驱动集成性上有重大改进
Windows 7	2009 年 10 月	更易用、更快速、更简单、更安全
Windows 8	2012 年 10 月	支持来自 Intel、AMD 和 ARM 的芯片架构，被应用于个人电脑和平板电脑上，尤其是移动触控电子设备，如触屏手机、平板电脑等。另外在界面设计上，采用平面化设计
Windows 10	2015 年 7 月	Windows 10 经历了 Technical Preview（技术预览版）以及 Insider Preview（内测者预览版），下一代 Windows 将作为 Update 形式出现

Windows XP 的技术特点：

(1) 多用户多任务操作系统，在 32 位处理技术下具有抢先多任务能力。

(2) 支持对称多处理器和多线程，即多个任务可基于多个线程被对称地分布到各个 CPU 上工作，从而大大提高了系统处理数据的能力。

(3) 32 位页式虚拟存储管理。

(4) 支持多种可装卸文件系统。

(5) 提供"即插即用"功能，系统增加新设备时，只需把硬件插入系统，由 Windows 解决设备驱动程序的选择和设置等问题。

(6) 新的图形化界面，具有较强的多媒体支持功能。

(7) 内置网络功能，直接支持联网和网络通信。

(8) 具有更高的安全性和稳定性。

Windows 7 的技术特点：

同以往的 Windows 版本相比，Windows 7 有以下新特性：

(1) 便捷的连接：Windows 7 提供了非常便捷的连接功能，不仅可以帮助用户用最短的时间完成网络连接，直接接入 Internet，而且还能紧密和快捷地将其他的计算机、所需的信息以及电子设备无缝连接起来，使所有的计算机和电子设备连为一体。

(2) 透明的操作：Windows 7 中透明的操作有两层意思，一是指系统所使用的界面看起来将会有一种水晶的感觉，从界面上让用户感到更加整洁；二是指 Windows 7 将会更加有效地处理和归类用户的数据，系统将会为用户带来最快捷的个人数据服务，让用户更加快捷地管理自己的信息。

(3) 加固的安全：Windows 7 为用户带来经过改善的安全措施，将会比以往的操作系统更加安全地保护计算机，使之不受计算机病毒侵害。

3. UNIX 操作系统

UNIX 操作系统于 1969 年在贝尔实验室诞生。它是一个交互式的分时操作系统。

UNIX 取得成功的最重要原因是系统的开放性、公开源代码、易理解、易扩充、可移植性。用户可以方便地向 UNIX 系统中逐步添加新功能和工具，这样可使 UNIX 越来越完善，能提供更多服务，从而成为程序开发的有效支撑平台。它是可以安装和运行在从微型机、工作站直到大型机和巨型机上的操作系统。

UNIX 系统因其稳定可靠的特点而在金融、保险等行业得到广泛应用。

UNIX 的技术特点：

(1) 多用户多任务操作系统，用 C 语言编写，具有较好的易读、易修改和可移植性。

(2) 结构分核心部分和应用子系统，便于做成开放系统。

(3) 具有分层可装卸卷的文件系统，提供文件保护功能。

(4) 提供 I/O 缓冲技术，系统效率高。

(5) 剥夺式动态优先级 CPU 调度，有力地支持分时功能。

(6) 请求分页式虚拟存储管理，内存利用率高。

(7) 命令语言丰富齐全，提供功能强大的 Shell 语言作为用户界面。

(8) 具有强大的网络与通信功能。

4. Linux 操作系统

Linux 是由芬兰科学家 Linus Torvalds 于 1991 年编写完成的一个操作系统内核。当时他还是芬兰首都赫尔辛基大学计算机系的学生，在学习操作系统的课程中，自己动手编写了一个操作系统原型。Linus 把这个系统放在 Internet 上，允许自由下载，许多人对这个系统进行改进、扩充、完善，进而一步一步地发展成完整的 Linux 系统。

Linux 是一个开放源代码、类 UNIX 的操作系统。它除了继承 UNIX 操作系统的特点和优点外，还进行了许多改进，从而成为一个真正的多用户多任务的通用操作系统。

Linux 的技术特点：

(1) 继承了 UNIX 的优点，并进一步改进，紧跟技术发展潮流。

(2) 全面支持 TCP/IP，内置通信联网功能，让异种机方便联网。

(3) 是完整的 UNIX 开发平台，几乎所有主流语言都已被移植到 Linux。

(4) 提供强大的本地和远程管理功能，支持大量外设。

(5) 支持 32 位文件系统。

(6) 提供 GUI，有图形接口 X-Window，有多种窗口管理器。

(7) 支持并行处理和实时处理，能充分发挥硬件性能。

(8) 开放源代码，在该平台上开发软件成本低，有利于推广各种特色的操作系统。

在 Linux 基础上，我国中科红旗软件技术公司于 1999 年成功研制了红旗 Linux。它是应用于以 Intel 和 Alpha 芯片为 CPU 的服务器平台上的第一个国产操作系统。红旗 Linux 标志着我国拥有了独立知识产权的操作系统，它在政府、电信、金融、交通和教育等领域拥有众多成功案例。继服务器版 1.0、桌面版 2.0、嵌入式 Linux 之后，红旗后来又推出了 Red Flag DC Server (红旗数据中心服务器) 5.0 及多种发行版本，这意味着红旗软件所主导的 Linux 系统在产品技术方面更加成熟完善。红旗 Linux 为中国国产操作系统的发展奠定了坚实的基础。

3.2　Windows 7 操作系统简介

Windows 7 是由微软公司开发的新一代操作系统，可供家庭及商业工作环境、笔记本电脑、平板电脑、多媒体中心等使用。Windows 7 继承了 Windows XP 的实用和 Windows Vista 的华丽，并进行了一次升华，性能更高、启动更快、兼容性更强，还具有很多新的特性和优点。Windows 7 的设计主要围绕 5 个重点：针对笔记本电脑的特有设计、基于应用服务的设计、用户的个性化、视听娱乐的优化、用户易用性的新引擎。这些重点和许多方便用户使用的新功能使 Windows 7 成为非常易用的 Windows 版本。

3.2.1　Windows 7 概述

Windows 7 是微软公司开发的综合了 Windows XP 实用性和 Windows Vista 华丽性的新一代视窗操作系统。Windows 7 实现了许多方便用户的设计，如快速最大化、窗口半屏显示、跳转列表、系统故障快速修复等。它还大幅缩减了 Windows 的启动时间，并改进了原有的安全和功能合法性。Windows 7 的 Aero 效果华丽，有碰撞效果、水滴效果，还有丰富的桌面小工具，这些都比 Windows Vista 增色不少，但其资源消耗却非常低。此外，Windows 7 系统集成的搜索功能非常强大，只要用户打开"开始"菜单并输入搜索内容，无论是查找应用程序还是文本文档等，搜索功能都能自动完成，给用户的操作带来了极大的便利。

3.2.2　Windows 7 的启动与关闭

1. 启动

对于安装了 Windows 7 操作系统的计算机，打开计算机电源开关即可启动 Windows 7。打开电源后系统首先进行硬件自检。如果用户在安装 Windows 7 时设置了口令，则在启动过程中将出现口令对话框，用户只有回答了正确的口令后方可进入 Windows 7 系统。

成功启动 Windows 7 后，用户将在计算机屏幕上看到如图 3-1 所示的 Windows 7 界面。它表示 Windows 7 已经处于正常工作状态。

图 3-1　Windows 7 初始画面

如果启动计算机时，在系统进入 Windows 7 初始画面前按 F8 键，或是在启动计算机时按住 Ctrl 键，就可以以安全模式启动计算机。安全模式是 Windows 用于修复操作系统错误的专用模式，是一种不加载任何驱动的最小系统环境。用安全模式启动计算机，可以方便用户排除问题、修复错误。安全模式的具体作用如下：

(1) 修复系统故障。

(2) 恢复系统设置。

(3) 彻底清除计算机病毒。

(4) 系统还原。

(5) 检测不兼容的硬件。

(6) 卸载不正确的驱动程序。

2. 关闭

正确关闭 Windows 7 系统的操作方法为：单击任务栏的"开始"按钮，在弹出的"开始"菜单中选择"关机"命令。

如果用户单击"关机"按钮右边的三角形按钮，系统就会弹出如图 3-2 所示的菜单。若用户在此菜单中选择"切换用户"，系统就会进行用户的切换。若用户选择"重新启动"，则先退出 Windows 7 系统，然后重新启动计算机，可以再次选择进入 Windows 7 系统。

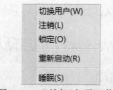

图 3-2　"关机选项"菜单

"切换用户"允许另一个用户登录计算机，但前一个用户的操作依然被保留在计算机中，一旦计算机又切换到前一个用户，那么他仍能继续操作，这样就可保证多个用户互不干扰地使用计算机。"注销"就是向系统发出清除现在登录用户的请求。"锁定"是指系统主动向电源发出信息切断除内存以外的所有设备的供电，由于内存没有断电，系统中运行的所有数据将依然被保存在内存中。"睡眠"是指系统将内存中的数据保存到硬盘上，然后切断除内存以外的所有设备的供电。

3.3　Windows 7 的基本操作

3.3.1　桌面及其操作

1. 桌面

Windows 7 开机后展现在用户面前的界面称为桌面，如图 3-3 所示，用户使用计算机时总是从桌面开始进入各种具体的应用。桌面上主要包含图标、任务栏、快速启动栏及"开始"按钮等元素。

图 3-3　桌面

2. 桌面设置

用户可以对桌面进行个性化设置，将桌面的背景修改为自己喜欢的图片，或者将分辨率设置为适合自己的操作习惯等。

(1) 设置桌面背景

右击桌面空白处，选择"个性化"→"桌面背景"命令，弹出如图 3-4 所示的"桌面背景"窗口。窗口中"图片位置(L)"右侧的下拉列表中列出了系统默认的图片存放文件夹，在其下的背景列表框中选择一张图片并单击"保存修改"按钮，即可为桌面铺上一张墙纸。如果用户对背景列表框中的所有墙纸都不满意，也可通过"浏览"按钮将"计算机"中的某个图片文件设置为墙纸。

"图片位置(P)"下拉列表中的各选项用于限定图片在桌面上的显示位置。"填充"是让图片充满整个窗口，但图片可能显示不完整；"适应"是将图片按比例放大或缩小，填充桌面；"拉伸"表示若图片较小，系统将自动拉大图片以使其覆盖整个桌面；"平铺"表示可能连续显示多个文件图片以覆盖整个桌面；"居中"表示将图片显示在桌面的中央。

如果选中背景列表框中的几张或全部图片，在"更改图片时间间隔"下拉列表中选中其中的某个时间间隔后，选中的墙纸就会按顺序定时切换。

图 3-4   "桌面背景"窗口

(2) 设置屏幕分辨率和刷新频率

屏幕分辨率指的是屏幕上显示的文本和图像的清晰度。分辨率越高，在屏幕上显示的项目越小，项目越清楚，因此屏幕上可以容纳更多的项目。分辨率越低，在屏幕上显示的项目越少，但屏幕上项目的尺寸越大。设置屏幕分辨率的操作步骤如下：

右击桌面空白处，选择"屏幕分辨率"命令，打开如图 3-5 所示的"屏幕分辨率"窗口，用户可以看到系统设置的默认分辨率与方向。

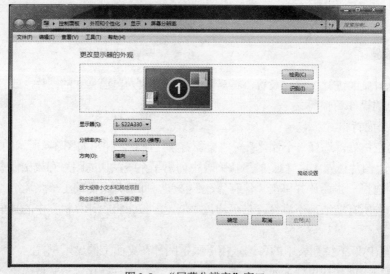

图 3-5   "屏幕分辨率"窗口

单击"分辨率"右侧下拉列表框的下拉按钮，在弹出的列表中拖动滑块，选择需要设置的分辨率，最后单击"确定"按钮。

刷新频率是屏幕画面每秒被刷新的次数，当屏幕出现闪烁现象时，就会导致眼睛疲劳和头痛。此时用户可以通过设置屏幕刷新频率，消除闪烁现象。

用户可以在"屏幕分辨率"窗口中单击"高级设置"文本链接,在打开的对话框中选择"监视器"选项卡,在"屏幕刷新频率"下拉列表中选择合适的刷新频率,单击"确定"按钮,返回"屏幕分辨率"窗口,再单击"确定"按钮完成设置。

(3) 设置屏幕保护程序

在指定的一段时间内没有使用鼠标或键盘后,屏幕保护程序就会出现在计算机的屏幕上,此程序为变动的图片或图案。屏幕保护程序最初用于保护较旧的单色显示器免遭破坏,现在它们主要是使计算机具有个性化或通过提供密码保护来增强计算机安全性的一种方式。

设置屏幕保护程序的方法:右击桌面空白处,选择"个性化"→"屏幕保护程序"命令,弹出如图 3-6 所示的"屏幕保护程序设置"对话框。

单击"屏幕保护程序"下拉列表框的下拉箭头,从列表中选择一个屏幕保护程序,如"三维文字",这时可从对话框上方的预览栏中看到屏幕保护效果。若不满意,还可单击"设置"按钮,在弹出的对话框中对屏幕保护内容进行修改,如图 3-7 所示。设置完成后,可单击"预览"按钮查看效果。"等待"时间是指用户在多长时间内未对计算机进行任何操作后,系统启动屏幕保护程序。

图 3-6 "屏幕保护程序设置"对话框

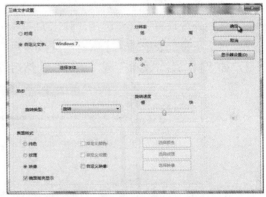

图 3-7 进一步设置屏幕保护程序

如果想防止自己离开后别人使用自己的计算机,可选中"在恢复时显示登录屏幕"复选框。这样,当屏幕保护程序运行后,系统会自动被锁定。当有人操作键盘或鼠标时,Windows 就会显示登录屏幕,屏幕保护程序密码与登录密码相同。只有当用户输入正确的登录密码后,才能结束屏幕保护程序,回到屏幕保护程序启动之前的界面。如果没有使用密码登录,则"在恢复时显示登录屏幕"复选框不可用。

(4) 窗口颜色和外观

右击桌面空白处,选择"个性化"→"窗口颜色"命令,弹出如图 3-8 所示的"窗口颜色和外观"窗口。在这里,用户可以对桌面、消息框、活动窗口和非活动窗口等的字体、颜色、尺寸大小进行修改。

图 3-8 "窗口颜色和外观"窗口

如果想更改窗口边框、"开始"菜单和任务栏的颜色，选择下面的示例颜色即可。如果选中"启用透明效果"复选框，窗口边框、"开始"菜单和任务栏就会有半透明的效果。拖动"颜色浓度"右边的滑块，颜色会有深浅变化。

单击"高级外观设置"文本链接，弹出如图 3-9 所示的"窗口颜色和外观"对话框。该对话框的"项目"下拉列表中提供了所有可更改设置的选项，单击"项目"下拉列表框中想要更改的项目，如"窗口""菜单"或"图标"，然后调整相应的设置，如颜色、字体或字号等。

图 3-9 "窗口颜色和外观"对话框

3.3.2 图标及其操作

图标是代表程序、数据文件、系统文件或文件夹等对象的图形标记。从外观上看，图标是由图形和文字说明组成的，不同类型对象的图标形状大都不同。系统最初安装完毕后，桌面上通常产生一些重要图标(如 Administrator、"计算机"和"回收站"等)，以方便用户快速启动并使用相应对象。用户也可根据自己的需要在桌面上建立其他图标。双击图标可以进入相应的程序窗口。

桌面上图标的多少及图标排列的方式，完全由用户根据自己的喜好来设置。

1. 图标的种类

除了安装 Windows 7 后自动产生的几个系统图标外，还有以下几种类型的图标：文件图标(代表文件)、文件夹图标(代表文件夹)和快捷方式图标。从外观上看，快捷方式图标的特点是左下角带有一个旋转箭头标记。实质上，快捷方式图标是指向原始文件(或文件夹)的一个指针，它只占用很少的硬盘空间。当双击某个快捷方式图标时，系统会自动根据指针的内部链接打开相应的原始文件(或文件夹)，用户不必考虑原始目标的实际物理位置，使用非常方便。

2. 图标的常用操作

图标的常用操作主要有选择图标、排列图标、添加图标及删除图标等。

(1) 排列图标

右击桌面空白处，选择"排序方式"命令，弹出如图 3-10 所示的级联菜单，用户可从中选择"名称""大小""项目类型"或"修改时间"4种排序方式之一。

图 3-10　用快捷菜单排列图标

(2) 添加图标

添加图标可分为新建图标和移动(或复制)其他窗口中的图标两种。

在桌面上新建图标时，右击桌面空白处，选择"新建"命令，弹出如图 3-11 所示的"新建"命令的级联菜单。在其中选择欲新建的对象类型，新建的对象图标就出现在桌面上。

若在"新建"命令的级联菜单中选择"快捷方式"选项，则弹出一个名为"创建快捷方式"的对话框。单击对话框中的"浏览"按钮，选择欲创建快捷方式的对象并确定后，在桌面上就会创建该对象的快捷方式。

若用户对快捷方式图标的形状不满意，可右击该图标，选择"属性"命令，在弹出的属性对话框

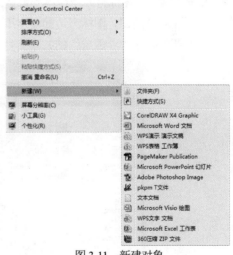

图 3-11　新建对象

的"快捷方式"选项卡中单击"更改图标"按钮，在新弹出的对话框中选择一种满意的图标并确定，即可改变该快捷方式图标的形状。

(3) 删除图标

右击欲删除的图标，选择"删除"命令，即可删除该图标。

注意：

桌面上的"计算机""网上邻居""回收站"等图标是系统固有的，不能用上述方法删除。

3. 桌面上的常用图标

桌面上通常包含以下常用图标。

(1) "计算机"图标

双击桌面上的"计算机"图标可以打开"计算机"窗口，用户通过该窗口可以访问计算机上存储的所有文件和文件夹，还可以对计算机的各种软硬件资源进行设置。

(2) Administrator 图标

Windows 7 桌面上的 Administrator 文件夹是这个用户的根文件夹，里面包含了该用户的"联系人""我的文档""我的音乐""我的图片"等子文件夹。

(3) "回收站"图标

"回收站"是在硬盘上开辟的一块区域，默认情况下，只要"回收站"没有存满，Windows 7 就会将用户从硬盘上删除的内容暂存在"回收站"内，用户可以随时将这些内容恢复到原有的位置。"回收站"对用户删除的文件起到保护的作用。

(4) Internet Explorer 图标

双击桌面上的 Internet Explorer 图标可以打开浏览器窗口，用户可以通过该窗口方便地浏览 Internet 上的信息。

(5) "网络"图标

利用"网络"图标可以访问局域网中其他计算机上共享的资源。

双击"网络"图标打开"网络"窗口，在该窗口中，可以看到同一局域网中其他计算机的图标，如图 3-12 所示，图标旁边的名字用于标识和区别不同的计算机。双击要访问的计算机图标，就可以访问这些"邻居"的共享文件夹。

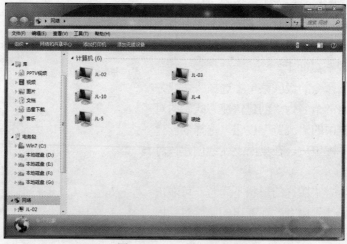

图 3-12　"网络"窗口

3.3.3　任务栏及其操作

系统中打开的所有应用软件的图标都显示在任务栏中，任务栏由"开始"按钮、"应用程序”区域和“通知”区域组成。利用任务栏还可以进行窗口排列和任务管理等操作。

- “开始”按钮：单击“开始”按钮可以打开“开始”菜单。
- “应用程序”区域：显示正在运行的应用程序的名称。
- “通知”区域：显示时钟等系统当前的状态。

任务栏通常位于桌面底部，高度与“开始”按钮相同。右击任务栏的空白处，确定快捷菜单中的“锁定任务栏”选项未被选中的情况下，用户可以调整任务栏的位置和高度。

1. 调整任务栏的位置

任务栏可以放置在屏幕上、下、左、右的任一方位。改变任务栏位置的方法是：将鼠标指针指向任务栏的空白处，按下鼠标左键拖动至屏幕的最上(或最左、最右)边，松开鼠标左键，任务栏随之移动到屏幕的上(或左、右)边。

2. 调整任务栏的高度

任务栏的高度最多可以达到整个屏幕高度的一半。调整任务栏高度的方法是：将鼠标指针移到任务栏的边缘，鼠标指针会变成双向箭头形状，此时将鼠标向增加或减小高度的方向拖动，即可调整任务栏的高度。

3. 利用任务栏设置排列窗口及任务栏

(1) 排列窗口

当用户打开多个窗口时，除当前活动窗口可全部显示外，其他窗口往往被遮盖。用户若需要同时查看多个窗口的内容，可以利用 Windows 7 提供的窗口排列功能使窗口层叠显示或并排显示。

排列窗口的操作方法为：右击任务栏上未被图标占用的空白区域，弹出如图 3-13 所示的任务栏快捷菜单。选择执行其中关于窗口排列的选项，即可出现不同的窗口排列形式。

图 3-13　任务栏快捷菜单

- 层叠窗口：将已打开的窗口层叠排列在桌面上，当前活动窗口在最前面，其他窗口只露出标题栏和窗口左侧的少许部分。
- 堆叠/并排显示窗口：系统将已打开的窗口缩小，按横向或纵向平铺在桌面上。采用该窗口排列方式的目的往往是为了便于在不同的窗口间交流信息，所以打开的窗口不宜过多，否则窗口会过于狭窄，反而不方便。
- 显示桌面：该选项可以使已经打开的窗口全部缩小为图标，并出现在任务栏中。

(2) “工具栏”命令

“工具栏”命令用于设置在任务栏上显示哪些工具，如地址、链接、桌面等。

使用“工具栏”的级联菜单命令“新建工具栏”，可以帮助用户将常用的文件夹或经常访问的网址显示在任务栏上，而且可以单击直接访问。例如，可以把 Administrator 文件夹放到新建工具栏中，步骤如下：

① 用鼠标右击任务栏的空白处，打开快捷菜单。

② 选择"工具栏"→"新建工具栏"命令，打开"新工具栏-选择文件夹"对话框，如图 3-14 所示。

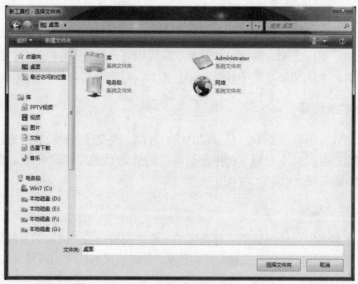

图 3-14 "新工具栏-选择文件夹"对话框

③ 在文件夹列表框中选择要新建的 Administrator 文件夹后，单击"选择文件夹"按钮，Administrator 文件夹就被添加到了"新建工具栏"中。

在 Administrator 工具栏中，该文件夹中的子文件夹和文件以图标形式显示，单击这些图标就可以直接打开相应的文件夹或文件。由于受空间的限制，不是所有的文件夹和文件都能列出。单击 Administrator 工具栏右侧的双箭头按钮，会出现一个列表，在这个列表中列出了 Administrator 文件夹下所有子文件夹和文件的图标。

若要取消 Administrator 工具栏的显示，可右击任务栏的空白处，在快捷菜单的"工具栏"的级联菜单中取消对 Administrator 选项的选择即可。

(3) "锁定任务栏"命令

选择该选项后，任务栏的位置和高度等均不可调整。

(4) "属性"命令

选择"属性"命令可弹出如图 3-15 所示的对话框，利用该对话框可以对任务栏和开始菜单的属性进行设置。图 3-15 中显示的是"任务栏"选项卡的内容。

- "自动隐藏任务栏"：是指只有当鼠标指向原任务栏时，"任务栏"才显示出来，其他情况下隐藏。
- "使用小图标"：是指任务栏上的所有程序都以"小图标"的形式显示。
- "屏幕上的任务栏位置"：从右边的下拉列表中可以选择让任务栏出现在桌

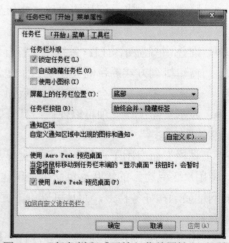

图 3-15 "任务栏和「开始」菜单属性"对话框

面的"底部""左侧""右侧"或"顶部"。

- "任务栏按钮":打开"任务栏按钮"下拉列表,有"始终合并、隐藏标签""当任务栏被占满时合并"和"从不合并"3 个选项。如果选择"始终合并、隐藏标签",则"应用程序"区域只会显示应用程序的图标,如果在同一程序中打开许多文档,Windows 会将所有文档组合为一个任务栏图标。如果选择"当任务栏被占满时合并",则当任务栏上打开太多程序导致任务栏被占满时,Windows 会合并所有相同类型的程序。如果选择"从不合并",那么即便在任务栏上打开太多程序导致任务栏被占满的情况下,任务栏中的图标也不会被合并。

4. 多窗口多任务的切换

Windows 7 系统具有多任务处理功能,用户可以同时打开多个窗口,运行多个应用程序,并可以在多个应用程序之间传递并交换信息。为了使上述功能得到充分利用,Windows 7 提供了灵活方便的切换技术。任务栏是多任务多窗口间切换的最有效方法之一。单击任务栏上任意一个应用软件的图标,其应用软件窗口即被显示在桌面的最上层,并处于活动状态。

另外,也可以直接用鼠标单击某窗口的可见部分,实现切换。如果当前窗口完全遮住了需要使用的窗口,用户可先用鼠标指针移开当前窗口或缩小当前窗口的尺寸,然后进行切换。

用户按 Alt+Tab 组合键也可以完成多窗口多任务的切换。

5. 任务管理器

"任务管理器"提供了有关计算机性能、计算机运行的程序和进程的信息。用户可利用"任务管理器"启动程序、结束程序或进程、查看计算机性能的动态显示,更加方便地管理、维护自己的系统,提高工作效率,使系统更加安全、稳定。

用户可以通过以下两种方法打开"任务管理器":

(1) 右击任务栏的空白处,选择"启动任务管理器"命令,打开如图 3-16 所示的"Windows 任务管理器"窗口。

(2) 同时按下键盘上的 Ctrl+Alt+Del 组合键,也可打开"Windows 任务管理器"窗口。

在"应用程序"选项卡的列表框中选择某个程序,然后单击"结束任务"按钮,此时该程序将会被结束。在"进程"选项

图 3-16 "Windows 任务管理器"窗口

卡中,用户可以查看系统中每个运行中的任务所占用的 CPU 时间及内存大小。"性能"选项卡的上部则会以图表形式显示 CPU 和内存的使用情况。

3.3.4 "开始"菜单及其操作

"开始"按钮位于任务栏上,单击"开始"按钮,即可启动程序、打开文档、改变系统设置、获得帮助等。无论在哪个程序中工作,都可以使用"开始"按钮。

在桌面上单击"开始"按钮,"开始"菜单即可展现在屏幕上,如图3-17所示。用户移动鼠标在上面滑动,一个矩形光条也随之移动。若在右边有小三角的选项上停下来,与之对应的级联菜单(即下级子菜单)就会立即出现,它相当于二级菜单。用户继续重复以上操作,还可以打开三级、四级菜单。打开最后一级菜单后,单击光标停驻的应用程序选项,即可启动相应的应用程序。

右击"开始"按钮,选择"属性"命令,可打开"任务栏和「开始」菜单属性"对话框。在"「开始」菜单"选项卡中单击"自定义"按钮,可打开"自定义「开始」菜单"对话框,如图3-18所示。在这里,用户可以自定义"开始"菜单上的链接、图标以及菜单的外观和行为。

在"开始"菜单中会显示用户最近使用的程序的快捷方式,系统默认显示10个,用户可以在"要显示的最近打开过的程序的数目"微调框中调整其数目。系统会自动统计出使用频率最高的程序,使其显示在"开始"菜单中,这样用户在使用时就可以直接在"开始"菜单中选择启动,而不用在"所有程序"菜单中启动。

图 3-17 "开始"菜单

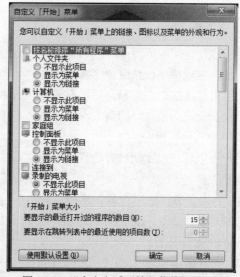

图 3-18 "自定义「开始」菜单"对话框

1. 搜索框

搜索框位于"开始"菜单最下方,用来搜索计算机中的项目资源,是快速查找资源的有力工具,功能非常强大。搜索框将遍历用户的程序以及个人文件夹(包括"文档""图片""音乐""桌面"以及其他常见位置)中的所有文件夹,因此是否提供项目的确切位置并不重要。它还将搜索用户的电子邮件,已保存的即时消息、约会和联系人等。

用户在搜索框中输入需要查询的文件名,"开始"菜单就会立即变成搜索结果列表,如图3-19所示。随着输入内容的变化,搜索结果也会实时更改,甚至不需要输入完整的关键字就能列出相关的项目，从程序到设置选项，从文档到邮件，应有尽有，使用它查找资源非常方便。

如果在这些结果中找不到要搜索的文件，也没有关系，因为这只是很小的一部分搜索结果，只要单击搜索框上方的"查看更多结果"，就能查看全部搜索结果了。

2. "帮助和支持"选项

Windows 7 为用户提供了一个功能强大的帮助系统，使用帮助是学习和使用 Windows 7 的一条非常有效的途径。

"Windows 帮助和支持"窗口如图 3-20 所示，通过它可以访问各种联机帮助系统，可以向联机 Microsoft 客户支持技术人员寻求帮助，也可以与其他 Windows 7 用户和专家利用 Windows 新闻组交换问题和答案，还可以使用"Windows 远程协助"来向朋友或同事寻求帮助。

"帮助和支持"的使用方法很简单。例如，要查找关于"网络"的帮助，只需要在"搜索框"中输入"网络"并按 Enter 键，下面的窗口中就会出现很多关于"网络"的主题。单击其中的某个主题，窗口中就会列出详细的帮助文本。

图 3-19　在 Windows 7 的搜索框中输入关键字

图 3-20　"Windows 帮助和支持"窗口

3.3.5　窗口及其操作

在 Windows 7 操作系统中，窗口是用户界面中最重要的组成部分，对窗口的操作也是最基本的操作之一。

窗口是屏幕中一种可见的矩形区域，如图 3-21 所示。窗口是用户与产生该窗口的应用程序之间的可视界面，用户可随意在任意窗口上工作，并在各窗口之间交换信息。Windows 7 的窗口分为两大类：应用程序窗口和文件夹窗口。窗口的操作包括打开、关闭、移动、放大及缩小等。在桌面上可以同时打开多个窗口，每个窗口可扩展至覆盖整个桌面或者被缩小为图标。

窗口通常包含以下组成部分。

(1) 标题栏

位于窗口上方第一行的是标题栏。标题栏的右侧依次是"最小化"按钮(单击此按钮可使窗口缩小为任务栏上的图标)、"最大化"按钮(单击此按钮可使窗口扩大到覆盖整个屏幕，此时"最大化"按钮变为"向下还原"按钮，单击它可使窗口还原为原始大小)和"关闭"按钮(单击此按钮可关闭当前窗口)。当同时打开多个窗口时，只有当前处于活动状态的窗口，其标题栏的颜色是用户在控制面板中设定好的窗口颜色。当窗口不处于最大化状态时，将鼠标指针置于窗口标题栏，按下鼠标左键并拖动鼠标即可移动窗口位置。双击标题栏可使窗口在"最大化"和"向下还原"两种状态间进行切换。在标题栏上单击鼠标右键，将弹出窗口的控制菜单，使用它也可完成最小化、最大化、还原、关闭及移动窗口等功能。

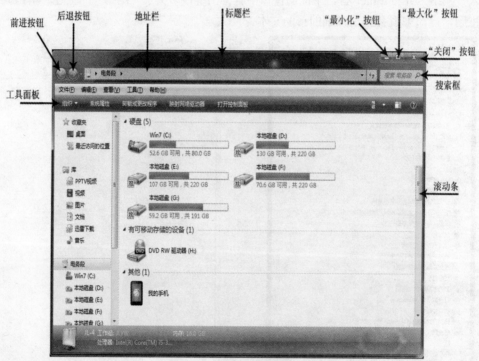

图 3-21　窗口的组成部分

当窗口不处于最大化状态时，可把鼠标指针移到窗口的边框处，此时鼠标指针变成双向箭头形状，按下鼠标左键拖动即可改变窗口的大小。

(2) "后退"和"前进"按钮

窗口左上角是"后退"与"前进"按钮，用户可以通过单击"后退"和"前进"按钮，导航至已经访问过的位置，就像浏览 Internet 一样。用户还可以通过单击"后退"按钮右侧的向下箭头，然后从下拉列表中进行选择以返回到以前访问过的窗口。

(3) 地址栏

地址栏将用户当前的位置显示为以箭头分隔的一系列链接，不仅当前目录的位置在地址栏中给出，而且地址栏中的各项均可单击，以帮助用户直接定位到相应层次。除此之外，用户还可以在地址栏中直接输入位置路径来导航到其他位置。

(4) 搜索框

地址栏的右边是功能强大的搜索框，用户可以在这里输入任何想要查询的搜索项。如果用户不知道要查找的文件位于某个特定文件夹或库中，浏览文件可能意味着查看数百个文件和子文件夹，为了节省时间和精力，可以使用已打开窗口顶部的搜索框。

(5) 水平和垂直滚动条

当窗口显示不了全部内容时，窗口的右侧或下方会自动出现滚动条。按下鼠标左键拖动滚动条中的滑块，即可翻看窗口中的所有内容。

注意：

Windows 7 的窗口默认设置是不显示菜单栏的，如果用户想让菜单栏显示出来，打开窗口后按键盘上的 Alt 键即可。

3.3.6　桌面小工具的设置

与 Windows XP 操作系统相比，Windows 7 操作系统又新增了桌面小工具，用户只要将小工具的图标添加到桌面上，即可方便地使用。

1. 添加桌面小工具

在 Windows 7 操作系统中添加并使用小工具的操作步骤如下：

(1) 右击桌面空白处，选择"小工具"命令，弹出如图 3-22 所示的"小工具库"窗口。

(2) 用户选择小工具后，可以将其直接拖动到桌面上，也可以直接双击小工具或右击小工具，然后单击"添加"按钮，选择的小工具就会被成功地添加到桌面上。

图 3-22　"小工具库"窗口

2. 删除桌面小工具

用户如果不再使用已添加的小工具，可以将小工具从桌面删除。

将鼠标指针放在小工具的右侧，单击"关闭"按钮即可从桌面上删除小工具。

用户如果想将小工具从系统中彻底删除，则需要将其卸载，操作方法如下：

(1) 右击桌面空白处，选择"小工具"命令。

(2) 在弹出的"小工具库"窗口中，右击需要卸载的小工具，选择"卸载"命令。

(3) 在弹出的"桌面小工具"对话框中单击"卸载"按钮，用户选择的小工具就会被成功卸载。

3. 设置桌面小工具

添加到桌面的小工具不仅可以直接使用，而且可以对其进行移动、设置不透明度等操作，设置小工具常用的操作方法如下：

(1) 移动小工具：拖动小工具图标。

(2) 在桌面的最前端显示小工具：右击小工具，选择"前端显示"命令。

(3) 设置小工具的不透明度：右击小工具，选择"不透明度"命令，在弹出的子菜单中选择具体的不透明度数值，即可设置小工具的不透明度。

3.4 Windows 7 的文件管理

在计算机系统中，文件是最小的数据组织单位，也是 Windows 基本的存储单位。文件一般具有以下特点：

(1) 文件中可以存放文本、声音、图像、视频和数据等信息。

(2) 文件名具有唯一性，同一个磁盘中、同一目录下不允许有重复的文件名。

(3) 文件具有可移动性。文件可以从一个磁盘移动或复制到另一个磁盘上，也可以从一台计算机上移动或复制到另一台计算机上。

(4) 文件在外存储器中有固定的位置。用户和应用程序要使用文件时，必须提供文件的路径来告诉用户和应用程序文件的位置所在。路径一般由存放文件的驱动器名、文件夹名和文件名组成。

3.4.1 文件和文件夹

1. 文件

文件是操作系统中用于组织和存储各种信息的基本单位。用户所编写的程序、撰写的文章、绘制的图画或制作的表格等，在计算机中都是以文件的形式存储的。因此，文件是一组彼此相关并按一定规律组织起来的数据的集合，这些数据以用户给定的文件名存储在外存储器中。当用户需要使用某文件时，操作系统会根据文件名及其在存储器中的路径找到该文件，然后将其调入内存储器中使用。

文件名一般包括两部分，即主文件名和文件扩展名，一般用"."分开。文件扩展名用来标识该文件的类型，最好不要更改。常见的文件类型如表 3-2 所示。

表 3-2 常见的文件类型

扩展名	文件类型	扩展名	文件类型
.avi	声音影像文件	.doc	Word 文档文件
.rar	压缩文件	.dtv	驱动程序文件
.bak	一些程序自动创建的备份文件	.exe	可执行文件
.bat	DOS 中自动执行的批处理文件	.mp3	使用 MP3 格式压缩存储的声音文件
.bmp	画图程序或其他程序创建的位图文件	.hlp	帮助文件
.com	命令文件(可执行的程序文件)	.inf	信息文件
.dat	某种形式的数据文件	.ini	系统配置文件

(续表)

扩展名	文件类型	扩展名	文件类型
.dbf	数据库文件	.mid	MID(乐器数字化接口)文件
.psd	Photoshop 生成的文件	.jpg	广泛使用的压缩文件格式
.dll	动态链接库文件(程序文件)	.txt	文本文件
.sys	DOS 系统配置文件	.xls	Excel 电子表格文件
.wma	微软公司制定的声音文件格式	.wav	波形声音文件
.ppt	PowerPoint 幻灯片文件	.zip	压缩文件

不同的文件类型，图标往往不一样，查看方式也不一样，只有安装了相应的软件，才能查看文件的内容。

每个文件都有自己唯一的名称，Windows 7 正是通过文件的名称来对文件进行管理的。在 Windows 7 操作系统中，文件的命名具有以下特征：

- 支持长文件名。文件名的长度最多可达 256 个字符，命名时不区分字母大小写。
- 文件的名称中允许有空格，但命名时不能含 "?" "*" "/" "\" "|" "<" ">" 和 ":" 等特殊字符。
- 默认情况下系统自动按照文件类型显示和查找文件。
- 同一个文件夹中的文件名不能相同。

2. 文件夹

众多的文件在磁盘上需要分门别类地存放在不同的文件夹中，以利于对文件进行有效的管理。操作系统采用目录树或称为树状文件系统的结构形式来组织系统中的所有文件。

树状文件目录结构是一种由多层次分布的文件夹及各级文件夹中的文件组成的结构形式，从磁盘开始，越向下级分支越多，形成一棵倒长的"树"。最上层的文件夹称为根目录，每个磁盘只能有一个根目录，在根目录下可建立多层次的文件系统。在任何一个层次的文件夹中，不仅可包含下一级文件夹，还可以包含文件。文件夹名的命名规则与文件名的命名规则基本相同，但文件夹是没有扩展名的。

一个文件在磁盘上的位置是确定的。对一个文件进行访问时，必须指明该文件在磁盘上的位置，也就是指明从根目录(或当前文件夹)开始到文件所在文件夹所经历的各级文件夹名组成的序列，书写时序列中的文件夹名之间用分隔符 "\" 隔开。访问文件时，一般采用以下格式：

[盘符][路径]文件名[.扩展名]

其中各项的说明如下：

- []：表示其中的内容为可选项。
- 盘符：用以标识磁盘驱动器，常用一个字母后跟一个冒号表示，如 A：、C：、D：等。
- 路径：由 "\" 分隔的若干个文件夹名组成。

例如：C:\windows\media\ir_begin.wav 表示存放在 C 盘 Windows 文件夹下的 media 文件夹中的 ir_begin.wav 文件。由扩展名.wav 可知，该文件是一个声音文件。

3.4.2 资源管理器

资源管理器是 Windows 7 中各种资源的管理中心，用户可通过它对计算机的相关资源进行操作。

单击"开始"按钮，选择"所有程序"→"附件"→"Windows 资源管理器"命令，就可以打开如图 3-23 所示的"资源管理器"窗口。另外，也可以右击"开始"按钮，选择"打开 Windows 资源管理器"命令，打开"资源管理器"窗口。

Windows 7 的"资源管理器"功能强大，设有菜单栏、细节窗格、预览窗格、导航窗格等。

如果用户觉得 Windows 7"资源管理器"的界面布局太复杂，也可以自己设置界面。操作时，单击窗口中"组织"按钮旁的向下箭头，在显示的目录中选择"布局"中需要的部分即可。

图 3-23 "资源管理器"窗口

Windows 7 资源管理器在管理方面更利于用户使用，特别是在查看和切换文件夹时。查看文件夹时，上方地址栏会根据目录级别依次显示，中间还有向右的小箭头。当用户单击其中某个小箭头时，该箭头会变为向下，显示该目录下所有文件夹名称，如图 3-24 所示。单击其中任一文件夹，即可快速切换至该文件夹的访问页面，这非常便于用户快速切换目录。

图 3-24 在"资源管理器"窗口中显示子文件夹

在 Windows 7 "资源管理器"的收藏夹栏中，增加了"最近访问的位置"，可方便用户快速查看最近访问的目录。在查看最近访问位置时，可以查看访问位置的名称、修改日期、类型及大小等，一目了然。

3.4.3　文件和文件夹的操作

Windows 7 具有功能强大的文件管理系统，利用"资源管理器"窗口可方便地实现对文件和文件夹的管理。

1. 新建文件或文件夹

在"资源管理器"窗口中新建文件或文件夹的方法与在桌面上建立新图标类似，只是需要先在"资源管理器"中打开欲新建文件或文件夹的存放位置(可以是驱动器或已有文件夹)，然后在右窗格的空白处单击鼠标右键打开快捷菜单，再按照在桌面上建立新图标的方法操作即可。

此外，还可以利用某些对话框中的"新建文件夹"按钮来新建文件夹。例如，若用户用 Windows 7 的"画图"工具制作了一张图片(单击"开始"→"所有程序"→"附件"→"画图"命令即可打开画图工具)，单击"文件"菜单中的"保存"命令，打开"保存为"对话框后才想到，应该在桌面上新建一个名为"图片"的文件夹，然后将这张新图片存放在其中，这时的操作步骤如下：

(1) 单击"保存为"对话框的"新建文件夹"工具按钮。

(2) 一个名为"新建文件夹"的图标会出现，如图 3-25 所示。

输入新文件夹的名称后按回车键，就完成了新文件夹的创建。

图 3-25　在"保存为"对话框中新建文件夹

2. 重命名文件或文件夹

右击"资源管理器"窗口中欲更名的对象，单击"重命名"命令。此时，该对象名称呈反白显示状态，输入新名称并按回车键即可。

另外，还可以在选中文件后按 F2 功能键进入重命名状态。

另一种简便方式是单击选中欲更改的对象名后，再单击该对象的名称，此时名称就变为反白显示的重命名状态，输入新名称并按回车键即可。

Windows 7 还提供了批量重命名的功能。在"资源管理器"中选择几个文件后，按 F2 功能键进入重命名状态，重命名这些文件中的任意一个，则所有被选择的文件都会被重命名为新的文件名，但在主文件名的末尾处会加上递增的数字。

注意：

重命名这些文件中的任意一个时，只要不修改扩展名，其他被选择的文件的扩展名都会保持不变。

3. 选择对象

在实际操作中，经常需要对多个对象进行相同的操作，如移动、复制或删除等。为了快速执行任务，用户可以一次选择多个文件或文件夹，然后执行操作。

常用的有以下几种对象选择方式：

(1) 选择单个对象。单击某个对象，该对象即被选中，被选中的对象图标呈深色显示。

(2) 选择不连续的多个对象。按住 Ctrl 键的同时逐个单击要选择的对象，即可选择不连续的多个对象。

(3) 选择连续的多个对象。先单击要选择的第一个对象，然后按住 Shift 键，移动鼠标单击要选择的最后一个对象，即可选择连续的多个对象。也可以按下鼠标左键拖出一个矩形，被矩形包围的所有对象都将被选中。

(4) 选择组内连续、组间不连续的多组对象。单击第一组的第一个对象，然后按下 Shift 键并单击该组的最后一个对象。选中一组后，按下 Ctrl 键，单击另一组的第一个对象，再同时按下 Ctrl+Shift 键并单击该组的最后一个对象。反复执行此步骤，直至选择结束。

(5) 取消对象选择。按下 Ctrl 键并单击要取消的对象即可取消单个已选定的对象。若要取消全部已选定的文件，只需要在文件列表旁的空白处单击即可。

(6) 全选。按下键盘上的 Ctrl+A 组合键，即可选择"资源管理器"右窗格中的所有对象。

4. 复制或移动对象

复制或移动对象有 3 种常用方法：利用剪贴板、左键拖动和右键拖动。

(1) 利用剪贴板复制或移动对象

剪贴板是内存中的一块区域，用于暂时存放用户剪切或复制的内容。

欲利用剪贴板实现文件或文件夹的移动操作，在"资源管理器"窗口中，右击欲移动的对象，单击"剪切"命令，该对象即被移动到剪贴板上；再右击欲移动到的目标文件夹，单击"粘贴"命令，对象即从剪贴板移动到该文件夹下。

如果用户要执行的是复制操作，只需要将上述操作步骤中的"剪切"命令改为"复制"命令即可。注意：此时对象被复制到剪贴板上，然后将该对象从剪贴板复制到目标位置，所以该对象可被粘贴多次。例如，用户可以按上述方法对 C 盘中的一个文件执行快捷菜单中的"复制"命令，然后将其分别粘贴到桌面、D 盘、E 盘和 F 盘，这样就可以得到该文件的 4 个副本。

注意：

"剪切"的快捷键为 Ctrl+X，"复制"的快捷键为 Ctrl+C，"粘贴"的快捷键为 Ctrl+V。

(2) 左键拖动复制或移动对象

打开"资源管理器"窗口，在右窗格中找到欲移动的对象，按住 Shift 键的同时将其拖动到目标文件夹上即可完成移动该对象的操作。按住 Ctrl 键的同时将其拖动到目标文件夹上会完成复制该对象的操作。注意观察，按下 Ctrl 键并拖动对象时，对象旁边有一个小"+"号标记。

(3) 右键拖动复制或移动对象

打开"资源管理器"窗口，在右窗格中找到欲移动的对象，按住鼠标右键将其拖动到目标文件夹上。松开鼠标右键后将弹出如图 3-26 所示的快捷菜单，选择该菜单中的相应命令即可完成移动或复制该对象的操作。

5. 删除与恢复对象

为了避免用户误删除文件，Windows 7 提供了"回收站"工具，被用户删除的对象一般存放在"回收站"中，必要时可以从"回收站"还原。删除文件或文件夹的方法为：右击"资源管理器"中欲删除的对象，选择"删除"命令，会出现如图 3-27 所示的对话框。用户可以单击"是"按钮确认删除，或单击"否"按钮放弃删除。

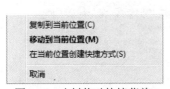

图 3-26　右键拖动快捷菜单　　　　图 3-27　"删除文件"对话框

用"回收站"还原对象的方法为：双击桌面上的"回收站"图标，打开"回收站"窗口，在窗口中右击欲还原的对象，弹出如图 3-28 所示的快捷菜单，单击"还原"命令即可将该对象恢复到其原始位置。也可单击"回收站"窗口中的"还原此项目"按钮来实现还原功能。此外，还可以用"剪切"和"粘贴"来恢复对象。

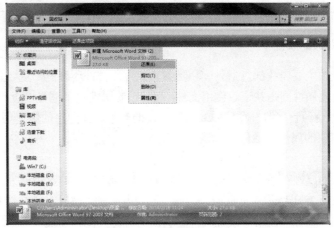

图 3-28　"回收站"窗口

"回收站"的容量是有限的。当"回收站"满时，再放入"回收站"的内容就会被系统彻底删除。所以用户在删除对象前，应注意删除文件的大小及"回收站"的剩余容量，必要时可清理"回收站"或调整"回收站"容量的大小，然后进行删除。

清理"回收站"的方法为：在如图 3-28 所示的快捷菜单中选择"删除"命令，可将该对象永久删除；而单击"回收站"窗口中的"清空回收站"按钮，可将回收站中的所有内容永久删除。

调整"回收站"容量大小的方法为：右击桌面上的"回收站"图标，选择"属性"命令，打开如图 3-29 所示的"回收站 属性"对话框。用户可以在"最大值(MB)"右边的文本框中输入所选定磁盘的回收站大小的最大值。选中"不将文件移到回收站中。移除文件后立即将其删除"单选按钮后，删除的所有对象都不再放入"回收站"，而是直接永久删除。若取消选中"显示删除确认对话框"复选框，则此后删除对象时，不会再弹出如图 3-27 或图 3-30 所示的对话框。

如果用户希望将某对象永久删除，可先选择该对象，然后按键盘上的 Shift+Delete 组合键。当松开组合键后，将弹出如图 3-30 所示的对话框，单击"是"按钮后，该对象即被永久删除。

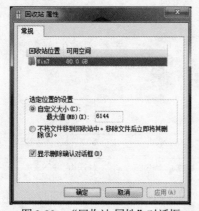

图 3-29 "回收站 属性"对话框

图 3-30 "删除文件"对话框(彻底删除)

注意：

一般来说，无论对文件的复制、移动、删除还是重命名操作，都只能在文件没有被打开使用的时候进行。例如，某个 Word 文档被打开后，就不能进行移动、删除或重命名等操作了。

6. 文件和文件夹的属性

文件和文件夹的主要属性都包括只读和隐藏。此外，文件还有一个重要属性是打开方式，文件夹的另一个重要属性则是共享。使用文件(文件夹)的属性对话框可以查看和改变文件(文件夹)的属性。右击"资源管理器"窗口中要查看属性的对象，在弹出的快捷菜单中选择"属性"命令，即可显示对象的属性对话框。

(1) 文件的属性

不同类型文件的属性对话框有所不同，下面以如图 3-31 所示的对话框为例来说明文件属性对话框的使用。在图 3-31 所示对话框的"常规"选项卡中，上部显示了文件的名称、类型、大小等信息，下部的"属性"栏用于设置文件的属性。若将文件属性设置为"只读"那么文件只允许被读取，不允许修改。若将文件属性设置为"隐藏"并且确保选中后面图 3-36 所示的"文件夹选项"对话框中的"不显示隐藏的文件、文件夹或驱动器",则在"资源管理器"中将看不到该文件。

如果单击图 3-31 所示对话框中的"高级"按钮,就会打开如图 3-32 所示的"高级属性"对话框。

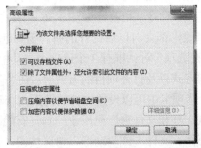

图 3-31　"常规"选项卡　　　　　　图 3-32　"高级属性"对话框

(2) 文件夹的属性

文件夹的"只读"和"隐藏"属性与文件属性中的相应属性完全相同,但在设置文件夹的属性时,可能会弹出如图 3-33 所示的"确认属性修改"对话框。若选中"仅将更改应用于此文件夹"单选按钮,则只有该文件夹的属性被更改,文件夹下的所有子文件夹和文件的属性依然保持不变。若选中"将更改应用于此文件夹、子文件夹和文件"单选按钮,则该文件夹、从属于它的所有子文件夹和文件的属性都会被改变。

利用文件夹属性对话框中的"共享"选项卡可以为文件夹设置共享属性,从而使局域网中的其他计算机可通过网络访问该文件夹。

设置用户自己的共享文件夹的操作步骤如下:

(1) 在如图 3-34 所示的"共享"选项卡中,单击"高级共享"按钮,就会弹出如图 3-35 所示的"高级共享"对话框。

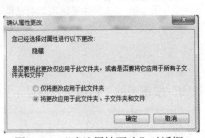

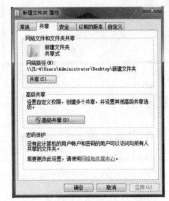

图 3-33　"确认属性更改"对话框　　　　图 3-34　"共享"选项卡

(2) 如果选中该对话框中的"共享此文件夹"复选框,"共享名"文本框将变为可用状态。

"共享名"是其他用户通过网络连接到此共享文件夹时看到的文件夹名称，而文件夹的实际名称并不随"共享名"文本框中内容的更改而改变。在"将同时共享的用户数量限制为"右边的微调框中，可以修改对该文件夹同时访问的最大用户数。

(3) 设置完毕后，单击"确定"按钮。

设置完成后，局域网中的其他用户可以通过网络来访问该文件夹中的内容。

7. 文件夹选项

在"资源管理器"窗口中，单击"组织"按钮旁的向下箭头，在显示的目录中选择"文件夹和搜索选项"命令，可打开如图3-36所示的"文件夹选项"对话框，在此对话框中所做的任何设置和修改，都会对以后打开的所有窗口起作用。

"文件夹选项"对话框有3个选项卡，其中，在"常规"选项卡中可设置文件夹的外观、浏览文件夹的方式以及打开项目的方式等；在"查看"选项卡中可设置文件夹和文件的显示方式；在"搜索"选项卡中可以设置文件的搜索内容和搜索方式。图3-36所示为"查看"选项卡，其中的"隐藏文件和文件夹"栏用于控制具有隐藏属性的文件和文件夹是否显示。若选中"不显示隐藏的文件、文件夹或驱动器"单选按钮，则在以后打开的窗口中将不会显示具有隐藏属性的文件和文件夹；若选中"显示隐藏的文件、文件夹和驱动器"单选按钮，则在以后打开的窗口中，无论文件和文件夹是否具有隐藏属性，都将显示出来。如果选中"查看"选项卡中的"隐藏已知文件类型的扩展名"复选框，则在以后打开的窗口中，常见类型的文件在显示时都只显示主文件名，扩展名被隐藏。

图 3-35　"高级共享"对话框

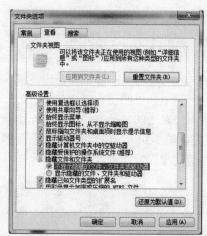

图 3-36　"文件夹选项"对话框

8. 设置显示方式

(1) 文件的查看方式

在"资源管理器"窗口中，单击"更改您的视图"按钮旁的下拉箭头，将显示如图3-37所示的目录。

"列表"查看方式以文件或文件夹名列表显示文件夹内容，内容前面为小图标。当文件夹中包含很多文件，并且想在列表中快速查找一个文件名时，这种查看方式非常有用。

图 3-37   文件查看方式

使用"详细信息"查看方式时，右窗格会列出各个文件与文件夹的名称、修改日期、类型、大小等详细资料，如图 3-38 所示。不仅如此，在文件列表的标题栏上右击鼠标，从弹出的快捷菜单中还可选择加载更多的信息。菜单中选项名称前已打对号的是已经加载的信息，如果用户希望显示更多的信息，可在此菜单中选择添加。单击菜单最下面的"其他"命令，还可选择加载其他更多的信息。

图 3-38   可供选择查看的信息

"平铺"查看方式以按列排列图标的形式显示文件和文件夹。这种图标和"中等图标"查看方式一样大，并且会将所选的分类信息显示在文件或文件夹名的下方。例如，如果用户将文件按类型分类，则"Microsoft Word 文档"字样将出现在所有 Word 文档的文件名下方。

在"内容"查看方式下，右窗格会列出各个文件与文件夹的名称、修改时间和文件的大小。

在"详细信息"查看方式下，文件列表标题栏的文字右上方有一个小三角，这个小三角是用来标记文件排列方式的：小三角所在列的标题栏的名称代表文件是按什么属性排列的，小三角的方向代表排列顺序（升序或降序）。例如，如果小三角位于"名称"列，且方向朝下，表明右窗格中的文件是按照文件名降序排列的。

(2) 排列图标

操作方法与桌面图标的排列相同。

(3) 刷新

执行某些操作后，文件或文件夹的实际状态发生了变化，但屏幕显示还保留在原来的状态，二者出现不一致的情况，此时可使用刷新功能来解决。右击"资源管理器"右窗格的空白处，在弹出的快捷菜单中选择"刷新"命令即可执行刷新操作。

3.4.4 磁盘管理

磁盘是计算机最重要的存储设备,用户的大部分文件以及操作系统文件都存储在磁盘中。在"资源管理器"窗口中,一般可以看到C盘、D盘、E盘等磁盘标识,但实际上,计算机中通常只有一块硬盘。由于硬盘容量越来越大,为了便于管理,通常需要把硬盘划分为C盘、D盘、E盘等几个分区。用户可对每个磁盘分区进行格式化、重命名、清理、查错、备份与碎片整理等操作。

1. 磁盘格式化

磁盘格式化操作主要用于以下两种情况:

(1) 磁盘在第一次使用之前需要进行格式化操作。

(2) 欲删除某磁盘分区的所有内容时可进行格式化操作。

格式化的方法为:右击"资源管理器"窗口中待格式化的磁盘图标,在弹出的快捷菜单中选择"格式化"命令,打开如图3-39所示的用于格式化磁盘的对话框。

选中"快速格式化"复选框,将快速删除磁盘中的文件,但是不对磁盘的错误进行检测,在对话框中设置完毕后,单击"开始"按钮,即可开始执行格式化操作。

2. 磁盘重命名

右击"资源管理器"窗口中的磁盘图标,在弹出的快捷菜单中选择"重命名"命令,可更改磁盘的名字。

通常可给磁盘取一个反映其内容的名字,例如,若D盘中存放的是一些用户资料,可以给D盘取名为"资料"。

3. 磁盘属性设置

右击"资源管理器"窗口中的磁盘图标,在弹出的快捷菜单中选择"属性"命令,弹出如图3-40所示的磁盘属性对话框。用户可使用该对话框查看磁盘的软硬件信息,还可对磁盘进行查错、备份、整理及设置磁盘共享属性等操作。

图3-39 用于格式化磁盘的对话框

图3-40 磁盘属性对话框

3.5 Windows 7 的控制面板

"控制面板"是用户根据个人需要对系统软硬件的参数进行设置的程序。单击"开始"按钮，然后在弹出的菜单中单击"控制面板"命令，即可打开如图 3-41 所示的"控制面板"窗口。利用该窗口可以对键盘、鼠标、显示、字体、网络、打印机、日期和时间、声音等配置进行修改和调整。本节将介绍其中一些系统配置的基本功能，遇到具体问题时，用户也可以借助"帮助"菜单来解决。

图 3-41 "控制面板"窗口

3.5.1 打印机和传真设置

现在的打印机型号虽然多种多样，但由于 Windows 7 支持"即插即用"功能，因此用户在安装打印机时仍会很轻松，具体步骤如下：

(1) 在"控制面板"窗口中单击"设备和打印机"图标，打开"设备和打印机"窗口。

(2) 在打开窗口的上方单击"添加打印机"按钮，打开"添加打印机"对话框。

(3) 在打开的对话框中单击"添加本地打印机"后，进入选择打印机端口的对话框，如图 3-42 所示。

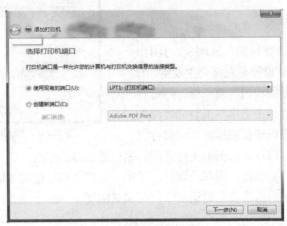

图 3-42 选择打印机端口

(4) 选择使用的打印机端口后，单击"下一步"按钮，选择打印机的厂商和型号。

如果自己的打印机型号未在清单中列出，可以选择标明的兼容打印机的型号，如图 3-43 所示。

(5) 如果打印机有安装磁盘，则单击"从磁盘安装"按钮，否则单击"下一步"按钮。如图 3-44 所示，在"打印机名称"文本框中输入打印机的名称，并选择是否将其设置为默认打印机。

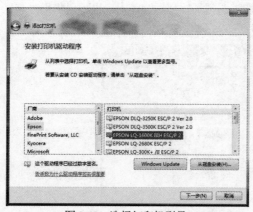

图 3-43　选择打印机型号

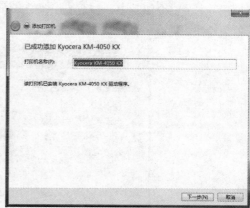

图 3-44　输入打印机名称

(6) 单击"下一步"按钮，系统开始安装打印机。如果前面选择的是本地打印机，则在出现的对话框中选择是否与网络上的用户共享，然后单击"下一步"按钮。

(7) 选择"打印测试页"，Windows 7 会打印一份测试页以验证安装是否正确无误。

3.5.2　鼠标设置

单击"控制面板"窗口中的"鼠标"图标，打开如图 3-45 所示的"鼠标 属性"对话框。用户可利用该对话框调整鼠标的按键方式、指针形状、双击速度以及其他属性，使操作和使用更加方便。

1. "鼠标键"选项卡

图 3-45 显示的是"鼠标键"选项卡。其中，"鼠标键配置"栏的默认设置是左键为主要键，若选中"切换主要和次要的按钮"复选框，则设置右键为主要键。拖动"双击速度"滑块向"慢"或"快"方向移动，可以延长或缩短双击鼠标键

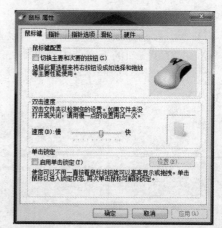

图 3-45　"鼠标属性"对话框

之间的时间间隔。同时可双击右侧的文件夹图标来检验设置的速度。在"单击锁定"栏中，若选中"启用单击锁定"复选框，则移动项目时不用一直按着鼠标键即可操作。单击"设置"按钮，在弹出的"单击锁定的设置"对话框中，可调整实现单击锁定需要按鼠标键或轨迹按钮的时间。

2.“指针”选项卡

在“指针”选项卡中，用户可以更改指针的形状。如果要同时更改所有的指针，可以在“方案”下拉列表中选择一种新方案。如果仅要更改某一选项的指针形状，可以在“自定义”列表中选择该选项，然后单击“浏览”按钮，在打开的“浏览”对话框中选择要用于该选项的新指针即可。

若选中“启用指针阴影”复选框，则鼠标指针会显示阴影效果。

3.“指针选项”选项卡

“指针选项”选项卡如图 3-46 所示。拖动“移动”栏的滑块可对鼠标指针的移动速度进行设置。鼠标移动速度快，有利于用户迅速移动鼠标指向屏幕的各个位置，但不利于精确定位。鼠标移动速度慢，有利于精确定位，但不利于迅速移动鼠标指向屏幕的其他位置。设置后用户可在屏幕上来回移动鼠标指针以测试速度。

图 3-46　“指针选项”选项卡

若在“对齐”栏选中“自动将指针移动到对话框中的默认按钮”复选框并应用后，则在打开对话框时，鼠标指针会自动移动到默认按钮(如“确定”或“应用”按钮)上。

“可见性”栏的选项用于改善鼠标指针的可见性。若选中“显示指针轨迹”复选框，则在移动鼠标指针时会显示指针的移动轨迹，拖动滑块可调整轨迹的长短；若选中“在打字时隐藏指针”复选框，则在输入文字时会隐藏鼠标指针，移动鼠标时指针会重新出现；若选中“当按 CTRL 键时显示指针的位置”复选框，则按下 Ctrl 键后松开时会以同心圆的方式显示指针的位置。

4.“滑轮”选项卡

“滑轮”选项卡主要用于设置滚动鼠标滚轮时屏幕数据滚动的行数。用户可以设置一次滚动的行数，也可以设置一次滚动一个屏幕。

5.“硬件”选项卡

鼠标“硬件”选项卡的设置与键盘“硬件”选项卡的设置相同。

3.5.3　程序和功能

1.卸载或更改程序

计算机中安装了很多应用程序，有的应用程序本身提供了卸载功能，有的却没有。对于后者，用户可以利用“程序和功能”进行手动卸载。

注意:

简单地将应用程序所在的文件夹删除是不够的，有关该应用程序的设置还遗留在 Windows 7 的配置文件中，而利用手工方法找到并修正这些遗留问题是相当困难的。

单击"控制面板"窗口中的"程序和功能"图标，即可打开"程序和功能"窗口，窗口中将列出目前系统中所安装的程序，如图 3-47 所示。

图 3-47 "程序和功能"窗口

选择某个应用程序，如"酷我音乐盒 2011"，然后单击窗口中的"卸载/更改"按钮，会弹出"卸载"对话框，单击"卸载"按钮即可确认卸载"酷我音乐盒 2011"。

在此窗口中，还可以改变所安装应用程序的显示方式。默认的显示方式是"详细信息"，单击"更改您的视图"按钮旁的下拉箭头，可从弹出的菜单中选择其他的显示方式。

2. 查看已安装的更新

如果要查看 Windows 中已经安装的更新，可单击窗口左侧的"查看已安装的更新"文本链接，进入"已安装更新"界面。如果用户要卸载某个更新，选择该更新，然后单击"卸载"按钮即可。

3. 打开或关闭 Windows 功能

单击窗口左侧的"打开或关闭 Windows 功能"按钮，会进入如图 3-48 所示的"Windows 功能"对话框，在这里可添加或删除位于列表框中的 Windows 功能。

"功能"列表框中程序左侧的复选框中如果有"√"标记，表明系统已安装了该程序；如果复选框被填充，表明系统中只安装了该程序的部分功能。

图 3-48 "Windows 功能"窗口

3.5.4 日期和时间设置

单击"控制面板"窗口中的"日期和时间"图标，可打开如图 3-49 所示的"日期和时间"

对话框。该对话框包括"日期和时间""附加时钟"
和"Internet 时间"3 个选项卡，用户可以通过该对话
框查看和调整系统时间、系统日期及所在地区的时区。

在"日期和时间"选项卡中，单击"更改日期和
时间"按钮，用户就可以在弹出的"日期和时间设置"
对话框中调整系统日期和系统时间。选项卡中的钟表
指针与其右边数字所显示的时间是一致的。用户还可
以单击"更改时区"按钮，在打开的"时区设置"对
话框中，单击"时区"栏的下拉箭头，从下拉列表框
中选择当前所在的时区。

在"附加时钟"选项卡中，用户还可以通过附加
时钟显示其他时区的时间。

图 3-49　"日期和时间"对话框

在"Internet 时间"选项卡中，可设置使自己的计算机系统时间与 Internet 时间服务器同步。
如果单击"更改设置"按钮，还可在弹出的"Internet 时间设置"对话框中选择其他的 Internet
时间服务器。

3.5.5　区域和语言

利用"控制面板"中的"区域和语言"功能，可以更改 Windows 显示日期、时间、货币、
大数字和带小数点数字的格式，也可以从多种输入语言和文字服务中进行选择和设置。

在图 3-50 所示的"区域和语言"对话框的"格式"选项卡中，可更改日期设置。如果还要
更改其他设置，单击"其他设置"按钮，就可打开"自定义格式"对话框，可以在其中对数字、
货币、时间、日期和排序进行设置。

在"键盘和语言"选项卡中，单击"更改键盘"按钮，弹出"文本服务和输入语言"对话
框，如图 3-51 所示。

图 3-50　"区域和语言"对话框

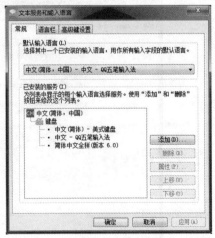

图 3-51　"文本服务和输入语言"对话框

在"默认输入语言"栏的下拉列表中，可选择设置计算机启动时的默认输入法。

每种语言都有默认的键盘布局，但许多语言还有可选的版本。在"已安装的服务"栏单击"添加"按钮，可在新弹出的"添加输入语言"对话框中选择相应服务，以添加其他键盘布局或输入法。如果要更改某种已安装的输入法的属性设置，可在"已安装的服务"栏的列表框中选择该输入法，然后单击"属性"按钮，在弹出的对话框中进行设置即可。

3.5.6 用户账户管理

只有通过用户账户和组账户，用户才可以加入到网络的域、工作组或本地计算机中，从而使用文件、文件夹及打印机等网络或本地资源。通过为用户账户和组账户提供权限，可以赋予和限制用户访问上述环境中各种资源的权限。与用户账户相对应，每位用户都可以拥有自己的工作环境，如屏幕背景、鼠标设置以及网络连接和打印机连接等，这就有效地保证了同一台计算机中各用户之间互不干扰。

组账户是为了便于管理大量的用户账户而引入的，包括所有具有同样权限和属性的用户账户。

为了便于管理，系统预置了 Administrator(管理员)账户，具有 Administrator 权限的用户可以管理所有资源的使用。

1. 创建新账户

必须在计算机上拥有计算机管理员账户才能把新账户添加到计算机中。创建新账户的具体步骤如下：

(1) 在"控制面板"中单击"用户账户"，打开"用户账户"窗口。

(2) 单击"管理其他账户"文本链接，打开"管理账户"窗口。

(3) 单击"创建一个新账户"文本链接，打开"创建新账户"窗口，如图 3-52 所示。

输入新账户的名称，并根据想要指派给新账户的账户类型，选中"标准用户"或"管理员"单选按钮，然后单击"创建账户"按钮。

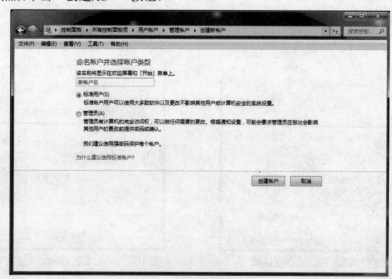

图 3-52 "创建新账户"窗口

注意：

指派给账户的名称就是将出现在"欢迎"屏幕和"开始"菜单中的用户名称。

2. 切换账户

通过此功能，可以不用关闭程序就能简单地在多个用户间切换。例如，某一用户正在计算机上玩游戏，而另一用户要打印文档时，就不用关闭游戏，直接使用"切换账户"功能切换到后者的账户即可。

3.6 Windows 7 的附件

附件是 Windows 7 自带的一些小工具。

3.6.1 画图

Windows 7 的"画图"是一个位图绘制程序，如图 3-53 所示。用户可以用它创建简单的图画，然后将其作为桌面背景，或者粘贴到另一个文档中。也可以使用"画图"查看和编辑已有的图片，还可以将编辑好的图片打印出来。

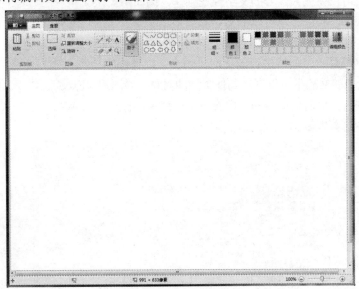

图 3-53 "画图"窗口

"画图"窗口上方是绘制图画所需的工具箱，还有颜色框，使用它可选择绘画所需的前景色和背景色，默认的前景色和背景色显示在颜色盒的左侧，颜色 1 的颜色方块代表前景色，颜色 2 的颜色方块代表背景色。要将某种颜色设置为前景或背景色，只需先单击颜色 1 或颜色 2，再单击该颜色框即可。

若要将处理好的图片设置为桌面背景，可执行以下操作：

(1) 保存图片。

(2) 打开窗口左上角的下拉列表，选择列表中的"设置为桌面背景"命令，并选择相应的图片位置选项。

3.6.2 记事本

"记事本"是一个用于编辑纯文本文件的编辑器。除了可以设置字体格式外,几乎不具备格式处理能力,但因为"记事本"运行速度快,用它编辑产生的文件占用空间小,所以在不要求文本格式的情况下,"记事本"是一个很实用的程序。

通过"附件"打开"记事本"后,系统会自动在其中打开一个名为"无标题"的文件,用户可直接在其中输入和编辑文字。编辑完成后,若要保存该文件,可执行"文件"菜单中的"保存"命令进行保存。

若需要在"记事本"窗口中打开一个已经存在的文件,可执行"文件"菜单中的"打开"命令,此时将弹出"打开"对话框。用户可在"打开"对话框中选择准备打开的文件所在的文件夹,然后选定准备打开的文件,最后单击"打开"按钮。

3.6.3 写字板

"写字板"是 Windows 7 附件中提供的文字处理类应用程序,在功能上较一些专业的文字处理软件来说相对简单,但比"记事本"要强大。

利用写字板可以完成大部分的文字处理工作,例如格式化文档。在"写字板"中可以设置字体、字形、大小、颜色,也可以给文字添加删除线或下画线,还可以加入项目符号、采用多种对齐方式等。写字板还能对图形进行简单的排版,并且与微软公司的其他文字处理软件兼容。总的来说,写字板是一个能够进行图文混排的文字处理程序。

在"写字板"的文档中可以嵌入其他类型的对象,如图片、Excel 工作表、PowerPoint 幻灯片等。具体方法为:单击窗口中的"插入对象"命令,打开如图 3-54 所示的"对象"对话框,然后在对话框中选择需要插入的对象类型即可。

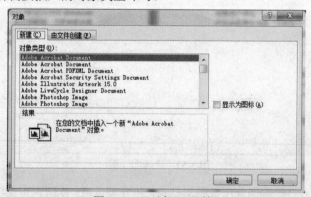

图 3-54 "对象"对话框

"写字板"的默认文件格式为 RTF(Rich Text Format),但是它也可以读取纯文本文件(*.txt)、OpenDocument 文本(*.odt)和 Office Open XML(*.docx)文档。

其中,纯文本文件是指文档中没有使用任何格式的文件,RFT 文件则可以有不同的字体、字符格式及制表符,并可在各种不同的文字处理软件中使用。

3.6.4　计算器

Windows 7 的"计算器"可以完成所有手持计算器能完成的标准操作，如加法、减法、对数和阶乘等。

打开"查看"菜单，可以选择使用"标准型""科学型""程序员"或"统计信息"计算器。如图 3-55 所示的"标准型"计算器用于执行基本的运算，如加法、减法、开方等。"科学型"计算器主要用于执行一些函数操作，如求对数、正弦、余弦等。如果想要进行多种进制之间的转换操作，可以使用"程序员"计算器。例如，欲求十进制数 182 对应的二进制数，可在如图 3-56 所示的"程序员"计算器中输入"182"，然后单击选中进制栏的"二进制"单选按钮，数字框中即可显示出等值的二进制数"10110110"。

图 3-55　"标准型"计算器

图 3-56　"程序员"计算器

3.7　Windows 7 操作训练

一、文件操作题

在 D:盘根目录下新建两个文件夹，名字分别为"a1"和"a2"。在文件夹"a1"内新建两个 Word 文档"w1.docx"和"w2.docx"。

1. 设置 Word 文档"w1.docx"的属性为"只读"和"存档"。
2. 将 Word 文档"w1.docx"复制到文件夹"a2"内。
3. 将 Word 文档"w2.docx"移动到文件夹"a2"内。
4. 设置文件夹"a1"的属性为"隐藏"。
5. 将文件夹"a2"中的 Word 文档"w1.docx"重命名为"a2"。
6. 将文件夹"a1"删除。

二、输入法设置

1. 将区域和语言格式设置改为：中文(繁体，中国台湾)。
2. 系统语言设置加选：中文(繁体)。
3. 把"中文(简体)-微软拼音"设置为默认输入法。
4. 将语言栏悬浮于桌面上。
5. 添加"简体中文全拼"输入法。

三、任务栏属性设置

1. 将屏幕上的任务栏位置设置为"右侧"。
2. 使任务栏自动隐藏。
3. Windows 资源管理器显示图标和通知。
4. 将扬声器音量改为"仅显示通知"。
5. 将地址添加到任务栏的工具栏中。
6. 在"开始"菜单中设置"存储并显示最近在「开始」菜单和任务栏中打开的项目"。

四、显示设置

1. 将分辨率设置为 1440 像素×900 像素。
2. DPI 缩放至 150%。
3. 屏幕保护程序设置为：三维文字，等待时间设置为 3 分钟。
4. 主题设置为：基本和高对比主题里的 Windows 7 Basic。
5. 桌面背景设置为：顶级照片里的第三张图片。
6. 桌面背景更改为纯色中的黑色。
7. 电源使用方案：关闭监视器，15 分钟之后。

五、综合操作

1. 在桌面上排列图标，把"网络"排在左上角第一的位置。
2. 将任务栏的位置调整至屏幕上方。
3. 使任务栏不显示系统时间。
4. 在 D 盘建立"我的文件"文件夹。
5. 在"我的文件"文件夹下建立"图片"和"资料"文件夹。
6. 在"图片"文件夹下建立图片文件"smile.bmp"，图片内容为一张笑脸。
7. 将图片文件"smile.bmp"复制一份至"我的文件"文件夹下。
8. 在计算机中查找"notepad.exe"文件，观察它的存放位置。
9. 将"notepad.exe"文件复制到 D 盘的"资料"文件夹中。
10. 在桌面上建立"notepad.exe"文件的快捷方式。
11. 将"资料"文件夹里的"notepad.exe"文件移动到 D 盘根目录。
12. 将 D 盘根目录下的"notepad.exe"文件的属性设置为隐藏。若需要，在"文件夹选项"对话框中进行设置，使其真正隐藏。
13. 将桌面上"notepad.exe"文件的快捷方式放入"回收站"。
14. 查看"回收站"，并将"notepad.exe"文件的快捷方式还原。
15. 显示系统已知文件类型的扩展名。
16. 将"我的文件"文件夹下的"smile.bmp"文件的主文件名改为"laugh"。
17. 将"laugh.bmp"文件设置为共享。
18. 将"我的文件"文件夹设置为共享。
19. 使所有项目以单击方式打开(鼠标指向该对象即被选中，单击即被打开)。

20. 以"详细资料"的形式显示 D 盘根目录下的所有文件(包括隐藏文件和系统文件),并按照文件大小升序排列。

21. 将 D 盘重命名为"软件"。

22. 打开"磁盘碎片整理"程序,分析 C、D、E 盘是否需要进行碎片整理。若分析结果提示需要整理,试整理一个分区。如果整理时间较长,可单击"停止操作"按钮停止。

23. 将桌面背景设置为自己喜欢的一幅画。

24. 设置屏幕保护程序,使计算机持续 10 分钟未使用时自动运行屏幕保护程序。

25. 将显示器的刷新频率设置为 85Hz。

26. 将系统日期设置为 2017 年 12 月 24 日。

27. 将数字负数格式改为(1.1),小数保留位数为 6 位。

28. 将系统时间格式改为 HH:MM:SS。

29. 试利用"控制面板"窗口中的"程序和功能"卸载一个软件,如 QQ。

30. 创建以自己学号为名的用户账户,并切换至自己的账户。

第 4 章
Word 2010文字处理

4.1 Word 2010 基本知识

Microsoft Office Word 是文字处理软件。它是 Office 家族的主要程序，是目前比较流行的文字处理软件。Word 2010 在操作上大量采用了选项卡加功能区的方式，使用更加清晰、便捷。

4.1.1 Word 2010 的安装、启动和退出

1. Word 2010 的安装

将 Microsoft Office 2010 的安装光盘放入光驱，光盘将自动启动 Microsoft Office 2010 的安装程序。首先进入安装初始化界面，自动收集所需安装信息。

一般安装步骤如下：

(1) 按照提示的要求填入用户所购买软件的产品密钥，单击"下一步"按钮。

(2) 按照安装提示的要求输入用户的姓名、用户的公司名称等信息，单击"下一步"按钮。

(3) 显示最终用户许可协议，选中"我接受《许可协议》中的条款"复选框，单击"下一步"按钮，进入下一个安装界面。

(4) 用户根据需要进行选择，建议一般选中"典型安装"单选按钮，安装程序将自动配置默认的文件系统，选择并安装常用的应用程序。若选中"自定义"单选按钮，则允许用户在安装过程中自定义需要安装的应用程序，"自定义安装"界面如图 4-1 所示。选择想要安装的应用程序后，若需要选择组件，则选择"安装选项"。单击"下一步"按钮，安装程序将进入"高级自定义安装"对话框。对话框里列出了 Office 系列组件，选择需要安装的组件进行操作。

图 4-1 "自定义安装"界面

(5) 单击"下一步"按钮，显示安装的应用程序，单击"安装"按钮执行安装过程。

整个安装过程所需要的时间视计算机的配置而定，软件安装完毕后，会弹出一个提示框提示软件已经安装完毕。

2. Word 2010 的启动

启动 Word 2010 的常用方法如下。

(1) 从"开始"菜单启动

单击"开始"菜单，选择"所有程序"→ Microsoft Office → Microsoft Office Word 2010 命令。

(2) 从桌面的快捷方式启动

① 在桌面上创建 Word 2010 的快捷方式。

② 双击快捷图标。

(3) 通过文档打开

双击要打开的 Word 文档，也可以启动 Word 2010，同时打开文档。

3. Word 2010 的退出

退出 Word 2010 的常用方法如下。

(1) 单击 Word 2010 窗口标题栏右侧的"关闭"按钮。

(2) 双击 Word 2010 窗口标题栏左侧的"控制"图标。

(3) 选择"文件"菜单中的"退出"命令。

4.1.2　Word 2010 窗口的组成

Word 2010 窗口主要由标题栏、状态栏、工作区、选项卡和功能区等部分构成，如图 4-2 所示。

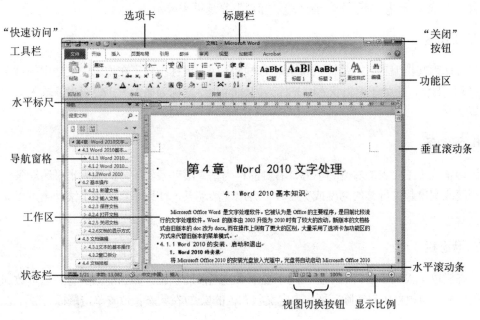

图 4-2　Word 2010 窗口

1. 标题栏

标题栏位于整个 Word 窗口的最上面，除显示正在编辑的文档的标题外，还包括控制图标及"最小化""最大化"/"还原"和"关闭"按钮。最左侧是应用程序窗口标识和快速访问工具栏。快速访问工具栏用来快速操作一些常用命令，默认包含"保存""撤销键入"和"重复键入"3 个命令，用户可以自定义快速访问工具栏，增加需要的命令或删除不需要的命令，位置可选择放在功能区之上或功能区之下。

2. 选项卡

选项卡是 Word 2010 的一个重要功能。Word 2010 的功能选项卡由"文件"选项卡、"开始"选项卡、"插入"选项卡、"页面布局"选项卡、"引用"选项卡、"审阅"选项卡、"视图"选项卡等组成。默认情况下，第一次启动 Word 2010 时打开的是"文件"选项卡。

3. 功能区

Word 中的每个选项卡都包含不同的操作命令组，称为功能区。例如，"开始"选项卡主要包括剪贴板、字体、段落和样式等功能区。有些功能区右下角带有↘标记的按钮，表示有命令设置对话框，打开对话框(即单击)可以进行相应的各项功能的设置。

4. 标尺

Word 2010 提供了水平、垂直两种标尺。用户可以利用鼠标对文档边界进行调整。打开 Word 2010 文档时，标尺可以显示也可以隐藏，可以通过单击垂直滚动条上方的"标尺"按键或者选中"视图"选项卡中"显示"功能区的"标尺"复选框来显示。

5. 工作区

也可称为文档编辑区，是输入和编辑文本的区域，鼠标指向正在编辑的文档中的这个区域时呈"I"形状，正处于编辑状态时光标为闪烁的"|"，称为插入点，表示当前输入文字出现的位置。

6. 滚动条

滚动条位于工作表的右侧和下方，右侧的称为垂直滚动条，下方的称为水平滚动条。当文本的高度或宽度超过屏幕的高度或宽度时，会出现滚动条，使用垂直或水平滚动条可以显示更多的内容。

7. 状态栏

状态栏位于 Word 窗口的下方，用于显示系统当前的状态，如当前的页号、总页数和字数等相关信息。可根据用户实际需要来自定义状态栏的操作(在状态栏位置单击鼠标右键)。

8. 视图切换按钮

在状态栏的右侧有几种常用的视图的切换按钮，用于切换文档视图的显示方式，可根据用户的实际要求进行选择。

9. 显示比例

在 Word 窗口中查看文档时，可以按照某种比例来放大或缩小显示比例。在状态栏的最右侧，可更改正在编辑的文档的显示比例，用鼠标拖动滑块来选择不同的显示比例。

10. 导航窗格

用 Word 编辑文档，有时会遇到长达几十页甚至超长的文档，用关键字定位或用键盘上的翻页键查找，既不方便，也不精确，有时为了查找文档中的特定内容，会浪费很多时间。随着 Word 2010 的到来，这一切都得到了改观，Word 2010 新增的"导航窗格"会为你精确"导航"。

Word 2010 新增的文档导航功能的导航方式有 4 种：标题导航、页面导航、关键字(词)导航和特定对象导航，可以让用户轻松查找、定位到想查阅的段落或特定的对象。这大大提高了用户的工作效率。

4.1.3　Word 2010 的特点

微软办公套件 Office 2010 的各大组件都有新变化，文字处理利器 Word 2010 也新增了许多实用的功能，下面总结了 Word 2010 的十大优点。

1. 改进的搜索和导航体验

利用 Word 2010，可更加便捷地查找信息。现在，利用新增的改进查找体验，可以按照图形、表、脚注和注释来查找内容。改进的导航窗格为用户提供了文档的直观表示形式，这样就可以对所需内容进行快速浏览、排序和查找。

2. 与他人同步工作

Word 2010 重新定义了人们一起处理某个文档的方式。利用共同创作功能，用户可以编辑论文，同时与他人分享自己的思想观点。对于企业和组织来说，与 Office Communicator 的集成，使用户能够查看与其一起编写文档的某个人是否空闲，并在不离开 Word 的情况下轻松使用会话。

3. 几乎可在任何地点访问和共享文档

联机发布文档，然后通过用户的计算机或基于 Windows Mobile 的 Smartphone 在任何地方访问、查看和编辑这些文档。通过 Word 2010，用户可以在多个地点和多种设备上获得一流的 Microsoft Word Web 应用程序所带来的文档体验。当在办公室、住址或学校之外通过 Web 浏览器编辑文档时，不会削弱用户已经习惯的高质量查看体验。

4. 向文本添加视觉效果

利用 Word 2010，用户可以向文本应用图像效果(如阴影、凹凸、发光和镜像)。也可以向文本应用格式设置，以便与用户的图像实现无缝混合。实现该操作非常快速、轻松，只需单击几次鼠标即可。

5. 将您的文本转换为引人注目的图表

利用 Word 2010 提供的更多选项，用户可将视觉效果添加到文档中。可以从新增的 SmartArt 图形中选择，以在数分钟内构建令人印象深刻的图表。SmartArt 中的图形功能同样也可以将通过点句列出的文本转换为引人注目的视觉图形，以便更好地展示用户的创意。

SmartArt 图形是信息和观点的视觉表示形式。可以通过从多种不同布局中进行选择来创建 SmartArt 图形，从而快速、轻松、有效地传达信息。

6. 向文档加入视觉效果

利用 Word 2010 中新增的图片编辑工具，无须其他照片编辑软件，即可插入、裁剪和添加图片特效。也可以更改颜色饱和度、色温、亮度以及对比度，以轻松地将简单文档转换为艺术作品。

7. 恢复您认为已丢失的工作

用户可能曾经在某文档中工作一段时间后，不小心关闭了文档却没有保存，但这并没有关系。Word 2010 可以让用户像打开任何文件一样恢复最近编辑的草稿，即使没有保存该文档。

8. 跨越沟通障碍

利用 Word 2010，用户可以轻松跨不同语言沟通交流，翻译单词、词组或文档。可针对屏幕提示、帮助内容和显示内容分别进行不同的语言设置。用户甚至可以将完整的文档发送到网站进行同步翻译。

9. 将屏幕快照插入文档中

插入屏幕快照，以便快捷捕获可视图示，并将其合并到工作中。当跨文档重用屏幕快照时，利用"粘贴预览"功能，可在放入所添加内容之前查看其外观。

10. 利用增强的用户体验完成更多工作

Word 2010 简化了使用功能的方式。新增的 Microsoft Office Backstage 视图替换了传统的"文件"菜单，只需单击几次鼠标，即可保存、共享、打印和发布文档。利用改进的功能区，可以快速访问常用的命令，并创建自定义选项卡，将体验个性化以符合自己工作风格的需要。

4.2 基本操作

Word 2010 的文档基本操作一般包括：创建文档、输入文档内容、打开文档、保存文档、关闭文档和视图切换等。

4.2.1　新建文档

在进行文字处理前，首先要创建一个新的文档，然后才可以对其进行编辑、设置和打印等操作。

新建文档的常用方法如下：

1. 启动 Word 2010

在启动 Word 2010 后，系统会自动创建一个名为"文档 1"的新文档，默认扩展名为.docx。

2. 利用选项卡

操作步骤如下：

(1) 单击"文件"选项卡，选择"新建"命令，显示"新建"任务窗格。

(2) 单击任务窗格中的"空白文档"，如图 4-3 所示，就可以新建一个空白文档，如图 4-4 所示。

图 4-3　单击"空白文档"

图 4-4　新建文档

3. 利用快速访问工具栏

单击快速访问工具栏上的"新建空白文档"图标 ，也可以新建一个空白文档。

4. 利用模板

新建文档时可利用文档模板快速地创建出具有固定格式的文档,如报告、备忘录和论文等,从而达到提高工作效率的目的。

(1) 单击"文件"选项卡,选择"新建"命令,显示"新建"任务窗格。

(2) 在"可用模板"区域和"Office.com 模板"区域,单击需要利用的模板,或者在"在网上搜索"文本框内输入文本,然后单击"搜索"按钮。

(3) 选择所需的模板或向导。

4.2.2 输入文档内容

当创建新文档后,用户就可根据具体需要在插入点输入文档内容。可以是汉字、字母、数字、符号、表格、公式等内容。在输入文档内容时应注意以下要点:

1. 中西文输入法切换

按"Ctrl+空格"组合键或单击"输入法指示器"选择中西文输入法。

2. 中文标点符号输入

只需切换到中文输入法,直接按键盘上所需的标点符号即可。

3. 插入点重新定位

(1) 利用键盘功能区,←向左移动一个字符、→向右移动一个字符、↑向上移动一行、↓向下移动一行、PgUp(向上翻一页)、PgDn(向下翻一页)、Home 移动到当前行首、End 移动到当前行尾。

(2) 利用鼠标移动或移动滚动条,然后在要定位处单击鼠标。

(3) 利用"开始"选项卡的"定位"命令或直接在状态栏双击"页码"处,再输入所需定位的页码,然后在该页欲定位处单击鼠标。

4. 符号或特殊字符的输入

单击"插入"选项卡,选择"符号"命令,如图 4-5 所示。

如果所需的符号未能显示,在"符号"中单击"其他符号"按钮,弹出"符号"对话框,如图 4-6 所示。选择要插入的字符后,单击"插入"按钮。

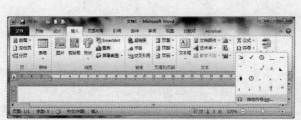

图 4-5 "符号"下拉列表

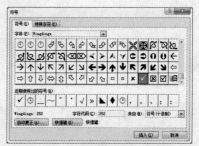

图 4-6 "符号"对话框

5. 删除文本内容

如果在工作区输入文本内容时出现了错误，可按 Backspace 键删除插入点左侧的一个字符，按 Delete 键删除插入点右侧的一个字符。

6. 插入状态和改写状态的切换

Insert 键控制插入和改写状态的切换，也可直接用鼠标在状态栏的"插入"字样上单击。在插入状态下，输入的文字会出现在插入点的位置，以后的文字会向后退；而在改写状态下，输入的文字会取代插入点后的位置，以后的文字并不向后退。若当前处于插入状态，此时状态栏显示"插入"字样；若当前处于改写状态，此时状态栏显示"改写"字样。

7. 空格与回车键的使用

空格与回车键在输入文本时不要随意使用。为了排版方便起见，各行结尾处不要按回车键，段落结束时可按此键；对齐文本时也不要用空格键，可用缩进等对齐方式。

4.2.3　保存文档

由于 Word 对打开的文档进行的各种编辑工作都是在内存中进行的，因此如果不执行存盘操作，可能由于一些意外情况而使得文档的内容得不到保存而丢失。

1. 保存新建文档

新建文档使用默认文件名"文档1""文档 X"(数字按顺序排下去)等，如果要保存，可以选择"文件"选项卡的"保存"命令，或单击"保存"按钮，打开"另存为"对话框，如图 4-7 所示。

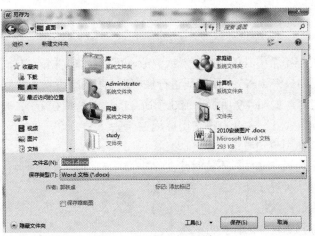

图 4-7　"另存为"对话框

(1) 在"保存位置"列表框中选择文档要存放的位置。

(2) 在"文件名"下拉列表中输入要保存文档的名称。

(3) 在"保存类型"下拉列表中选择文档要保存的格式，默认为 Word 文档类型，文件的扩展名为.docx。

(4) 单击"保存"按钮，保存该文档。

2. 保存已有文档

如果打开的文档已经命名，而且对该文档做了编辑修改，可以进行以下保存操作：

(1) 以原文件名保存

方法有：

① 单击"文件"选项卡，选择"保存"命令。

② 单击快速访问工具栏上的"保存"按钮 。

③ 按 Ctrl+S 组合键。

(2) 另存文件

单击"文件"选项卡，选择"另存为"命令或使用功能键 F12，打开"另存为"对话框，此处操作与保存新建文档的方法相同(可参考图 4-7)。

(3) 自动保存

为防止因断电、死机等意外事件丢失未保存的大量文档内容，可执行自动保存功能，指定自动保存的时间间隔，让 Word 自动保存文件。"自动保存"的操作步骤如下：

① 单击"文件"选项卡，选择"选项"命令，打开"Word 选项"对话框。

② 单击"保存"选项，选中"保存自动恢复信息时间间隔"复选框，在右侧的数值框中设置自动保存间隔的时间，如图 4-8 所示。

③ 单击"确定"按钮，Word 将以"保存自动恢复信息时间间隔"的设置值为周期定时保存文档。

图 4-8　设置"保存自动恢复信息时间间隔"

3. 保护文档

如果所编辑的文档不希望其他用户查看或修改，可以设置文档的安全性。打开保护文档的下拉菜单，有"标记为最终状态""用密码进行加密""限制编辑""按人员限制权限"和"添加数字签名"5 项内容，如图 4-9 所示。前 3 个命令的功能介绍如下：

(1) "标记为最终状态"命令：将文档标记为最终状态，使得其他用户知道该文档是最终版本。设置将文档标记为只读文件，不能对此文件进行编辑操作。这是一种轻度保护，因为其他用户可以删除"标记为最终状态"设置，安全级别并不高，所以应该选择更可靠的保护方式结合使用才更有意义。

(2) "用密码进行加密"命令：打开文件时必须用密码才能操作。可以给文档分别设置"打开文件时的密码"和"修改文件时的密码"，操作步骤如下：

图 4-9　"保护文档"设置

① 在需要设置密码的文档窗口中单击"文件"选项卡，选择"信息"命令。

② 保护文档。选择"保护文档"下拉菜单中的"用密码进行加密"命令，在弹出的对话框中设置密码，如图 4-10 所示。

③ 单击"确定"按钮，打开"确认密码"对话框，如图 4-11 所示。

④ 再次输入所设置的密码，单击"确定"按钮。

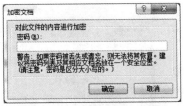 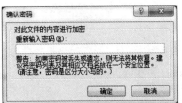

图 4-10　"加密文档"对话框　　　　　　图 4-11　"确认密码"对话框

(3) "限制编辑"命令：控制其他用户可以对此文档所做的更改类型。单击该命令，弹出"限制格式和编辑"窗格，如图 4-12 所示。

① "格式设置限制"命令，要限制对选定的样式设置格式，选中"限制对选定的样式设置格式"复选框，然后单击"设置"按钮，弹出"格式设置限制"对话框，如图 4-13 所示，从中进行相应设置。

② "编辑限制"命令，要对文档进行编辑限制，选中"仅允许在文档中进行此类型的编辑"复选框，如图 4-14 所示，然后打开下拉列表框，在弹出的下拉列表中选择限制选项。当在"编辑限制"栏选中"不允许任何更改(只读)"选项时，会弹出"例外项(可选)"。

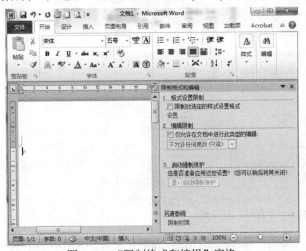 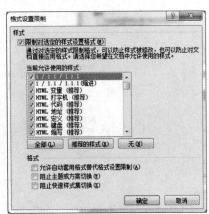

图 4-12　"限制格式和编辑"窗格　　　　图 4-13　"格式设置限制"对话框

要设置例外项，选定允许某个人(或所有人)更改的文档，可以选取文档的任何部分。如果要将例外项用于每一个人，选中"例外项"列表框中的"每个人"复选框。要针对某人设置例外项，若在"每个人"下拉列表框中已列出某人，则选中该人即可；若没有列出，则单击"更多用户"选项，弹出"添加用户"对话框，在其中输入用户的 ID 或电子邮件后，单击"确定"按钮即可。

③ "启动强制保护"命令，单击"启动强制保护"下的"是，启动强制保护"按钮，如图

4-14所示。弹出"启动强制保护"对话框，如图4-15所示。可以通过设置密码的方式来保护格式限制。

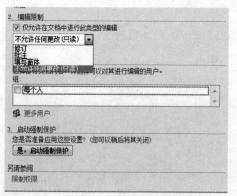

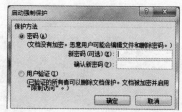

图4-14　"仅允许在文档中进行此类型的编辑"下拉列表　　图4-15　"启动强制保护"对话框

4.2.4　打开文档

1. 打开单个文档

用户可以打开以前保存的文档，单击快速访问工具栏上的"打开"按钮，或选择"文件"选项卡中的"打开"命令，弹出"打开"对话框，组合键为Ctrl+O。"打开"对话框如图4-16所示。

图4-16　"打开"对话框

用户可以在"查找范围"列表框中选择要打开文档的位置，然后在文件和文件夹列表中选择要打开的文件，最后单击"打开"按钮。也可以直接在"文件名"文本框中输入要打开的文档的正确路径和文件名，然后按下回车键或单击"打开"按钮。

2. 打开多个文档

Word 2010可以同时打开多个文档，方法有两种：依次打开各个文档和一次同时打开多个文档。一次同时打开多个文档的步骤如下：

(1) 单击"文件"选项卡，选择"打开"命令，显示"打开"对话框。

(2) 选中需要打开的多个文档，即可同时打开多个文档，如图 4-17 所示。

(3) 单击"打开"按钮。

4.2.5　关闭文档

对操作完毕的文档保存后应将其关闭，常用方法如下。

图 4-17　选定多个文件时的"打开"对话框

1. 利用"关闭"按钮

单击标题栏上的"关闭"按钮，若打开的是单个文件，在关闭文档的同时会退出 Word 2010 应用程序。

2. 利用"文件"选项卡

单击"文件"选项卡，若选择"关闭"命令，作用就是关闭当前文档；若选择"退出"命令，就关闭所有打开的文档，并且退出 Word 2010 应用程序。

若在文档关闭时还未执行保存命令，则显示如图 4-18 所示的提示框，询问是否保存修改的结果，若单击"保存"按钮，则保存对文档的修改；若单击"不保存"按钮，则不保存；若单击"取消"按钮，则重新返回文档编辑窗口。

图 4-18　关闭未保存文件时的提示框

4.2.6　文档的视图方式

为方便对文档的编辑，Word 提供了多种显示文档的方式，主要包括页面视图、阅读版式视图、Web 版式视图、大纲视图和草稿视图，如图 4-19 所示。

图 4-19　"文档视图"组

用户可以根据不同的需要选择适合自己的视图方式来显示和编辑文档。比如，可以使用"页面视图"来输入、编辑和排版文本，观看与打印效果相同的页面，"阅读版式视图"将优化阅读方式，使用"大纲视图"让查看长篇文档结构变得很容易，可以折叠文档只查看主标题等。

1. 文档视图

(1) 页面视图

页面视图是首次启动 Word 后默认的视图方式，是"所见即所得"的视图模式。在这种视图模式下，Word 将显示文档编排的各种效果，包括显示页眉和页脚、分栏等，该视图中显示的效果和打印的效果完全一致。

在页面视图中，不再以虚线表示分页，而是直接显示页边框。只有页面视图能拥有两种标尺。

(2) 阅读版式视图

阅读版式视图是 Word 2010 新增加的视图方式，可以使用该视图对文档进行阅读。该视图把整篇文档分屏显示，在该视图中没有页的概念，不会显示页眉和页脚，隐藏所有选项卡。该视图模式比较适用于阅读比较长的文档，如果文字较多，它会自动分成多屏以方便用户阅读。

对于阅读版式视图下的操作，可以在"阅读版式视图"状态下，在标题栏右侧的"视图选项"命令按钮 中进行设置。单击"视图选项"下拉列表框中的"增大字体"按钮可以增大阅读版式的字号；单击"缩小字体"按钮可以减小阅读版式的字号；单击 "显示一页"或"显示两页"来显示阅读页数，这两种页数显示方式都很适合阅读。在该状态下还可以控制是否"显示批注和更改"和"显示原始/最终文档"这两种具体内容，如图 4-20 所示。

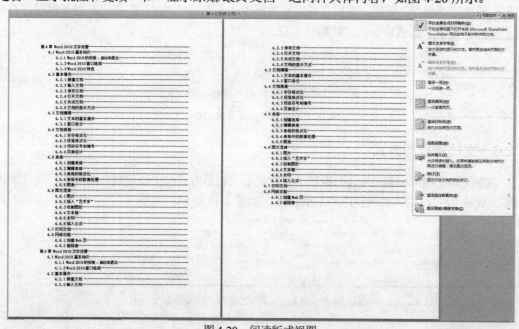

图 4-20　阅读版式视图

(3) Web 版式视图

Web 版式视图是几种视图中唯一按窗口的实际大小来显示文本的视图，也是专为浏览、编辑 Web 网页而设计的，它能够以 Web 浏览器方式显示文档。在 Web 版式视图下，可以看到背景和文本，且图形位置和在 Web 浏览器中的位置一致。

(4) 大纲视图

大纲视图主要用于显示文档的结构。在这种视图模式下，可以看到文档标题的层次关系。

对于一个具有多重标题的文档来说，用户可以使用大纲视图来查看该文档。

在大纲视图中可以折叠文档、查看标题或者展开文档，这样可以更好地查看整个文档的结构和内容，移动、复制文字和重组文档都比较方便。

(5) 草稿视图

草稿视图是 Word 中最简化的视图模式，它取消了页边距、分栏、页眉和页脚、背景图形等元素，仅显示标题和正文。因此草稿视图模式仅用于编辑内容和格式都比较简单的文档。

2. 视图切换

视图切换的常用方法如下。

(1) 利用"视图"选项卡

选择"视图"选项卡，然后选择相应文档的视图模式。

(2) 利用快捷按钮

单击状态栏右侧相应视图的切换按键，即可完成视图切换。

4.3　文档编辑

文档编辑是指对文档内容进行添加、删除、修改、查找、替换、复制和移动等一系列操作。一般在进行这些操作时，需先选定操作对象，然后进行操作。

4.3.1　文本的基本操作

1. 文本的选定

(1) 鼠标选定

① 拖动选定

将鼠标指针移动到要选择部分的第一个文字的左侧，拖动至要选择部分的最后一个文字右侧，此时被选中的文字呈反白显示。

② 利用选定区

在文档窗口的左侧有一空白区域，称为选定区，当鼠标移动到此处时，鼠标指针变成右上箭头 ⇗ 。这时就可以利用鼠标对一行、一段和整个文档来进行选定操作，操作方法如下。

单击鼠标左键：选中箭头所指向的一行。

双击鼠标左键：选中箭头所指向的一段。

三击鼠标左键：可选定整个文档。

(2) 键盘选定

将插入点定位到要选定的文本起始位置，按住 Shift 键的同时，再按相应的光标移动键，和 Shift 与 Ctrl 配合便可将选定的范围扩展到相应的位置。

① Shift+↑：选定上一行。

② Shift+↓：选定下一行。

③ Shift+PgUp：选定上一屏。

④ Shift+PgDn：选定下一屏。

⑤ Shift+Ctrl+→：右选取一个字或单词。

⑥ Shift+Ctrl+←：左选取一个字或单词。

⑦ Shift+Ctrl+Home：选取到文档开头。

⑧ Shift+Ctrl+End：选取到文档结尾。

⑨ Ctrl+A：选定整个文档。

(3) 组合选定

① 选定一句：将鼠标指针移动到指向该句的任何位置，按住 Ctrl 键单击。

② 选定连续区域：将插入点定位到要选定的文本起始位置，按住 Shift 键的同时，用鼠标单击结束位置，可选定连续区域。

③ 选定矩形区域：按住 Alt 键，利用鼠标拖动出欲选择的矩形区域。

④ 选定不连续区域：按住 Ctrl 键，再选择不同的区域。

⑤ 选定整个文档：将鼠标指针移到文本选定区，按住 Ctrl 键单击。

2. 文本的编辑

(1) 移动文本

移动文本是指将选择的文本从当前位置移动到文档的其他位置。在输入文字时，如果需要修改某部分内容的先后次序，可以通过移动操作进行相应的调整，有两种基本操作，方法如下：

① 使用剪贴板：先选中要移动的文本，单击"开始"选项卡中功能区的"剪贴板"组中的"剪切"命令，定位插入点到目标位置，再单击"剪贴板"组中的"粘贴"命令。

② 使用鼠标：先选中要移动的文本，将选中的文本拖动到插入点位置。

(2) 复制文本

当需要输入相同的文本时，可通过复制操作快速完成。复制与移动两种操作的区别在于：移动文本后原位置的文本消失，复制文本后原位置的文本仍然存在。有两种基本操作，方法如下：

① 使用剪贴板：先选中要复制的文本，单击"开始"选项卡中功能区的"剪贴板"组中的"复制"命令，定位插入点到目标位置，再单击"剪贴板"组中的"粘贴"命令。只要不修改剪贴板的内容，连续执行"粘贴"操作就可以实现一段文本的多处复制。

② 使用鼠标：先选中要复制的文本，按住 Ctrl 键的同时拖动鼠标到插入点位置，释放鼠标左键和 Ctrl 键。

(3) 删除文本

删除是将文本从文档中去掉，选中要操作的文本，然后按下 Delete 键或 Backspace 键都可以完成删除操作。

3. 查找与替换

在编辑文本时，经常需要对文本进行查找和替换操作，Word 2010 提供了功能强大的查找和替换功能，新增加了导航功能。

(1) 查找

查找的操作步骤如下：

① 在"视图"选项卡功能区的"显示"组中选中"导航窗格"复选框，弹出"导航"窗格，然后在"导航"窗格的"搜索文档"区右侧单击下拉按钮，如图 4-21 所示。

② 在弹出的下拉列表中选择"高级查找"选项，打开"查找和替换"对话框，在"查找内容"下拉列表框中输入要查找的内容。

③ 单击"查找下一处"按钮，开始查找文本。

如果找到要查找的文本，Word 将找到的文本反相显示，若再单击"查找下一处"按钮，将继续往下查找。完成整个文档的查找后，Word 将提示用户完成查找。

若需要更详细地设置查找匹配条件，可以在"查找和替换"对话框中单击"更多"按钮，此时的对话框如图 4-22 所示。单击"更多"按钮后会出现新的搜索选项，可继续操作，此时按钮文本变成"更少"。

图 4-21　"导航"窗格　　　　　　　图 4-22　"查找和替换"对话框

"搜索选项"选项组：

- "搜索"下拉列表框：可以选择搜索的方向，即从当前插入点向上或向下查找。
- "区分大小写"复选框：查找大小写完全匹配的文本。
- "全字匹配"复选框：仅查找一个单词，而不是单词的一部分。
- "使用通配符"复选框：在查找内容中使用通配符。
- "同音(英文)"复选框：查找与目标内容发音相同的单词。
- "区分全/半角"复选框：查找全角、半角完全匹配的字符。
- "区分前缀"复选框：查找与目标内容开头字符相同的单词。
- "区分后缀"复选框：查找与目标内容结尾字符相同的单词。
- "忽略标点符号"复选框：在查找目标内容时忽略标点符号。
- "忽略空格"复选框：在查找目标内容时忽略空格。
- "查找单词的所有形式(英文)"复选框：查找与目标内容属于相同形式的单词，最典型的就是 is 的所有变化形式(如 Are、Were、Was、Am、Be)。

"查找"选项组：

- "格式"按钮：可以打开一个菜单，选择其中的命令可以设置查找对象的排版格式，如字体、段落、制表位、语言、图文框、样式和突出显示等操作。单击其中每一项内容，多数都可以弹出一个对话框，以进行高级操作。

- "特殊字符"按钮：可以打开一个菜单，选择其中的命令可以设置查找一些特殊符号，如分栏符、分页符等近 30 种内容。
- "不限定格式"按钮：取消"查找内容"框下指定的所有格式。

(2) 替换

Word 的替换功能不仅可以将整个文档中查找到的整个文本替换掉，而且还可以有选择性地替换。操作步骤如下：

① 在"视图"选项卡功能区的"显示"组中选中"导航窗格"复选框，弹出"导航"窗格，然后在"导航"窗格的"搜索文档"区右侧单击下拉按钮，如图 4-21 所示。

② 在弹出的下拉列表中选择"替换"选项，打开"查找和替换"对话框，在"查找内容"下拉列表框中输入要查找的内容，在"替换为"下拉列表框中输入要替换的内容。

③ 若单击"替换"按钮，只替换当前一个，继续向下替换可再次单击此按钮；若单击"查找下一处"按钮，Word 将不替换当前找到的内容，而是继续查找下一处要查找的内容，查找到是否替换，由用户决定。如果想提高工作效率，单击"全部替换"按钮，Word 会将满足条件的内容全部替换。

同样，替换功能除了能用于一般文本外，也能查找并替换带有格式的文本和一些特殊的符号等，在"查找和替换"对话框中，单击"更多"按钮，可进行相应的设置，相关内容可参考"查找"操作。

若进行"查找"和"替换"操作时不能确定具体内容，可使用通配符操作，表 4-1 所示为常用的通配符的含义和应用实例。

表 4-1　查找和替换中最常用的通配符

通配符	含　义	应用实例
?	代表任意单个字符	"基?"可查找到"基本""基础"等
*	代表任意多个字符	"基*"可查找到"基本""基本功""基本内容"等

4. 撤销与恢复操作

当进行文档编辑时，难免会出现输入错误，或在排版过程中出现误操作，在这些情况下，撤销和恢复以前的操作就显得很重要。Word 提供了撤销和恢复操作来修改这些错误和误操作。

(1) 撤销

当用户在编辑文本时，如果对以前所做的操作不满意，要恢复到操作前的状态，可单击快速访问工具栏上的"撤销"按钮 右侧的下拉按钮，因为里面保存了可以撤销的操作。无论单击列表中的哪一项，该项操作及其以前的所有操作都将被撤销。

(2) 恢复

在经过撤销操作后，"撤销"按钮右侧的"恢复"按钮图标 会变成图标 ，表明已经进行过撤销操作，如果用户想要恢复被撤销的操作，只需要单击快速访问工具栏上的"恢复"按钮。

文本编辑中最常用且最简捷的操作是使用快捷键，如表 4-2 所示。

表 4-2　常用的文本编辑快捷键

文本的编辑	组合键
复制	Ctrl+C
粘贴	Ctrl+V
剪切	Ctrl+X
查找	Ctrl+F
撤销	Ctrl+Z
恢复	Ctrl+Y
保存	Ctrl+S

4.3.2　窗口拆分

当文档比较长时，处理起来很不方便，这时可以将文档的不同部分同时显示，实现方式有两种。

(1) 新建窗口

① 打开需要显示的文档。

② 单击"视图"选项卡，单击功能区的"窗口"组中的"新建窗口"按钮。

③ 屏幕上产生一个新的 Word 应用程序窗口，显示的是同一个文档，可以通过窗口的切换和滚动，使不同的窗口显示同一文档的不同部分。

(2) 拆分窗口

拆分窗口的操作步骤如下：

① 打开需要显示的文档。

② 单击"视图"选项卡，单击功能区的"窗口"组中的"拆分"按钮。

③ 选择要拆分的位置，单击鼠标，就可以将当前窗口分割为两个子窗口，如图 4-23 所示。

拆分后，任何一个子窗口都可以独立地工作，而且由于它们都是同一窗口的子窗口，因此当前都是活动的，可以迅速地在文档的不同部分传递信息。

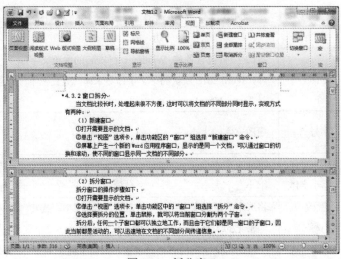

图 4-23　拆分窗口

4.4 文档排版

文档排版是指对文档外观的一种美化。用户可以对文档格式进行反复修改，直到对整个文档的外观满意和符合用户阅读要求为止。文档排版包括字符格式化、段落格式化和页面设置等。

4.4.1 字符格式化

字符格式化是指对字符的字体、字号、字形、颜色、字间距、文字效果等进行设置。设置字符格式可以在字符输入前或输入后进行，输入前可以通过选择新的格式，设置将要输入的格式；对已输入的字符格式进行修改，只需选定需要进行格式设置的字符，然后对选定的字符进行格式设置即可。字符格式的设置是用"开始"选项卡功能区中的"字体"组和"字体"对话框等方式实现的。

1. "开始"选项卡中的"字体"组

"字体"组如图 4-24 所示。

为了能更好地了解"字体"组，表 4-3 中给出了各命令的简单功能介绍和效果演示。

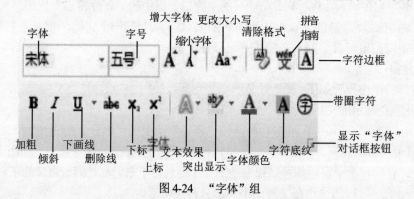

图 4-24　"字体"组

表 4-3　"字符格式化"效果展示

按　键	名　称	功　能	效　果
华文隶书　▼	字体	更改字体(包含各种 Windows 已安装的中英文字体，Word 2010 默认的中文字体是宋体，英文字体是 Times New Roman)	**字体**
三号　▼	字号	更改文字的大小	字号
A˄	增大字体	增加文字大小	增大字体
A˅	缩小字体	缩小文字大小	缩小字体
Aa▼	更 改 大小写	将选中的所有文字更改为全部大写、全部小写或其他常见的大小写形式，全角半角的切换	选全大写 AA 选全小写 aa
清除格式图标	清除格式	清除所选文字的所有格式设置，只留下纯文本	清除格式

B	加粗	使选定文字加粗	**加粗**
I	倾斜	使选定文字倾斜	*倾斜*
U ⁻	下画线	在选定文字的下方绘制一条线,单击下三角按钮可选择下画线的类型	<u>下画线</u>
abc	删除线	绘制一条穿过选定文字中间的线	~~删除线~~
x₂	下标	设置下标字符	下$_{标}$
x²	上标	设置上标字符	上^{标}
ⓩ	带圈字符	所选的字符添加圈号,可选择缩小文字和增大圈号,也可以选择不同形状的圈	带⑱⇔符
A	字符底纹	所选的字符加上底纹,底纹内容丰富	字符底纹
ᵂ	拼音指南	可以在中文字符上添加拼音	pīnyīnzhǐnán 拼音指南
ab✔ ⁻	突出显示	给选定的文字添加背景色	效果很多,可在实际操作中体验
A ⁻	文字效果	在文档中选择要添加效果的文字,可以将鼠标指向"边框""阴影""映像"或"发光"等效果,然后单击要添加的相应着色和效果到文字上	

2. "字体"对话框

单击"开始"选项卡功能区中"字体"组的右下角带有↘标记的按钮,表示有命令设置对话框,打开对话框(即单击)可以进行相应的各项功能的设置,显示"字体"对话框。

(1) "字体"对话框的"字体"选项卡

利用"字体"选项卡可以进行字体相关设置,如图 4-25 所示。

① 改变字体:在"中文字体"列表框中选择中文字体,在"西文字体"列表框中选择英文字体。

② 改变字形:在"字形"列表框中选择字形,如常规、倾斜、加粗、倾斜加粗。

③ 改变字号:在"字号"列表框中选择字号,有汉字和数字两种方式。

④ 改变字体颜色:单击"字体颜色"下拉列表框设置字体颜色。

如果想使用更多的颜色可以单击"其他颜色...",打开"颜色"对话框,如图 4-26 所示。单击"标准"选项卡可以选择标准颜色,在"自定义"选项卡中可以自定义颜色来设置具体颜色。

图 4-25　"字体"对话框的"字体"选项卡

图 4-26　"颜色"对话框

⑤ 设置下画线：可配合使用"下画线线型"和"下画线颜色"下拉列表框来设置下画线。

⑥ 设置着重号：在"着重号"下拉列表框中选定着重号标记。

⑦ 设置其他效果：在"效果"选项区域中，可以设置删除线、双删除线、上标、下标、小型大写字母等字符效果。

(2) "高级"选项卡

利用"高级"选项卡可以进行字符间距设置。"高级"选项卡如图 4-27 所示。

① 字符间距：在"间距"下拉列表框中可以选择"标准""加宽"和"紧缩"3 个选项。选择"加宽"或"紧缩"时，可以在右侧的"磅值"数值框中输入所要"加宽"或"紧缩"的磅值。

② 位置：在"位置"下拉列表框中可以选择"标准""提升"和"降低"3 个选项。选择"提升"或"降低"时，可以在右侧的"磅值"数值框中输入所要"提升"或"降低"的磅值。

③ 为字体调整字间距：选中"为字体调整字间距"复选框后，从"磅或更大"数值框中选择字体大小，Word 会自动设置选定字体的字符间距。

(3) "文字效果"按钮

利用"文字效果"按钮可以进行字符的特殊效果设置。单击"文字效果"按钮，弹出"设置文本效果格式"对话框，如图 4-28 所示，在该对话框中可以进行各种文本效果的设置。

图 4-27 "高级"选项卡

图 4-28 "设置文本效果格式"对话框

4. 复制字符格式

复制字符格式是将一个文本的格式复制到其他文本中，使用"开始"选项卡功能区中"剪贴板"组中的"格式刷"按钮可以达到目的。操作步骤如下：

(1) 选中已编排好字符格式的源文本或将光标定位在源文本的任意位置处。

(2) 单击"剪贴板"组中的"格式刷"按钮，鼠标指针变成刷子形状。

(3) 在目标文本上拖动鼠标，即可完成格式复制。

若将选定格式复制到多处文本块上，则需要双击"格式刷"按钮，然后按照上述步骤(3)完成复制。若取消复制，则单击"格式刷"按钮或按 Esc 键，鼠标恢复原状。

5. 设置文字方向

设置文字方向的步骤如下：

(1) 选定要设置文字方向的文本。

(2) 单击"页面布局"选项卡功能区中"页面设置"组中的"文字方向"按钮，在弹出的列表中选择"文字方向选项"命令，打开"文字方向-主文档" 对话框，如图 4-29 所示。

(3) 选择"方向"区域中相应文字方向的图框，单击"确定"按钮。

图 4-29　"文字方向-主文档"对话框

4.4.2　段落格式化

段落格式化指对整个段落的外观进行处理。段落可以由文字、图形和其他对象所构成，段落以 Enter 键作为结束标识符。有时也会遇到这种情况，即录入没有到达文档的右侧边界就需要另起一行，而又不想开始一个新的段落，此时可按 Shift+Enter 键，产生一个手动换行符(软回车)，可实现既不产生一个新的段落又可换行的操作。

如果需要对一个段落进行设置，只需将光标定位于段落中即可，如果要对多个段落进行设置，首先要选中这几个段落。单击"开始"选项卡功能区中"段落"组中的按钮来进行相应设置，如图 4-30 所示。

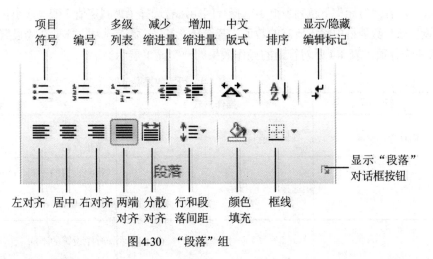

图 4-30　"段落"组

1. 设置段落间距、行间距

段落间距是指两个段落之间的距离，行间距是指段落中行与行之间的距离，Word 默认的行间距是单倍行距。

(1) 利用"开始"选项卡功能区

在"段落"组中设置段落间距、行间距的步骤如下：

① 选定要改变间距的文档内容。

② 单击"开始"选项卡中功能区 "段落"组中的"行和段落间距"按钮；或单击"开始"选项卡功能区中"段落"组右下角带有↘标记的按钮，表示有命令设置对话框，打开对话框(即单击)可以进行相应的各项功能设置，显示"段落"对话框，如图 4-31 所示。

图 4-31   "段落"对话框

③ 单击"缩进和间距"选项卡,在"间距"选项中的"段前"和"段后"数值框中输入间距值,可调节段前和段后的间距。

④ 在"行距"下拉列表框中选择行间距,若选择了"固定值"或"最小值"选项,需要在"设置值"数值框中输入所需的数值;若选择"多倍行距"选项,需要在"设置值"数值框中输入所需行数。表 4-4 是对行距的操作效果的一个简单展示。

表 4-4   行距效果展示

行　距	操作方式	效　果
单倍行距	选择单倍行距	行距设置的不同 单倍行距
1.5 倍行距	选择 1.5 倍行距	行距设置的不同 1.5 倍行距
2 倍行距	选择 2 倍行距	行距设置的不同 2 倍行距
最小值	行距(N): 　　设置值(A): 12 磅	具体效果根据实际数字的变化而变化
固定值	行距(N): 　　设置值(A): 12 磅	
多倍行距	行距(N): 　　设置值(A): 3	

⑤ 设置完成后,单击"确定"按钮。

(2) 利用"页面布局"选项卡

在"段落"组中设置段落间距、行间距,与利用"开始"选项卡功能区的"段落"组操作基本相同,但这个"段落"组中有直接可调节段前和段后距离的设置,如图 4-32 所示。

图 4-32　"页面布局"选项卡的"段落"组

2. 段落缩进

段落缩进是指段落文字的边界相对于左、右页边距的距离。段落缩进有以下 4 种格式，具体内容如下。

- 左缩进：段落左边界与左页边距保持的距离。
- 右缩进：段落右边界与右页边距保持的距离。
- 首行缩进：段落首行的第一个字符与左边界的距离。
- 悬挂缩进：段落中除首行以外的其他各行与左边界的距离。

(1) 用标尺设置

Word 窗口的标尺如图 4-33 所示，使用标尺设置段落缩进的操作如下：

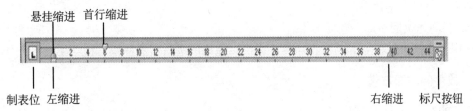

图 4-33　标尺

① 选定要进行缩进的段落或将光标定位在该段落上。
② 拖动相应的缩进标记，向左或向右移动到合适位置。

(2) 利用制表符设置

Word 窗口中的制表符如图 4-34 所示，利用制表符设置段落缩进的操作步骤如下：

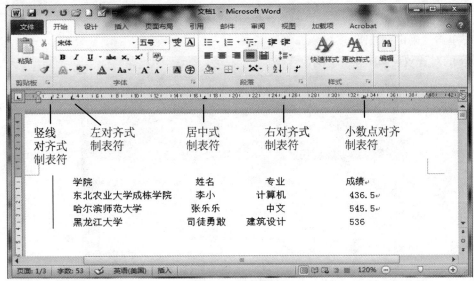

图 4-34　制表符设置

① 选择制表符的类型，可单击标尺左侧的"制表符类型"按钮，直到出现用户所需要的对齐方式图标为止。

② 在标尺上适当的位置单击标尺下沿即可。

设置好制表符后，用户就可以用制表符输入文本。按 Tab 键使插入点到达所需的位置，然后输入文本内容，每行结束时按 Enter 键。

(3) 利用"开始"选项卡

操作步骤如下：

① 单击"开始"选项卡功能区中的"段落"组右下角带有↘标记的按钮，打开"段落"对话框进行相应的各项功能的设置。

② 在"缩进和间距"选项卡中的"特殊格式"下拉列表框中选择"悬挂缩进"或"首行缩进"，在"缩进"区域设置左、右缩进。

③ 单击"确定"按钮。

(4) 利用"段落"组

单击"段落"组中的"减少缩进量"按钮或"增加缩进量"按钮，可以完成所选段落左移或右移一个汉字位置。

(5) 利用"页面布局"选项卡

使用"段落"组中的"缩进"命令，也可以完成所选段落左移或右移一个汉字位置。

3. 段落的对齐方式

段落的对齐方式包括左对齐、居中对齐、右对齐、两端对齐和分散对齐，Word 默认的对齐格式是两端对齐。

如果要设置段落的对齐方式，则应先选中相应的段落，再单击"段落"组中相应的对齐方式按钮；或利用"段落"组中"段落"选项卡的对齐方式完成。操作步骤如下：

(1) 单击"段落"组右下角带有▪标记的按钮，显示"段落"对话框，打开"缩进和间距"选项卡。

(2) 在"对齐方式"下拉列表框中选择相应的对齐方式。

(3) 单击"确定"按钮。

段落的对齐效果如图 4-35 所示。

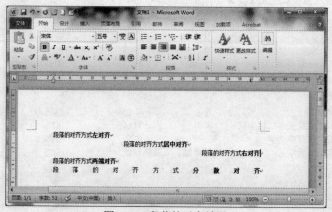

图 4-35　段落的对齐效果

4. 边框和底纹

为起到强调作用或美化文档的作用，可以为指定的段落、图形或表格等添加边框和底纹。添加边框和底纹的操作步骤如下：

(1) 先选定要添加边框和底纹的文档内容。

(2) 单击"开始"选项卡功能区中的"段落"组，选择"边框和底纹"命令，弹出"边框和底纹"对话框，如图 4-36 所示。

(3) 可以进行如下设置。

① 加边框：可以对编辑对象边框的形式、线型、颜色、宽度等外观效果进行设置。

图 4-36　"边框和底纹"对话框

② 加页面边框：可以为页面加边框，设置"页面边框"选项卡与设置"边框"选项卡的操作相似。

③ 加底纹：在"底纹"选项卡的"填充"区域选择底纹的颜色(背景色)，在"格式"列表框中设置底纹的样式，在"颜色"列表框中选择底纹内填充的颜色(前景色)。

④ 设置完毕后，单击"确定"按钮。

5. 首字下沉

首字下沉就是把文档中某段的第一个字或前几个字放大，以引起注意，如图 4-37 所示。

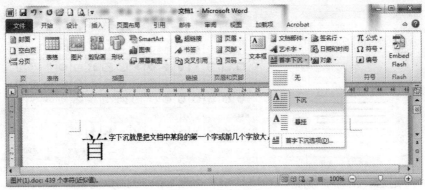

图 4-37　首字下沉

首字下沉分为"下沉"和"悬挂"两种方式,设置段落首字下沉的操作步骤如下:

(1) 先将插入点定位在要设置"首字下沉"的段落中。

(2) 选择"插入"选项卡功能区,单击"文本"组中的"首字下沉"命令,显示"首字下沉"对话框,如图4-38所示。在位置区域中选择需要下沉的方式,还可以为首字设置字体、下沉的行数以及与正文的距离。

(3) 单击"确定"按钮。

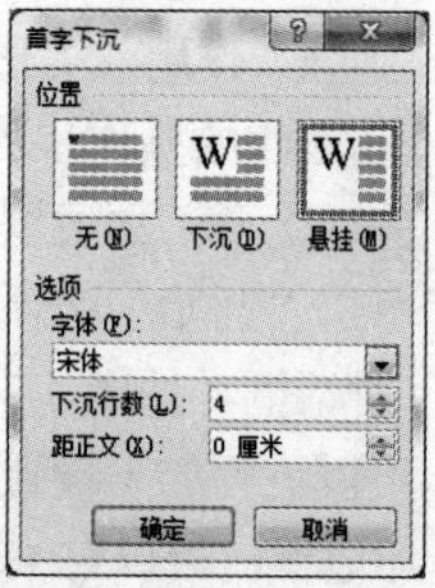

图 4-38 "首字下沉"对话框

4.4.3 项目符号和编号

对一些需要分类阐述的条目,可以添加项目符号和编号,起到强调的作用,也可以起到美化文档的作用。

1. 添加项目符号

设置项目符号的步骤如下:

(1) 在打开的文档中选定文本内容。

(2) 选择"开始"选项卡功能区,单击"段落"组中的"项目符号"下拉三角按钮,打开"项目符号"下拉列表,如图4-39所示。

图 4-39 "项目符号"下拉列表

(3) 选择所需要的项目符号,若对提供的符号不满意,可以单击"定义新项目符号"按钮,弹出"定义新项目符号"对话框,如图4-40所示。单击"符号"按钮,弹出"符号"对话框,如图4-41所示。

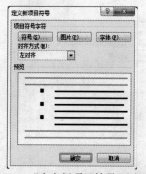

图 4-40 "定义新项目符号"对话框

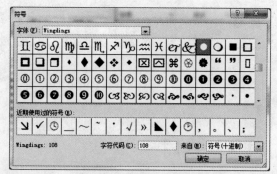

图 4-41 "符号"对话框

(4) 设置完成后,单击"确定"按钮。

2. 添加编号

设置编号的操作步骤如下：

(1) 选定要设置编号的段落。

(2) 选择"开始"选项卡功能区，单击"段落"组中的"编号"下拉三角按钮，在"编号库"区域中选择相应内容。

(3) 若对提供的编号不满意，也可以单击"定义新编号格式"按钮，弹出"定义新编号格式"对话框。在"定义新编号格式"对话框中对"编号样式"和"字体"等相应内容进行设置，如图 4-42 所示。

(4) 单击"确定"按钮。

若对已设置好编号的列表进行插入或删除列表项操作，Word 将自动调整编号，不必人工干预，编号可自动产生。

图 4-42 "定义新编号格式"对话框

3. 使用多级编号

在文档中，用户可以通过更改编号列表级别来创建多级编号列表，使编号列表的逻辑关系更加清晰，以实现层次效果。具体操作如下：

(1) 选择段落标题文本。在"开始"选项卡功能区单击"段落"组中"多级列表"按钮右侧的下拉三角按钮，在打开的多级列表中选择多级列表的格式，如图 4-43 所示。

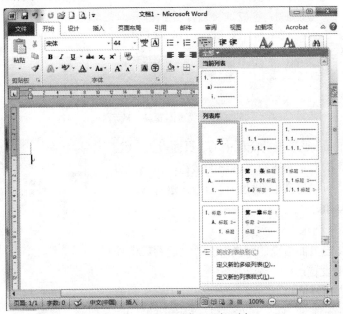

图 4-43 "多级列表"下拉列表

(2) 按照插入常规编号的方法输入条目内容，然后选中需要更改编号级别的段落。单击"多级列表"按钮，在打开的面板中选择"更改列表级别"选项，并在打开的下一级菜单中选择编号列表的级别。

(3) 如有更多要求的设置，可选择"定义新的多级列表"和"定义新的列表样式"命令，在弹出的对话框中进行设置，如图4-44所示。

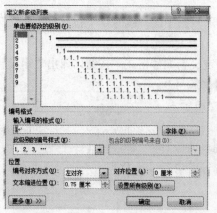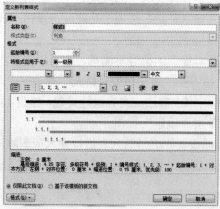

图4-44 "定义新多级列表"和"定义新列表样式"对话框

4.4.4 页面设计

1. 页面设置

页面设置是指设置文档的总体版面布局以及选择纸张大小、上下左右边距、页眉页脚与边界的距离等内容。可以利用"页面布局"选项卡功能区中的"页面设置"组来完成。如有其他特殊要求，如添加"页面边框""水印"和"页面颜色"等，可以通过"页面背景"组来完成，如图4-45所示。

图4-45 "页面布局"选项卡

选择"页面布局"选项卡功能区中的"页面设置"组，单击"页面设置"的右下角带有↘标记的按钮，弹出"页面设置"对话框，可根据其中不同的选项卡来进行各项功能的设置，如图4-46所示。

(1) "页边距"选项卡

页边距是正文与页面边缘的距离，在"页边距"选项卡中主要进行以下设置：

在"页边距"区域的"上""下""左""右"数值框中设置正文与纸张顶部、底部、左侧和右侧预留的宽度；在"装订线位置"列表框中选择装订位置，有"左"和"上"两个位置，在"装订线"数值框中设置装订线与纸张边缘的间距；在"纸张方向"区域设置纸张是"横向"还是"纵向"。

图4-46 "页面设置"对话框

(2) "纸张"选项卡

在"纸张"选项卡中主要进行以下设置：

在"纸张大小"区域中选择使用的纸张类型(如 A4、B5 等)，此时系统显示纸张的默认宽度和高度；若选择"自定义大小"类型，则可在"宽度"和"高度"数值框中设置纸张的宽度和高度。

在"页边距"选项卡和"纸张"选项卡中，利用"预览"区域的"应用于"列表框可以选择应用范围。范围可以是"整篇文档""插入点后"。

2. 页眉和页脚

页眉和页脚是指在文档每一页的顶部和底部加入信息。这些信息可以是文字和图形等。内容可以是文件名、标题名、日期、页码和单位名等。

页眉和页脚的内容还可以用来生成各种文本的"域代码"(如页码、日期等)。域代码与普通文本的区别是，它随时可以被当前的最新内容所代替。例如，生成日期的域代码根据打印时的系统时钟生成当前的日期。

(1) 创建页眉和页脚

要创建页眉和页脚，选择"插入"选项卡功能区，单击"页眉和页脚"组，在"页眉""页脚"和"页码"的下拉列表中选择用户所需要的具体样式，进行操作时选项卡中会出现"页眉和页脚工具"的"设计"选项卡，如图 4-47 所示。其中功能区由"页眉和页脚"组、"插入"组、"导航"组、"选项"组、"位置"组和"关闭"组几部分组成。

图 4-47　"页眉和页脚工具"的"设计"选项卡

(2) 插入页码

为了便于查找，常常在一篇文档中添加页码来编辑文档的顺序。页码可以添加到文档的顶部和底部。页眉、页脚设置中重要的一项就是页码的设置。页码可以按照域的形式插入到页眉、页脚的相关位置上，并随着页的增加自动增加。对于页码本身的格式，可以按照字体设置和段落设置的步骤进行修改和调整。而对页码的编号方式，则需要进入"页码格式"对话框进行设置，如图 4-48 所示。

图 4-48　"页码格式"对话框

3. 分栏

"分栏"可以编排出类似于报纸的多栏版式效果。它可以对整篇文档或部分文档分栏。选择"页面布局"选项卡功能区，单击"页面设置"组中的"分栏"下拉按钮，选择"更多分栏"命令，弹出"分栏"对话框，如图 4-49 所示。在"栏数"数值框中可以指定分栏数；若要求各栏宽相等，可在"宽度和间距"区域中设置栏的宽度和间距，若要求栏宽不相等，可以取消对"栏宽相等"复选框的选择，在"宽度和间距"区域中设置每栏的宽度和间距；若选中"分隔线"复选框，则可在各栏之间加入分隔线。

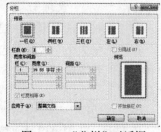

图 4-49　"分栏"对话框

4. 分页符和分节符

(1) 分页

Word 自动在当前页已满时插入分页符，开始新的一页。这些分页符被称为"自动分页符"或"软分页符"。但有时也需要强制分页，这时可以人工输入分页符，这种分页符称为"硬分页符"。

插入分页符的操作步骤如下：

① 将插入点定位到欲强制分页的位置。

② 单击"页面布局"选项卡的功能区，选择"分页符"命令，打开"分页符"下拉列表，如图 4-50 所示。

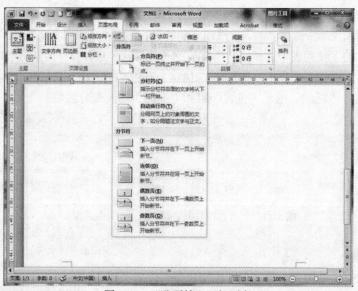

图 4-50　"分页符"下拉列表

③ 在下拉列表中选择"分页符"组下的"分页符"。

上述操作也可在定位插入点后，使用 Ctrl+Enter 快捷键插入分页符。

(2) 分节

在页面设置和排版中，可以将文档分成任意几节，并且分别格式化每一节。节可以是整个文档，也可以是文档的一部分，如一段或一页。

在建立文档时，系统默认整个文档就是一节，如果要在文档中建立节，就需插入分节符。所在节的格式，如"页边距""页码"和"页眉和页脚"等，都存储在分节符中。如图 4-50 所示，在"分节符"区域中有"下一页""连续""偶数页""奇数页"4 个选项，用户可根据实际操作进行选择。

5. 设置背景

文档背景是显示 Word 文档最底层的颜色或图案，用于丰富 Word 文档的页面显示效果。水印用于打印的文档，可在正文文字的下面添加文字或图形。

(1) 背景

可以将过渡色、图案、图片、纯色或纹理作为背景，背景的形式多种多样，既可以是内容丰富的徽标，也可以是装饰性的纯色。在文档中设置页面背景的步骤如下：

① 打开要操作的文档，选择"页面布局"选项卡。

② 在"页面背景"组中单击"页面颜色"按钮，并在打开的"页面颜色"面板中选择"主题颜色"或"标准色"中的特定颜色，如图 4-51 所示。

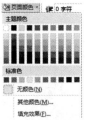

图 4-51　"页面颜色"面板

如果"主题颜色"和"标准色"中显示的颜色依然无法满足用户的需要，可以选择"其他颜色"命令，在打开的"颜色"对话框中切换到"自定义"选项卡，并选择合适的颜色，如图 4-52 所示。

如果希望对页面背景进行渐变、纹理、图案或图片的填充效果设置，选择"填充效果"命令，然后在弹出的"填充效果"对话框中进行设置，如图 4-53 所示。

图 4-52　"自定义"选项卡

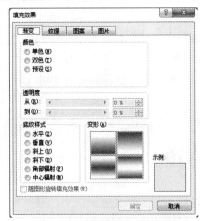

图 4-53　"填充效果"对话框

(2) 水印

在许多实际操作中，常常需要为页面添加水印，例如，在公司文件和学习资料中添加水印。添加文字水印效果的步骤如下：

① 打开要操作的文档，选择"页面布局"选项卡。

② 在"页面背景"组中单击"水印"按钮，在"水印"下拉列表中选择合适的水印，如图 4-54 所示。

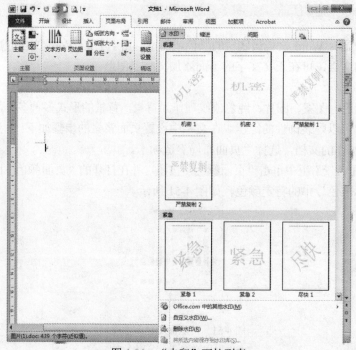

图 4-54 "水印"下拉列表

③ 在"水印"下拉列表中选择"自定义水印"命令,在弹出的"水印"对话框中选中"文字水印"单选按钮。在"文字"编辑框中输入用户所需要的水印文字内容,并根据需要设置字体、字号和颜色,选中"半透明"复选框,设置水印版式为"斜式"或"水平",如图4-55所示。

④ 单击"确定"按钮,水印效果设置结束。

图 4-55 "水印"对话框

4.5 表格

表格以行和列的形式组织信息,其结构严谨,效果直观,而且信息量较大。Word 提供了表格功能,可以方便地创建和使用表格。

4.5.1 创建表格

表格由若干行和列组成,行列的交叉区域称为"单元格"。在单元格中可以填写数值、文字和插入图片等。

在 Word 中,可以手工绘制表格,也可以自动插入表格。

1. 手工绘制表格

操作步骤如下：

(1) 将插入点定位在要插入表格处。

(2) 选择"插入"选项卡功能区，打开"表格"组中的
"表格"下拉列表，选择"绘制表格"命令，如图 4-56 所示，
此时，鼠标指针变成笔形。

(3) 绘制表格。可拖动鼠标在文档中画出一个矩形的区
域，到达所需要设置表格大小的位置，即可形成整个表格的
外部轮廓。然后再具体划分表格内部的单元格。拖动鼠标在
表格中形成一条从左到右，或者是从上到下的虚线，释放鼠
标，一条表格中的划分线就形成了。在单元格内绘制斜线，
以便需要时分隔不同的项目，绘制方法与绘制直线一样。

下面为一个手工绘制的表格实例，如图 4-57 所示。当开
始绘制表格时，自动激活"表格工具"设计和布局选项卡。

图 4-56　选择"绘制表格"命令

"表格工具"设计选项卡功能区由"表格样式选项"组、"表
格样式"组和"绘图边框"组三大部分组成；"表格工具"布局选项卡功能区由"表"组、"行
和列"组、"合并"组、"单元格大小"组、"对齐方式"组和"数据组"几部分组成。其中
部分组还可以弹出对话框以进行更多的设置。

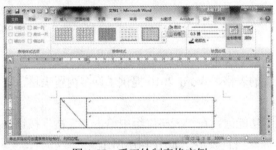

图 4-57　手工绘制表格实例

2. 利用"插入"选项卡

选择"插入"选项卡功能区，打开"表格"组中的"表格"下拉列表，显示相应的网格框，
在网格框中向右下拖动，直到所需的行、列数为止，即可在插入点处建立一个空表，如图 4-58
所示。

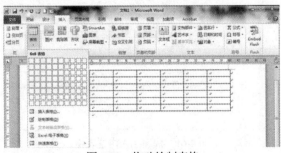

图 4-58　拖动绘制表格

3. 利用"插入表格"对话框

操作步骤如下：

(1) 单击"表格"命令，打开"插入表格"对话框，如图4-59所示。

(2) 在"表格尺寸"区域设置行数和列数。

若想使用Word提供的根据格式设置创建新样式，需要单击"设计"选项卡的"表格样式"组，选择"创建新样式"项，弹出"根据格式设置创建新样式"对话框，如图4-60所示，选择所需的表格样式。

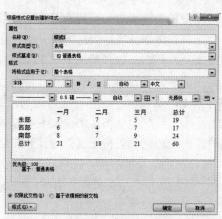

图4-59　"插入表格"对话框　　　　图4-60　"根据格式设置创建新样式"对话框

(3) 单击"确定"按钮。

4. 快速插入表格

为了快速制作出美观的表格，Word 2010提供了许多内置表格，可以快速地插入内置表格并输入数据。

打开"插入"选项卡功能区，在"表格"组中单击"表格"按钮，在弹出的下拉列表中选择"快速表格"命令，插入内置表格，如图4-61所示。

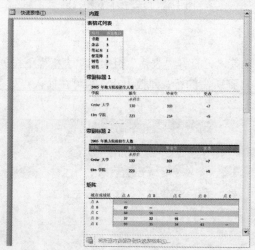

图4-61　快速插入内置表格

5. 文本与表格的相互转换

Word 中允许在文本和表格之间进行相互转换。

(1) 将文本转换成表格

将文本转换为表格时，使用逗号、制表符或其他分隔符标记新的列开始的位置。具体操作步骤如下：

① 选择要转换为表格的文本。

② 在准备转换成表格的文本中，用逗号、制表符或其他分隔符标记新的列开始的位置。

③ 在"表格"组中单击"表格"按钮，在弹出的下拉列表中选择"文本转换成表格"命令，弹出"将文字转换成表格"对话框。如图 4-62 所示。

④ 在"表格尺寸"区域中的"列数"微调框中输入所需要的列数，如果设置的列数大于原始数据的列数，后面会添加空列；在"文字分隔位置"区域单击所需要的分隔符选项，选择其中的选项，单击"确定"按钮。

(2) 将表格转换为文本

① 选择要转换为文字的表格。

② 选择"布局"选项卡功能区，单击"数据"组中的"转换为文本"按钮，打开"表格转换成文本"对话框，如图 4-63 所示。

图 4-62　"将文字转换成表格"对话框

图 4-63　"表格转换成文本"对话框

③ 在"文字分隔符"区域中选择所需要的选项，单击"确定"按钮。

4.5.2　编辑表格

创建好一个表格后，经常需要对表格进行一些编辑，如行高和列宽的调整、行或列的插入和删除、单元格的合并和拆分等，以满足用户的实际要求。

1. 选定表格

对表格进行格式化之前，首先要选定表格编辑对象，然后才能对表格进行操作。选定表格编辑对象的鼠标操作方式有如下几种。

① 选定单元格：将鼠标指针移动到要选定单元格的左侧区域，鼠标指针变成右上的箭头↗，单击即可选定该单元格。

② 选定一行：将鼠标指针移动到要选定行左侧的选定区，当鼠标指针变成↗，单击即可选定该行。

③ 选定一列：将鼠标指针移动到该列顶部的选定区，当鼠标指针变成↓，单击即可选定该列。

④ 选定连续单元格区域：拖动鼠标选定连续单元格区域即可。这种方法也可以用于选定单个、一行或一列单元格。

⑤ 选定整个表格：将鼠标指针指向表格左上角，单击出现的"表格的移动控制点"图标田，即可选定整个表格。

2. 调整行高和列宽

创建表格时，表格的行高和列宽都是默认值，而在实际操作中常常要调整表格的行高或列宽。方法如下。

(1) 使用鼠标

① 用鼠标指针直接拖动边框，则边框左右两列的宽度会发生变化，但整个表格的总体宽度不变。

② 将鼠标指针指向要改变行高(列宽)的垂直(水平)标尺处的行列标志上，此时，鼠标指针变为一个垂直(水平)的双向箭头，拖动垂直(水平)行列标志到所需要的行高和列宽即可。

(2) 使用"布局"选项卡的"表"组

操作步骤如下：

① 选定表格中要改变列宽(行高)的列(行)。

② 选择"布局"选项卡功能区中"表"组中的"属性"命令，弹出"表格属性"对话框，如图 4-64 所示。

③ 单击"列"(行)选项卡，在"指定宽度"(指定高度)数值框中输入数值。

④ 单击"确定"按钮。

(3) 使用"单元格大小"组

直接在"单元格大小"组中的"列"(行)数值框中输入数值即可，如图 4-65 所示。

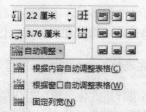

图 4-64　"表格属性"对话框　　　　图 4-65　"单元格大小"组

(4) 使用"自动调整"命令

可以直接选择"自动调整"命令下拉列表框，有 3 种自动调整方式：根据内容自动调整表格、根据窗口自动调整表格和固定列宽，如图 4-65 所示。

操作步骤如下：

① 把光标定位在表格的任意单元格。

② 单击"布局"选项卡功能区"单元格大小"组，选择"自动调整"下拉列表框中的相应命令；或在表格的任意位置右击，在弹出的快捷菜单中选择"自动调整"级联菜单中的相应命令。根据设置系统可自动进行调整。

3. 行、列的插入和删除

(1) 插入行和列

① 先在表格中选定某行(或列)，要增加几行(或列)就选定几行(或列)，在"布局"选项卡功能区的"行和列"组选择要增加行(或列)的位置，直接执行操作，如图4-66所示。

图4-66 "布局"选项卡功能区

② 单击"行和列"组右下角带有↘标记的按钮，表示有命令设置对话框，打开"插入单元格"对话框，可以进行相应的各项功能的设置，如图4-67所示。

(2) 删除行或列

先在表格中选定要删除的行或列，单击"布局"选项卡功能区的"行和列"组。再选择"删除"命令，显示出下拉列表，如图4-68所示，选择"删除行"或"删除列"命令，即可完成相应操作。

图4-67 "插入单元格"对话框

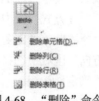

图4-68 "删除"命令

4. 单元格的合并和拆分

单元格的合并是把相邻的多个单元格合并成一个，单元格的拆分是把一个单元格拆分为多个单元格。

(1) 合并单元格

如果要进行合并单元格的操作，先选定要进行合并的多个单元格，然后右击选择的单元格，在弹出的快捷菜单中选择"合并单元格"命令或单击功能区"合并"组中的"合并单元格"按钮。

(2) 拆分单元格

如果要进行拆分单元格的操作，先选定要进行拆分的单元格，然后右击选择的单元格，在弹出的快捷菜单中选择"拆分单元格"命令或单击功能区"合并"组中的"拆分单元格"按钮，弹出"拆分单元格"对话框，如图4-69所示。在"列

图4-69 "拆分单元格"对话框

数"框中填入要拆分成的列数；在"行数"框中填入要拆分成的行数，再单击"确定"按钮即可。

4.5.3 表格的格式化

创建好一个表格之后，可以对表格的外观进行美化，以达到理想的效果。

1. 单元格对齐方式

一般在某个表格的单元格中进行文本输入时，该文本都将按照一定的方式，显示在表格的单元格中。Word 提供了 9 种单元格中文本的对齐方式：靠上左对齐、靠上居中、靠上右对齐；中部左对齐、中部居中、中部右对齐；靠下左对齐、靠下居中、靠下右对齐。

进行单元格对齐方式设置的具体操作步骤如下：

(1) 快捷菜单操作

① 选定单元格。

② 右击选定的单元格，选择"单元格对齐方式"级联菜单下的相应对齐方式。

(2) "对齐方式"组

① 选定单元格。

② 直接选择"对齐方式"组，单击"单元格对齐方式"菜单中需要的对齐方式。

2. 设置文字方向

表格中文本的格式化与文档中文本的格式化相同，同时也可以设置文字的方向。设置表格文字方向的步骤如下：

(1) 选定要设置文字方向的单元格。

(2) 单击"对齐方式"组中的"文字方向"命令；或右击表格，在弹出的快捷菜单中选择"文字方向"命令，显示"文字方向-表格单元格"对话框。

(3) 在"方向"区域中选择所需要的文字方向。

(4) 单击"确定"按钮。

3. 表格的边框和底纹

设置表格的边框和底纹的步骤如下：

(1) 选定表格。

(2) 选择"设计"选项卡功能区，单击"边框"和"底纹"命令；或右击表格，选择快捷菜单中的"边框和底纹"命令，打开"边框和底纹"对话框。

(3) 在该表格的"底纹""边框"和"页面边框"选项卡中进行相应的设置。

(4) 设置完毕，单击"确定"按钮。

4.5.4 表格中的数据处理

Word 提供了在表格中对数据进行计算和排序的功能。

表格中的单元格列号依次用 A、B、C、D、E 等字母表示，行号依次用 1、2、3、4 等数字表示，用列、行坐标表示单元格，如 A1、B2 等。

1. 表格中的数据计算

在表格中对数据计算的操作步骤如下：

(1) 定位要放置计算结果的单元格。

(2) 选择"表格工具布局"选项卡功能区的"数据"组，单击"公式"命令，弹出"公式"对话框，如图 4-70 所示。

(3) 用户可以在"粘贴函数"下拉列表框中选择所需的函数或在"公式"文本框中直接输入公式。

(4) 单击"确定"按钮。

图 4-70　"公式"对话框

2. 表格中的数据排序

可根据某几列内容对表格中的数据进行升序和降序排列。操作步骤如下：

(1) 选择需要排序的列或单元格。

(2) 选择"表格工具布局"选项卡功能区的"数据"组，单击"排序"命令，打开"排序"对话框，如图 4-71 所示。

(3) 设置排序的关键字的优先次序、类型、排序方式等。

(4) 单击"确定"按钮。

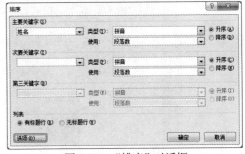

图 4-71　"排序"对话框

4.5.5　图表

Word 可以将表格中的部分或全部数据生成各种统计图，如柱形图、折线图、饼图等，默认生成的是柱形图，操作步骤如下：

(1) 单击"插入"选项卡功能区"插图"组中的"图表"命令。

(2) 打开"插入图表"对话框，单击左侧图表类型，选择所需要图表的类型具体项，然后单击"确定"按钮，如图 4-72 所示。

图 4-72　"插入图表"对话框

(3) 所选择的图表会插入到插入点位置，同时弹出 Excel 表格，在其中可以编辑数据，如图 4-73 所示。数据编辑完毕，可以关闭 Excel 表格，操作完成后的结果如图 4-74 所示。

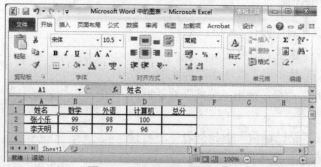

图 4-73　Excel 2010 数据编辑

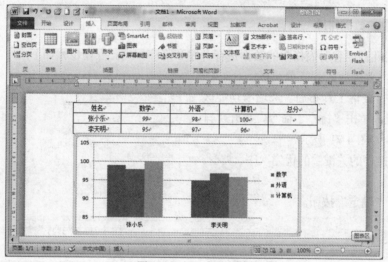

图 4-74　插入的柱形图

4.6　图文混排

在 Word 中，除了可以编辑文本外，还可以向文档中插入图片，并将其以用户需要的形式与文本编排在一起进行图文混排。

Word 中可使用的图片有自选图形、图片文件、剪贴画、艺术字和公式等内容。

4.6.1　图片

1. 插入图片文件

在 Word 文档中插入图片文件的操作步骤如下：

(1) 将插入点定位在要插入图片的位置。

(2) 单击"插入"选项卡功能区中"插入"组的"图片"命令，弹出"插入图片"对话框，如图 4-75 所示。

图 4-75　"插入图片"对话框

(3) 在"查找范围"列表框中选择图片的所在位置，选择要插入的图片文件。

(4) 单击"插入"按钮。

2. 插入剪贴画

在文档中插入"剪贴画"的操作步骤如下：

(1) 在文档中定位要插入剪贴画的位置。

(2) 单击"插入"选项卡功能区中"插图"组的"剪贴画"命令。

(3) 在"剪贴画"任务窗格中单击"搜索"按钮，会显示计算机中保存的"剪贴画"，如图 4-76 所示。

(4) 单击要插入的剪贴画，完成插入操作。

插入剪贴画后，若不关闭任务窗格，可以继续插入其他剪贴画。完成插入后，单击任务窗格右上角的"关闭"按钮即可关闭任务窗格。

图 4-76　"剪贴画"任务窗格

3. 编辑图片

插入图片后，还可以对图片进行编辑，如图片的移动、复制和删除，尺寸、位置的调整，缩放和裁剪等。

1) 图片的移动、复制和删除

移动图片，只需将鼠标定位在该图片上拖动即可，而图片的复制和删除操作与文本的复制和删除操作相同。

2) 图片的缩放和裁剪

(1) 缩放图片

① 手动操作

选中图片后，"图片工具"选项卡会被激活，缩放图片的操作步骤如下：

选定要缩放的图片，此时图片四周显示 8 个句柄。

将鼠标指针指向某个句柄时，鼠标指针变成双向箭头，可根据需要进行拖动。

② 利用"图片工具-格式"选项卡

若要精确地缩放图形,可以选定要操作的图片,在"大小"组的"数字高度"和"数字宽度"微调框中直接输入数字完成操作,如图4-77所示。

图4-77 "图片工具-格式"选项卡

③ 利用"布局"对话框

若要精确地缩放图形,也可以利用对话框进行相应的操作。操作步骤如下:

a. 选定要缩放的图形。

b. 单击"大小"组右下角带有↘标记的按钮,打开"布局"对话框,在"大小"选项卡中"高度"和"宽度"的位置输入数字即可。

(2) 设置图片的环绕方式

可以对图片周围的环绕文字进行设置,操作方法如下:

● 利用"图片工具-格式"选项卡

① 选定图片。

② 单击"排列"组中的"位置"下拉列表框,选择需要的"文字环绕"方式,如图 4-78所示。

● 利用对话框

① 单击"大小"组右下角带有↘标记的按钮,弹出"布局"对话框,选择"文字环绕"选项卡,如图4-79所示。

图4-78 "文字环绕"下拉列表

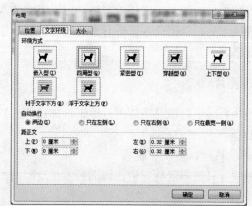

图4-79 "文字环绕"选项卡

② 选择所需要的环绕方式。

③ 单击"确定"按钮。

(3) 裁剪图片

① 利用"图片工具-格式"选项卡

裁剪图片的操作步骤如下:

a. 单击"大小组"中的"裁剪"命令,将鼠标指针指向某句柄,变成裁剪形状。

b. 向图片内部拖动鼠标即可裁剪掉相应部分。

② 利用"设置图片格式"对话框

若要精确地裁剪图形，可以利用"设置图片格式"对话框进行相应的操作。操作步骤如下：

a. 选定要缩放的图形。

b. 单击"图片样式"组右下角带有↘标记的按钮，弹出"设置图片格式"对话框，选择"裁剪"选项卡，如图 4-80 所示。

图 4-80　"设置图片格式"对话框

c. 在"图片位置"的"宽度""高度"等位置输入数字，单击"关闭"按钮。

(4) 改变图片的颜色、亮度、对比度和背景

可直接用"调整"组中的命令按钮或图 4-80 所示的"设置图片格式"对话框中的相关选项卡来进行设置。

4.6.2　插入艺术字

艺术字是可添加到文档的装饰性文本。艺术字也是一种图形。在文档中插入艺术字的操作步骤如下：

(1) 打开需要插入艺术字的文档，选定插入点的位置。

(2) 单击"插入"选项卡功能区中"文本"组中的"艺术字"命令。

(3) 在"艺术字库"中选择所需的"艺术字"样式，然后单击"确定"按钮，显示编辑"艺术字"文字对话框。

(4) 直接输入艺术字内容即可。

4.6.3　绘制图形

单击"插入"选项卡功能区"插图"组中的"形状"命令，可以在下拉列表中选择合适的图形来绘制"正方形""多边形""直线""圆形"和"箭头"等各种图形。

1. 绘制自选图形

绘制自选图形的操作步骤如下：

(1) 单击"插入"选项卡功能区"插入"组中的"形状"下拉列表，从其中样式中选择图形。

(2) 在工作区拖动，绘制出相应的图形，大小自行调整。

对绘制的自选图形也可以进行格式设置和编辑等操作，如通过"绘图工具-格式"选项卡功能区对图形进行填充、添加阴影等操作，如图 4-81 所示。

图 4-81　"绘图工具-格式"选项卡

2. 在自选图形中添加文字

操作步骤如下：

(1) 右击要添加文字的图形，从快捷菜单中选择"添加文字"命令，此时在图形对象上会显示文本框。

(2) 在文本框中输入文字。

也可以对图形添加的文字进行格式设置，绘制自选图形并添加文字的实例如图 4-82 所示。

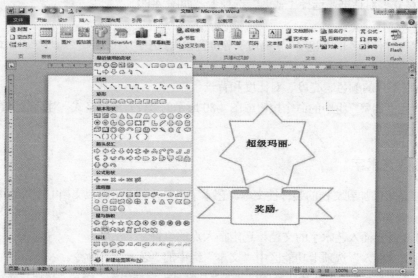

图 4-82 绘制自选图形实例

3. 图形的组合

在文档中，绘制的图形可以根据需要进行组合，以防止它们之间的相对位置发生改变，操作步骤如下：

(1) 按住 Shift(或 Ctrl)键的同时选定要组合的图形。

(2) 将鼠标移动到要组合的某一个图形处。

(3) 右击，选择"组合"级联菜单中的"组合"命令。

4. 图形的叠放次序

在文档中，有时需要绘制多个重叠的图形。设置图形叠放次序的操作步骤如下：

(1) 选定要设置叠放次序的图形。

(2) 右击，选择"置于顶层"或"置于底层"级联菜单中的相应命令即可。

5. 图形的旋转

在文档中，可以对绘制的图形进行任意角度的旋转，操作方法如下。

(1) 手动旋转

① 选定要旋转的图形。

② 用图片上的旋转手柄来旋转图片，角度可自行调整。

(2) "绘图工具-格式"选项卡

选择"排列"组中的"旋转"命令，其中包括"向右旋转""向左旋转""垂直翻转""水平翻转"和"其他旋转选项"。

6. SmartArt 图形

SmartArt 图形是信息和观点的视觉表示形式。可以通过从多种不同的布局中进行选择来创建 SmartArt 图形，从而快速、轻松、有效地传达信息。

插入 SmartArt 示意图的操作步骤如下：

(1) 单击"插入"选项卡功能区"插图"组中的 SmartArt 命令，弹出"选择 SmartArt 图形"对话框，如图 4-83 所示。

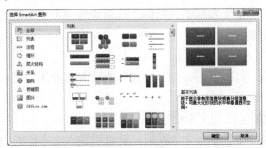

图 4-83　"选择 SmartArt 图形"对话框

(2) 选择其中所需要的类型，单击"确定"按钮后输入文字即可。

4.6.4　文本框

文本框是将文字和图片精确定位的有效工具。文档中的任何内容放入文本框后，就可以随时被拖动到文档的任意位置，还可以根据需要进行缩放。

1. 插入文本框

文本框的插入方法有两种：可以先插入空白文本框，确定好大小、位置后，再输入文本内容；也可以先选择文本内容，再插入文本框。

插入文本框的操作步骤如下：

(1) 单击"插入"选项卡功能区"文本"组的"文本框"下拉列表，在弹出的列表框中可以选择内置文本框的样式，也可以选择下面的"绘制文本框"和"绘制竖排文本框"。

(2) 在文档中的合适位置拖动即可画出所需的文本框，如图 4-84 所示。

图 4-84　"文本框"效果

插入文本框后的插入点在文本框中，根据需要，可以在文本框中插入适当的图片或添加文本。

2. 编辑文本框

利用鼠标可以进行文本框的大小、位置等调整，也可以利用快捷菜单的"设置文本框格式"命令，进行颜色和线条、大小、环绕等设置。还可以利用"图片"工具栏设置填充色、三维效果等。

3. 创建文本框链接

在 Word 文档中，可以创建多个文本框，并且可以将它们链接起来，前一个文本框中容纳不下的内容可以显示在下一个文本框中，同样，当删除前一个文本框时，下一个文本框的内容会上移。创建链接文本框的操作步骤如下：

(1) 在文档中创建多个空白文本框。

(2) 右击任意文本框，单击"绘图工具-格式"选项卡功能区"文本"组中的"创建文本链接"按钮，鼠标变成直立的杯状🥤。

(3) 将鼠标指针移到要链接的文本框中单击即可。

当用户按照上述步骤链接了多个文本框后，就可以输入文本框的内容。当输入内容在前一个文本框中排列不下时，Word 就会自动切换到下一个文本框中排列。

若要断开两个文本框间的链接，操作步骤如下：

(1) 将鼠标移到要断开链接的文本框的边框线上。

(2) 右击，在显示的快捷菜单中选择"断开向前链接"命令。

当用户选择"断开向前链接"命令后，则该文本框所链接的文本框的内容就会返回到该文本框中。

4.6.5　插入公式

Word 2010 提供了编写和编辑公式的内置支持，可以方便地创建和编辑各种复杂的数学公式。插入公式的操作步骤如下。

(1) 插入常用的公式

在"插入"选项卡功能区中，选择"公式"命令下拉列表，从中选择相应的公式。

(2) 插入新公式

如果系统自带的公式不能满足用户的需要，可以在"公式"命令下拉列表中单击"插入新公式"命令，在光标处插入一个空白公式框，输入用户需要的公式，"公式工具-设计"选项卡如图 4-85 所示。

图 4-85　"公式工具-设计"选项卡

当选中空白公式框时，会自动激活"公式工具-设计"选项卡，可在公式框中手动输入适当的内容。

4.7 打印文档

Word 2010 提供了打印预览和打印功能。

1. 打印预览

在打印文档之前，可以先预览一下，打印预览有所见即所得的功能，通过打印预览，可以浏览打印的效果，以便将文档调整成最佳效果，再打印输出。

操作步骤如下：

单击"文件"选项卡，选择"打印"命令，屏幕右侧就是"打印预览"的效果，如图 4-86 所示。用户可以调整显示比例和显示的当前页面。

图 4-86　"打印"窗口

2. 打印文档

打印文档的操作步骤如下：

(1) 单击"文件"选项卡，选择"打印"命令，显示"打印"窗口，如图 4-86 所示。

(2) 在"打印机"区域下拉列表框中选择要使用的打印机。

(3) 在"设置"区域设置"打印范围"下拉列表框，其中包括"文档"和"文档属性"等内容。可选择的打印范围包括"打印所有页""打印所选内容""打印当前页面""仅打印奇数页""仅打印偶数页"等，如图 4-87 所示。

(4) 在"页面设置"区域可以选择"纸张方向"和"纸张大小"等。

(5) 选择打印份数，单击"打印"按钮，即可开始打印文档。

图 4-87   "打印范围"下拉列表框

4.8 Word 操作训练

一、对指定素材进行相应操作

参考样张完成下列操作：

1. 将页面设置为：A4 纸，上、下页边距为 3 厘米，左、右页边距为 2.5 厘米，每页 39 行，每行 40 个字符。

2. 设置正文所有的段落首行缩进 2 个字符，1.5 倍行距。

3. 参考样张，在适当位置插入竖排文本框"日光城拉萨"，设置其字体格式为华文新魏、小一号字、红色，并设置文本框环绕方式为四周型，填充浅蓝色。

4. 将正文中的"拉萨市最繁华的是八角街。"一句设置为加粗、蓝色、加双删除线。

5. 设置页面边框为样张所示的艺术型边框。

6. 给文章加页脚：奇数页页脚为"拉萨"，偶数页页脚为"日光城"，对齐方式均为居中。

7. 参考样张，在正文适当位置以四周型环绕方式插入图片"日光城拉萨.jpg"，并设置图片高度、宽度大小缩放 200%，对齐方式为居中。

样张：

Word 样张 1-1

Word 样张 1-2

素材 1：

拉萨每年平均日照总时数多达 3005.3 小时，平均每天有 8 小时 15 分钟的太阳。比在同纬度上的东部地区几乎多了一半，比四川盆地多了 2 倍。这么多的日照，称它为"日光城"并不过分。

"日光城"的雨水并不少，它的年雨量是 453.9 毫米，年雨日为 87.8 天，比东部地区的内蒙古南部、陕西、山西和河北北部、吉林、辽宁西部还要多些，但是它的日照时间反而更长些。这是因为拉萨下雨时间 80%以上是在当天晚上 8 点到第二天早上 8 点之间，夜雨多，而第二天仍是太阳高照，天气晴朗。

拉萨海拔3658米，大气层薄而空气密度稀，水汽含量少，加上空气中不像西北地区含尘量大，大气透明度十分好，因此阳光透过大气照射到拉萨，在大气层中被吸收、散射的量也就特别少。拉萨的天空晴朗，阳光特别灿烂而明亮，眺望远处的雪峰，清晰异常。由于大气稀薄，空气分子散射的蓝色光线已大大减弱，暗蓝色或蓝黑色的天空更加衬托出耀眼的太阳。

正因为拉萨太阳强，日照又长，所以每年的太阳总辐射量高达 846 千焦耳(202.4 千卡)。不仅比东部同纬度上的地区多 70%～150%，而且也普遍比西北干旱地区多。

拉萨是西藏自治区的首府，是自治区政治、经济、文化、教育、金融、信息中心和历史名城。拉萨，藏语为"神佛居住的地方"，意为"圣地"。

拉萨位于雅鲁藏布江支流拉萨河北岸，海拔 3650 米。经过 40 多年的建设，拉萨城市面积已发展到约 50 平方公里(相当于旧拉萨的 15 倍)，城区人口 1990 年已发展到 12.32 万人，主要居民是藏族。

拉萨是一座具有1300多年历史的高原古城，拉萨初具规模的建设，是从文成公主入藏后开始的。在文成公主亲自选址和筹划下，首先建成了驰名中外的拉萨大昭寺，后又建小昭寺，在红山上建起了布达拉宫等寺庙。其中布达拉宫已被联合国教科文组织列入"世界文化遗产名录"，标志着古城拉萨已跃升为世界级的文化名城。

拉萨市最繁华的是八角街。它是围绕着大昭寺的商业区，这里商店、货摊鳞次栉比，这里不仅有各种民族手工艺品，也有最入时的服装、电器，各种商品应有尽有，来自国内外的大批客商每天多达数万人，难怪有人把拉萨的八角街比喻为北京的王府井、上海的城隍庙。

拉萨已拥有电力、采掘、食品加工、纺织、建材、印刷、工艺美术等现代化企业、其中，地毯、卡垫等产品畅销北美、西欧、东南亚等地区。帐篷、腰刀、木碗、金银首饰等独具特色的工艺品也深受国内外消费者的欢迎。每年在拉萨举行的经贸洽谈会都是以经贸洽谈为主题，融民族文化、科技人才交流、旅游观光为一体的盛会。

拉萨是西藏的交通运输枢纽，以拉萨为中心的公路交通运输网已经形成，还有拉萨至成都、西宁、北京的航空线与内地相连。拉萨至加德满都航线也早已开通。

"名城效应"吸引着海内外众多的旅游观光者。拉萨市旅游资源十分丰富，现已开辟的旅游景点多达 200 余处，旅游业已成为拉萨的支柱产业。这里现代化建筑如雨后春笋般拔地而起，城市基础设施较为先进，城市功能也较为齐全，全市绿化覆盖率已达 17.6%，人均占有绿化面积为 12 平方米，居全国省会城市前五名。

拉萨，这座古老而又年轻的城市正在发挥着中心城市特有的龙头和辐射作用，这座全年日照时间长达三千小时以上的"日光城"，会更加妩媚动人，欣欣向荣。

二、对指定素材进行相应操作

参考样张完成下列操作：

1. 设置标题文字"可口可乐……易拉罐传向世界"字体为"华文彩云"，字号为"三号"，字形为"加粗、倾斜"，颜色为"红色"，对齐方式为"居中"。

2. 设置正文第1段"鲁大卫是可口可乐……策略的个人风格。"首行缩进为"42磅"。

3. 设置正文第2段"鲁大卫认为……"首字下沉，行数为"2行"，距离正文为"8.5磅"，字体为"华文中宋"。

4. 设置正文第3段"不管怎样……时间继续忙碌着。"边框为"阴影"，线型为"实线"，宽度为"0.5磅"，底纹填充色为"绿色"，应用于"文字"。

5. 设置正文最后一段分栏，栏数为"2栏"，栏间加"分隔线"，字体效果为"双删除线"。

6. 插入任意一幅剪贴画，环绕方式为"四周型"。

样张：

素材：

可口可乐 让中国文化通过易拉罐传向世界

鲁大卫是可口可乐北京奥运赞助计划的负责人，他是个中国通，是个能说一口流利的北京话的美国人。他经常在北京的大街小巷中行走，与各种各样的中国人聊天。他也希望了解中国的年轻人，想知道他们的想法和爱好。而这也是符合可口可乐在中国已实行了25年的本土化策略的个人风格。

鲁大卫认为，奥运会应该是纯洁的，不应该充满商业味儿。但是，赞助奥运会，怎么能脱离商业目的？这对于他来说，也许是一种两难，但也许恰恰能令他找到更高明的方法。鲁大卫说，北京奥运会是与众不同的，因为，它虽然在只占一个国家1%人口的城市举行，却是一届几乎中国100%的人民所关心的奥运会。因此，奥运火炬传递这样的活动，将为可口可乐更加融入中国提供很好的机会。同时，他更认为，这种活动将使奥运精神更加被中国的青少年所接受，而且，随着中国的文字、语言出现在可口可乐纪念罐和纪念品上，可口可乐的活动可以把中国文化作为一个大主题来突破，让中国文化走向世界。对于他来说，这些似乎比商业活动更有吸引力。

　　不管怎样，可口可乐似乎已经决定，把北京奥运会作为一个彻底融入中国文化的机会。这是一次重要的改变。2005 年 6 月 26 日下午 6 点，是奥运口号即将公布的时刻，许多与奥运有着各种关系的人，在这个本该是下班的时间继续忙碌着。

　　可口可乐公司北京办事处，公共事务及传讯副总监翟嵋正在忙着接听记者打来的电话，奥运口号对于这些奥运合作伙伴们的商业价值是他们此时最关心的话题。但鲁大卫(DavidBrooks)，负责这些事务的一个更重要的人物，并没有在办公室里，而是在美国亚特兰大郊区的一个小乡村，参加一个全球企业领导人技巧的培训，参会人员是全球大企业类似于他这一级别的领导者。按照约定的时间，北京时间下午 6 点整，记者接到了他从亚特兰大往办公室打回来的电话，开始了一次特殊的电话采访。此时，是亚特兰大的清晨 6 点。从鲁大卫的语气中，可以听出这个会议并不是他的主要兴趣。"这个会议与奥运没有关系，主办方好像故意把我们放在一个打不通电话，也上不了网的地方。"被奥运事务缠身的鲁大卫显然身在亚特兰大，心在北京。

三、对指定素材进行相应操作

参考样张完成下列操作：

1. 将第一行文字的格式设置为黑体、四号、居中、加粗、红色。

2. 将正文各段落(从"导读：日前《经济学家》刊文指出…"开始)的格式设置为：各段首行缩进 2 个字符，行距为 1.5 倍行距，字符间距为加宽 1.2 磅。

3. 将文档的纸张大小设置为 Envelope B5(宽：17.6 厘米，高：25 厘米)。

4. 将任意一张图片插入文档的任意位置，要求：图片高、宽均为 10 厘米，衬于文字下方，设置颜色模式为"冲蚀"。

5. 插入页眉，页眉内容为"大学计算机基础考试"，居中对齐。

6. 将正文第二段"80 年代……消失殆尽。"分为两栏，中间加分隔线。

7. 给整篇文章添加带阴影的页面边框，边框颜色为橙色。

8. 在正文后插入一个如图"Word3-3"的表格，完成表格内容的输入及格式化。并用公式求出总分和平均分，平均分保留 2 位小数。表格内容如样张 Word3-3 所示。

样张：

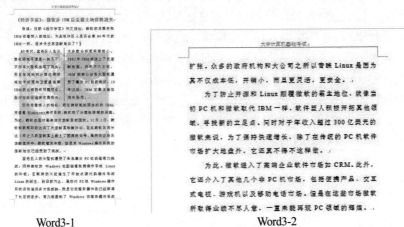

Word3-1　　　　　　　　　　　Word3-2

姓名 \ 科目	数学	语文	英语	总分	平均分
张林	85	92	88	265	88.33
郑艳	70	90	81	241	80.33
郭州	84	96	78	258	86.00

Word3-3

素材3:

《经济学家》：微软步 IBM 后尘霸主地位将消失

导读：日前《经济学家》刊文指出，微软的发展史和 IBM 有着惊人的相似，为此软件巨人是否会像 80 年代的 IBM 一样，逐步失去其垄断地位了？

80 年代，蓝色巨人在计算机领域可谓是一统天下，不但其大型机出尽了风头，而且在其他的计算应用领域如字处理和卫星通信等 IBM 的业绩照样可圈可点。面对如此迅猛的发展势头，大多数分析家异常担心。1982 年 IBM 被送上了反垄断法庭。然而不久之后，IBM 的核心业务大型机遭受了廉价 PC 机的挑战。10 年以后，IBM 的霸主地位消失殆尽。

历史有着惊人的相似，现在微软就如同当初的 IBM，凭借着 Windows 操作系统，微软成了计算机领域的灵魂。为此，微软也面对着来自反垄断案的困扰。2002 年 11 月 1 日，微软和联邦政府达成了反垄断案和解协议，至此微软在其长达 5 年之久的垄断案上画上了圆满的句号。虽然在这场反垄断案件中，微软毫发未损，但是其 Windows 操作系统的垄断地位已经受到了挑战。

蓝色巨人的大型机遭受了来自廉价 PC 机的强有力挑战，同样微软的 Windows 也面临着免费操作系统 Linux 的叫板。互联网的兴起催生了开放式源代码操作系统 Linux 的诞生，到目前为止，虽然对 PC 机 Windows 操作系统没有造成多大的威胁，但是它在服务器市场已经取得了长足的进步，有力地遏制了 Windows 在服务器市场的扩张。众多的政府机构和大公司之所以青睐 Linux 是因为其不仅成本低，开销小，而且更灵活，更安全。

为了防止开源和 Linux 颠覆微软的霸主地位，就像当初 PC 机和微软取代 IBM 一样，软件巨人积极开拓其他领域，寻找新的立足点。同时对于年收入超过 300 亿美元的微软来说，为了保持快速增长，除了在传统的 PC 机软件市场扩大地盘外，它还真不得不这样做。

为此，微软进入了高端企业软件市场如 CRM。此外，它还介入了其他几个非 PC 机市场，包括便携产品、交互式电视、游戏机以及移动电话市场。但是在这些市场微软所取得业绩不尽如人意，一直未能再现 PC 领域的辉煌。

第 5 章
Excel 2010电子表格

Excel 2010 是数据处理软件,它在 Office 办公软件中的功能是实现数据信息的统计和分析。它是一个二维电子表格软件,能以快捷的方式建立报表、图表和数据库。利用 Excel 2010 提供的丰富功能对电子表格中的数据进行统计和分析,为用户在日常办公中从事一般的数据统计和分析提供了一个简易且快速的平台。因此,在本章的学习中,我们必须掌握如何快速建立表格,进行数据的统计和分析,掌握建立图表的功能以形象地说明数据趋势。

5.1 Excel 2010 的基本知识

5.1.1 启动与退出

(1) Excel 2010 的启动

启动 Excel 的方法有很多,我们通常使用以下三种方法。

方法一:双击 Excel 快捷图标。如果 Windows 桌面上有 Microsoft Excel 2010 的快捷方式,双击该图标即可启动,如图 5-1 所示。

方法二:选择"开始"→"程序"→Microsoft Office→Microsoft Excel 2010 命令,如图 5-2 所示。

Microsoft
Excel 2010

图 5-1 Excel 2010 快捷图标

图 5-2 从"开始"菜单启动 Excel

方法三:双击已创建的 Excel 文件,双击该文件即可启动 Excel 2010。

(2) Excel 2010 的退出

方法一:单击 Excel 2010 窗口图标栏右上角的"关闭"按钮。

方法二:选择"文件"菜单下的"退出"命令。

方法三:按 Alt+F4 组合键。

5.1.2 基本概念

1. Excel 2010 的用户界面

启动 Excel 后,其操作界面如图 5-3 所示。Excel 的窗口主要包括快速访问工具栏、标题、窗口控制按钮、选项卡、功能区、名称框、编辑栏和滚动条等。

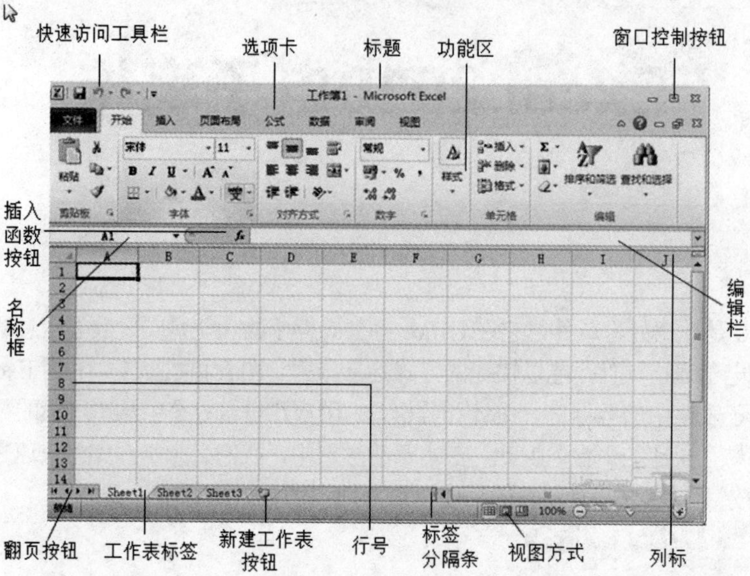

图 5-3　Excel 2010 的工作界面

(1) 标题

标题用于标识当前窗口程序或文档窗口所属程序或文档的名称，如"工作簿 1-Microsoft Excel"。此处"工作簿 1"是当前工作簿的名称，"Microsoft Excel"是应用程序的名称。如果同时又建立了另一个新的工作簿，Excel 会自动将其命名为"工作簿 2"，以此类推。在其中输入信息后，需要保存工作簿时，用户可以另取一个与表格内容相关的更直观的名称。

(2) 选项卡

选项卡包括"文件""开始""插入""页面布局""公式""数据""审阅"和"视图"等。用户可以根据需要单击选项卡进行切换，不同的选项卡对应不同的功能区。

(3) 功能区

每一个选项卡都对应一个功能区，功能区命令按逻辑组的形式组织，旨在帮助用户快速找到完成某一任务所需的命令。

(4) 快速访问工具栏

快速访问工具栏 位于窗口的左上角(用户也可以将其放在功能区的下方)，通常放置一些最常用的命令按钮，用户可单击快速访问工具栏右边的 按钮，根据需要删除或添加常用命令按钮。

(5) 名称框

名称框用于显示(或定义)活动单元格或区域的地址(或名称)。单击名称框旁边的下拉按钮可弹出一个下拉列表框，其中列出了所有已自定义的名称。

(6) 编辑栏

编辑栏用于显示当前活动单元格中的数据或公式。可在编辑栏中输入、删除或修改单元格的内容。编辑栏中显示的内容与当前活动单元格的内容相同。

(7) 工作区

在编辑栏下面是 Excel 的工作区，在工作区窗口中，列号和行号分别标在窗口的上方和左边。列号用英语字母 A~Z、AA~AZ、BA~BZ、……、XFD 命名，共 16 384 列；行号用数字 1~1 048 576 标识，共 1 048 576 行。行号与列号的交叉处就是一个表格单元(简称单元格)。整个工作表包括 16 348×1 048 576 个单元格。

(8) 工作表标签

工作表的名称(或标题)出现在屏幕底部的工作表标签上。默认情况下，名称是"Sheet 1"，用户可以为任何工作表指定一个更恰当的名称。

2. 专业术语

(1) 工作簿

工作簿是一个 Excel 文件(其扩展名为.xlsx)，其中可以含有一个或多个表格(称为工作表)。它像一个文件夹，把相关的表格或图表存放在一起，便于处理。例如，某单位的每个月份的工资表可以存放在一个工作簿中。一个新工作簿默认有 3 个工作表，分别命名为 Sheet1、Sheet2、Sheet3。工作表的名称可以修改，工作表的个数也可以增减。

(2) 工作表

工作表是一个表格，由含有数据的行和列组成。在工作簿窗口中单击某个工作表标签，则该工作表就会成为当前工作表，可以对它进行编辑。有时在同一个工作簿中建立了多个工作表，工作表标签已经显示不下，在工作表标签左侧有 4 个按钮：其中单击 |◄ 按钮，可以显示第一个工作表；单击 ◄ 按钮，可以显示前一个工作表；单击 ► 按钮，可以显示后一个工作表；单击 ►| 按钮，可以显示最后一个工作表。

(3) 单元格

单元格是组成工作表的最小单位。工作表左侧数字(1，2，……，1048576)表示行号，工作表上方字母(A，B，……，XFD)表示列标，行列交叉处即为一个单元格，单元格的名称由列标和行号构成。例如，C5 表示 5 行 C 列处的单元格。

(4) 活动单元格

活动单元格就是指正在使用的单元格，在其外有一个黑色的方框。如果选中的为一个区域，反选颜色的单元格(A2)即为活动单元格，如图 5-4 所示。

图 5-4　活动单元格

5.2　Excel 2010 的基本操作

5.2.1　工作簿的新建、保存和打开

1. 工作簿的新建

Excel 2010 默认状态下有 3 个工作表，工作表最多可以有 255 个。

(1) 空白工作簿的建立

每次打开 Excel 2010 时，系统都会自动创建一个名为"工作簿 1.xlsx"的工作簿。这个工作簿即为空白工作簿，是以工作簿的默认模板创建的。

创建空白工作簿有以下两种方法。

方法一：单击"文件"选项卡下的"新建"命令。在"可用模板"中单击"空白工作簿"按钮，然后单击"创建"按钮，如图 5-5 所示。

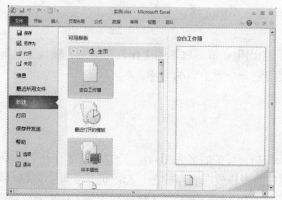

图 5-5   新建空白工作簿

方法二：按 Ctrl+N 快捷键。

(2) 用模板创建工作簿

在图 5-5 所示的"可用模板"下，单击"样本模板"按钮，会弹出"模板"界面，如图 5-6 所示。选择所需要的模板，系统会在右侧显示所选模板的预览效果，单击"创建"按钮完成创建。

对于自己经常使用的工作簿，可以将其做成模板，以后要创建类似的工作簿就可以用模板来创建，而不用每次都重复相同的工作。

模板创建的方法与工作簿创建的方法类似，唯一不同的是，它们的保存方法不同。将一个工作簿保存为模板的步骤如下：

① 单击"文件"选项卡下的"另存为"命令，弹出"另存为"对话框。

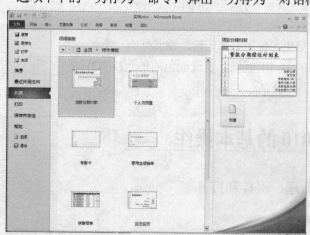

图 5-6   用模板创建工作簿

② 在"保存类型"下拉菜单中选择"Excel 模板(*.xltx)"。在保存位置下拉列表中选择 Templates 文件夹。

③ 单击"保存"按钮，原工作簿文件将按照模板的格式保存。文件扩展名为.xltx，如图 5-7 所示。

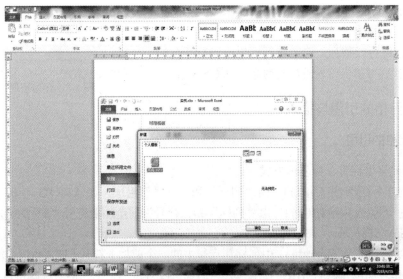

图 5-7　自定义模板

2. 工作簿的打开

打开工作簿的方法与打开 Word 文档相似，选择"文件"→"打开"命令，弹出对话框。单击"查找方位"右侧的下拉列表选择文件位置，选择需要打开的工作簿文件名，单击"打开"按钮。

用户也可以单击"打开"按钮旁边的下拉按钮，在弹出的下拉菜单中选择一种打开方式，打开工作簿。

3. 工作簿的保存

在使用 Excel 2010 电子表格时，随时保存是非常重要的，保存工作簿的方法如下：

- 单击"文件"选项卡中的"保存"命令。
- 单击快速访问工具栏中的"保存"按钮。
- 按 Ctrl+S 快捷键。
- 如果需要改变文件的存储位置，可以单击"文件"选项卡中的"另存为"命令，并选择保存位置。

5.2.2　单元格的定位

在工作表中录入数据或者对数据进行编辑前，要对单元格或数据进行选定。

(1) 选定单个单元格。单击相应的单元格，录入数据时，如果是对数据进行添加或修改，可以双击相应的单元格，此时处于数据编辑状态，可对其中的内容进行修改。

(2) 选定连续的单元格区域。先单击区域的第一个单元格，再拖动鼠标到最后一个单元格。如果要选定的区域比较大，单击区域中的第一个单元格，再按住 Shift 键单击区域中的最后一个单元格。

(3) 选定不连续的单元格或单元格区域。先选中第一个单元格或单元格区域，再按住 Ctrl 键选中其他的单元格或单元格区域。

(4) 选定整行或整列。选定整行可单击该行所在的行号；选定整列可单击该列所在的列标，如图 5-8 所示。

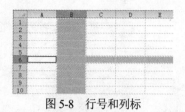

图 5-8　行号和列标

5.2.3　单元格的引用与插入

1. 单元格的引用

通常单元格坐标有 3 种表示方式：

- 相对坐标(或称相对地址)。由"列标"和"行号"组成，如 A1、B5、F6 等。
- 绝对坐标(或称绝对地址)。由"列标"和"行号"前全加上符号"$"构成，如$A$1、$B$5、$F$6 等。
- 混合坐标(或称混合地址)。由列标和行号中的一个前加上符号"$"构成，如 A$1、$B5。

不同工作表间单元格的引用：在工作表名后加上叹号再加上单元格名称就可以引用不同工作表的单元格，如 Sheet2!A1。

2. 单元格的插入

在需要插入单元格处选中相应的单元格区域。注意，选中的单元格数量应与待插入单元格的数量相同。选择"插入"下拉列表中的"插入单元格"命令，弹出"插入"对话框。在该对话框中选择相应选项，单击"确定"按钮即可。

5.2.4　数据的输入

1. Excel 中的数据类型和数据输入

输入数据的基本方法很简单。首先选中我们要输入数据的单元格，双击该单元格后，进入编辑状态，然后输入指定内容按 Enter 键或单击编辑栏前面的✓按钮即可。或者当选中指定单元格后，在"编辑栏"中进行输入，然后按 Enter 键或单击编辑栏前面的✓按钮即可。下面分别介绍常用的几种数据类型在输入时需要注意的事项。

(1) 文本型数据的输入

Excel 文本包括汉字、英文字符、数字、空格和符号，输入的文本默认对齐方式为"左对齐"。Excel 规定一个单元格最多可以输入 32000 个字符，如果这个单元格不够宽，多出来的内容会自动扩展到其右边相邻的单元格上，若该单元格也有内容，超出部分不会扩展，但编辑框中会有完整的显示。

在实际工作中，我们经常会遇到把数字当作文本输入的情况，例如身份证号、电话号码、学号等。如果要输入的字符全部由数字组成，为了避免 Excel 把这组文本当作数字进行处理，如科学记数法等，在输入时可以加入一个英文的单引号"'"，在单引号之后继续输入数字，这组数字就不会被当成数值处理。如在单元格中输入学号"2013011010"，可以先输入一个"'"

号，然后继续输入"2013011010"。

(2) 数值型数据的输入

在 Excel 中，数值型数据包括 0~9 中的数字以及包含有正号、负号、货币符号、百分号等任何一种符号的数据。数值型数据默认情况下为"右对齐"。在输入过程中有以下 3 种情况需要特殊处理。

- 负数：负数的表示形式有两种，第一种为我们常用的负号"-"，另外一种就是用一对小括号将数据括起来表示负数，如(123)等同于-123。
- 分数：在 Excel 中分数的表现形式与我们常用的方式略有不同，在我们输入"1/2"时，出现的并不是我们希望得到的数据，而是"1 月 2 日"，如果我们希望得到分数需要先输入"0"加上空格然后输入数据，如"0 1/2"。
- 货币：这种数据在财务专业统计时，其中有一半包含千分位符"，"(逗号)与货币符号(￥表示人民币符号，$表示美元符号)。如$10,000.00、￥100,000.00。

(3) 日期型数据和时间型数据

在工作中经常用到日期和时间型数据。Excel 中内置了很多日期和时间型数据的格式，当我们输入数据的格式与这些内置的格式匹配时，Excel 会自动识别并按相对应的类型处理它们。

日期型数据的输入格式有以下几种：年、月、日之间分别用"-""/"隔开，年可以是四位或两位，月、日可以是一位或两位，如"2014-1-18""2014/01/18"。

对于时间型数据的输入，时、分、秒之间用冒号(:)隔开，如"14:25:32"。如果需要按 12 小时记录时间，则需要输入上午(AM)和下午(PM)，如"10:20:55 AM/PM"。

如果要在单元格中输入日期和时间数据，需要用空格将其分开，如"2014/01/18　14:25:32"

如果要输入当天的日期，可以用 Ctrl+；快捷键。如果要输入时间可以直接用 Ctrl+Shift+；快捷键。

(4) 逻辑型数据

逻辑型数据只有两个值，分别用两个特定的标识符 TRUE(真)和 FALSE(假)来表示，它们不区分大小写。当我们向一个单元格输入一个逻辑数据时，按大写字母方式居中对齐显示。如果要将 TRUE(真)和 FALSE(假)当作文本输入时，需要在其前面加上英文的单引号"'"。

(5) 错误值

错误值数据是在输入或者编辑数据时造成的，系统会自动检测到错误，提示用户修改。若出现"#DIV /0!"这种错误值情况时，则表示出现了除数为 0 的情况;当错误值显示为"#VALUE!"时，则表示此单元格输入的公式中存在着数据类型错误；当出现"###"的情况时，则表示单元格宽度不够，不足以显示出单元格中完整的数据。

2. 数据填充

数据填充是将一些有规律的数据或公式方便快捷地填充到指定的单元格，从而减少重复的操作，提高工作效率。首先我们来认识一下填充数据的工具"填充柄"。

当我们选中一个单元格后在该单元格右下角处有一个黑色的小方块，这就是填充柄，如图 5-9 所示。

(1) 自动填充

方法一：在单元格中输入数据后，如果想将这些数据重复地填充到该行或该列中，只需要将鼠标指针悬停到填充柄上,当指针变为黑色十字时,按住鼠标左键,将其拖动到指定位置即可,如图5-10所示。

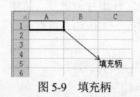

图 5-9　填充柄　　　　　　　　　　图 5-10　自动填充

方法二:选中原始数据单元格和要填充数据的单元格,然后单击"开始"选项卡"编辑"组中的"填充"按钮,在弹出的下拉列表中选择填充方向(如图5-11所示),即可实现自动填充。

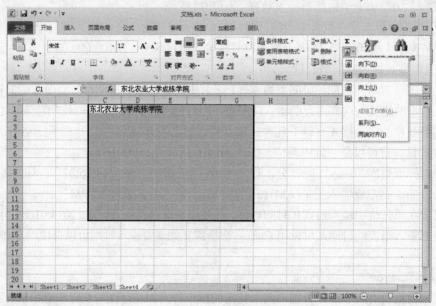

图 5-11　自动填充

(2) 序列数据填充

① 选中原始数据单元格,然后单击"开始"选项卡"编辑"组中的"填充"按钮。

② 在弹出的下拉列表中选择"系列"命令,如图5-12所示,弹出"序列"对话框,如图5-13所示。

③ 在"序列"对话框中首先要选择"序列产生在"区域的行或列,即是在当前行还是当前列中填充数据。

④ 选择填充的类型。

● 等差序列是按照"步长"填充,即每次填充加上步长值。

● 等比序列是每次填充将上一个单元格的值乘以步长值。

● 日期要选择填充单位(日、工作日、年、月),然后每次填充在指定的日期单位位置加上步长值。

● 自动填充比较特殊,首先在选择原始数据单元格时选择一个要填充的区域,Excel会根据这个区域中单元格的值的关系进行填充。一般在选择的区域中前两个单元格会有值。如果只有一个单元格有值,其功能就相当于填充柄。

图 5-12 选择"系列"命令

图 5-13 "序列"对话框

⑤ 选择步长值和终止值。

⑥ 单击"确定"按钮。

(3) 自定义系列

当在某一单元格内输入"星期一"，然后使用填充柄进行填充时，填充的结果并不是多个星期一，而是星期一到星期日循环填充，这就是自定义序列。Excel 预先定义了一部分序列，例如星期、月份、季度等。用户也可以自定义经常使用的序列，例如班级的名称、单位的部门等。具体步骤如下：

① 选择"文件"选项卡，单击"选项"按钮，弹出"Excel 选项"对话框。

② 在窗口左侧选择"高级"选项，如图 5-14 所示。

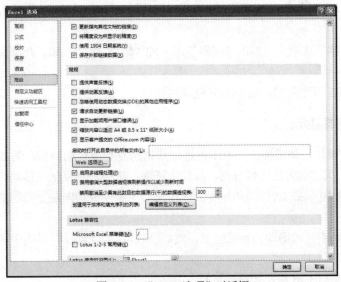
图 5-14 "Excel 选项"对话框

③ 在"高级"选项的"常规"模块中单击"编辑自定义列表"按钮，弹出"自定义序列"对话框。

④ 在对话框左侧的"自定义序列"中可以看到系统预先定义好的序列，如果想要添加自定义序列，选择"新序列"，在"输入序列"中添加自己想要输入的序列。注意，在输入序列项时用 Enter 键分隔。单击右侧的"添加"按钮，如图 5-15 所示。

⑤ 单击两次"确定"按钮。

图 5-15   "自定义序列"对话框

5.2.5 数据的编辑

1. 数据的修改

部分修改单元格的内容：双击待修改的单元格，直接对其内容进行修改，或者在编辑栏处修改，按 Enter 键确定修改，按 Esc 键取消修改。

完全修改单元格的内容：与输入内容的方法相同。

2. 数据的清除

清除不但可以清除内容，还可以清除格式、批注等，因此要根据实际情况进行操作。具体步骤如下：

(1) 选择"开始"选项卡，单击"编辑"组中的"清除" 按钮，在下拉列表中选择要清除的内容。

(2) 如果只需要清除内容，按 Delete 键即可。

3. 数据的复制和移动

(1) 鼠标拖放操作：如果要在小范围内进行数据的复制或移动操作，例如在同一工作表内进行复制或移动，采用此方法比较方便。操作方法为：选中需要复制或移动的单元格或区域，将鼠标指针指向选中区域的边框，当鼠标光标由空心十字变成指向左上角的箭头时，执行下列操作中的一种。

① 移动：将选中区域拖动到粘贴区域，然后释放鼠标。Excel 将以选中区域替换粘贴区域中的现有数据。

② 复制：先按住 Ctrl 键，再拖动鼠标，其他同移动操作。

(2) 利用剪贴板：如果要在工作表或工作簿之间进行复制或移动，利用剪贴板进行操作很方便。操作方法为：选中要复制或移动的单元格或区域，在"开始"选项卡的"剪贴板"组中单击"复制"按钮或"剪切"按钮。执行后，选中区域的周围将出现闪烁的虚线，切换到其他工作表或工作簿，选中粘贴区域，或选中粘贴区域左上角的单元格。在"开始"选项卡"剪贴板"组中单击"粘贴"按钮。

操作后，只要闪烁的虚线不消失，粘贴操作就可以重复进行；如果闪烁的虚线消失，粘贴就无法进行了。

(3) 选择性粘贴。

一个单元格含有多种特性，如内容、格式和批注等。另外，它还可能是一个公式，含有有效性规则等，数据复制时往往只需复制它的部分特性，为此 Excel 提供了一个选择性粘贴功能，可以有选择地复制单元格中的数据，同时还可以进行算术运算和行列转换等。

选中需要复制的单元格或区域，在"开始"选项卡的"剪贴板"组中单击"复制"按钮，将选中的数据复制到剪贴板。

选中粘贴区域的左上角，在"开始"选项卡的"剪贴板"组中单击"粘贴"按钮下的小三角，在弹出的下拉列表中选择"选择性粘贴"命令，弹出"选择性粘贴"对话框。在该对话框中选择相应选项，单击"确定"按钮即可。

5.3　工作表的操作

5.3.1　工作表的选定

当用户打开工作簿后，Excel 默认有 3 个工作表，默认名称分别为 Sheet1、Sheet2 和 Sheet3。

当前工作表为 Sheet1，如果用户要选择其他的工作表进行操作，可在屏幕左下角的工作表标签上进行选择，如图 5-16 所示。

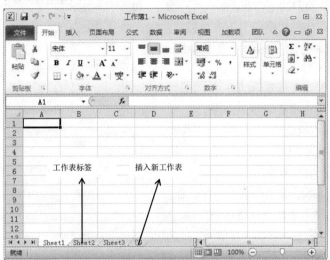

图 5-16　选择工作表标签

5.3.2　工作表的基本操作

(1) 插入新工作表

插入新工作表最快捷的方法是在现有工作表的末尾单击屏幕左下角的"新建工作表"按钮。

(2) 移动或复制工作表

移动工作表最快捷的方式是选中要移动的工作表，然后将其拖动到想要的位置。

要复制工作表，则选中需要复制的一个或多个工作表并右击，在弹出的快捷菜单中选择"移动或复制工作表"命令，弹出如图 5-17 所示的对话框，之后按图示操作即可。

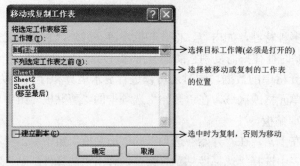

图 5-17　"移动或复制工作表"对话框

(3) 删除工作表

选中要删除的一个或多个工作表并右击，在弹出的快捷菜单中选择"删除"命令。

(4) 重命名工作表

选中要重命名的工作表并右击，在弹出的快捷菜单中选择"重命名"命令，或者双击工作表标签，均可对工作表标签进行重命名。

(5) 隐藏工作表

如果有一些引用的工作表数据不希望被其他用户看见，用户可以将工作表进行隐藏，具体方法如下。

方法一：选择要隐藏的工作表，单击"开始"选项卡"单元格"组中的"格式"下三角按钮，选择"隐藏和取消隐藏"级联菜单下的"隐藏工作表"选项，如图 5-18 所示。

方法二：右击工作表标签中的目标工作表，在弹出的快捷菜单中选择"隐藏"命令。

如果要取消隐藏，只需要在重复上述操作时，选择"取消隐藏"命令即可。

图 5-18　隐藏工作表

(6) 改变工作表标签的颜色

选中要改变标签颜色的工作表并右击，在弹出的快捷菜单中选择"工作表标签颜色"命令。

(7) 更改新工作簿中的默认工作表数

单击"文件"选项卡中的"选项"选项，弹出"Excel 选项"对话框，在"常规"选项卡的"新建工作簿时"选项区域中的"包含的工作表数"数值框中输入新建工作簿时默认情况下包含的工作表数。默认新建工作表的数量最少为 1，最多为 255。

5.3.3　拆分和冻结窗口

1. 拆分窗口

工作表的拆分就是相当于把当前界面拆分成 4 个窗格，每个窗格包含水平和垂直滚动条，这样用户可以在不同的窗格中浏览同一个工作表的不同区域。尤其对于庞大的工作表，用户在对比数据时可以提高工作效率。具体方法如下：

(1) 选择欲拆分的工作表，选择要进行窗口拆分的单元格，即分割线右侧下方的第一个单元格，如图 5-19 所示。单击"视图"选项卡下的"拆分"按钮，原窗口从选定的单元格处将窗口分成 4 个窗格。

如果仅在水平或垂直方向上拆分窗口，则可以将选定目标由单元格改为行或列。水平拆分选定行，垂直拆分选定列。如果要恢复窗口拆分，可以单击"视图"选项卡下的"取消拆分"按钮。

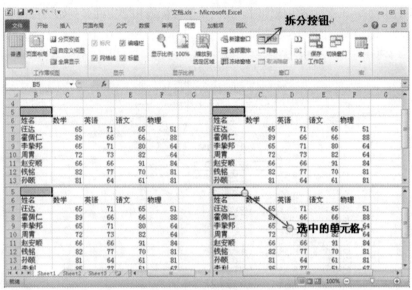

图 5-19　拆分窗口

(2) 使用窗口中垂直滚动条顶端或水平滚动条右侧的拆分框可以直接对窗口进行拆分。将鼠标放到拆分框上，当光标变成上下箭头时，按住鼠标左键向屏幕中间拖动，如图 5-20 所示。

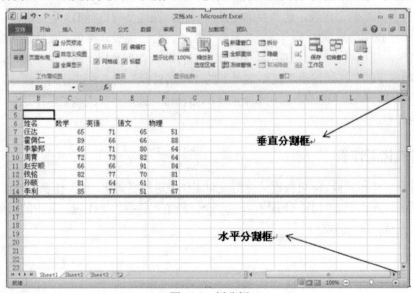

图 5-20　拆分框

要取消分割线，用鼠标双击分割线即可。如果要同时取消水平和垂直分割线，双击水平和垂直分割线交点即可。

2. 冻结窗口

当用户打开一个数据较多的工作表时，常常希望将工作表的表头(标题)保持在屏幕中，只有表中的数据随滚动条滚动。这样用户就可以随时把数据和标题对应，方便查看。此时就需要冻结窗口。可以对窗口中的首行、首列或者所选中单元格上方区域、左侧区域进行冻结。

如图 5-21 所示，在查看学生成绩时，我们希望行标题和学生姓名列始终保持在窗口中，不随滚动条滚动。冻结窗口的具体方法如下。

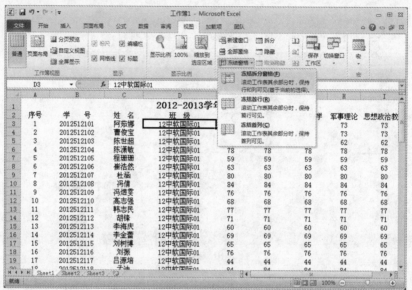

图 5-21　冻结窗口

(1) 打开要冻结的工作表，选择要冻结的单元格，在这里应选择 D3 单元格。

(2) 单击"视图"选项卡下的"冻结窗格"按钮，会出现级联菜单。在该菜单中选择"冻结拆分窗格"，就可以将工作表冻结。如果需要首行或者首列数据不随滚动条滚动，可以选择"视图"选项卡下的"冻结窗格"级联菜单下的"冻结首行"或"冻结首列"命令。

要取消冻结，单击"视图"选项卡下的"冻结窗格"按钮，在级联菜单中选择"取消冻结窗格"命令即可。

5.3.4　格式化工作表

工作表在建立和编辑后，可根据具体情况对工作表进行格式化，使工作表的外观更加漂亮，排列更加整齐，重点更加突出。下面引入了一个已经录入数据的工作表，其中的具体示例通过该工作表来完成，如图 5-22 所示。

	A	B	C	D	E	F	G
1							
2		姓名	高等数学	大学英语	军事理论	思想政治教育	
3		汪达	65	71	65	51	
4		霍倜仁	89	66	66	88	
5		李挚邦	65	71	80	64	
6		周胄	72	73	82	64	
7		赵安顺	66	66	91	84	
8		钱铭	82	77	70	81	
9		孙颐	81	64	61	81	
10		李利	85	77	51	67	
11							

图 5-22　学生成绩表

1. 自定义格式

自定义格式包含 6 个方面的内容：数字、对齐、字体、边框、填充和保护。具体实现方法有以下两种。

方法一：单击"开始"选项卡"单元格"组的"格式"按钮，选择其中的"设置单元格格式"命令，通过弹出的对话框进行设置。

方法二：选中要格式化的区域，右击，在弹出的快捷菜单中选择"设置单元格格式"命令，通过弹出的对话框进行设置。

(1) 数字

数字格式是对工作表中数学符号的表示形式进行格式化。Excel 内置了 11 种数字格式，分别是常规、数值、货币、会计专用、日期、时间、百分比、分数、科学记数、文本和特殊。用户还可以根据自己的需求自定义数字格式。在"设置单元格格式"对话框中默认的第 1 个选项卡就是"数字"选项卡，我们可以在其中看到上述的 11 种数字格式，如图 5-23 所示。

使用"数字"选项卡设置格式时，对话框左侧显示的是 11 种数字格式，右侧显示的是当前所选择的分类中可用的各种显示格式以及示例。用户可以直观地选择具体的显示格式，最后单击"确定"按钮。

例如，在图 5-22 中，要将表格中的所有数字都保留一位小数，操作方法是选中 C3：F10 单元格区域并右击，在快捷菜单中选择"设置单元格格式"命令，在弹出的对话框中选择"数字"选项卡，在该选项卡中选择"数值"分类，然后将"小数位数"微调框的值修改为 1。因为成绩不可能出现负数，所以不需要设置负数样式，单击"确定"按钮完成。

(2) 对齐

Excel 将输入的文本左对齐，数字右对齐。但是有时为了满足一些表格的需求或整个版面的布局美观，需要修改默认对齐方式，这时可以通过图 5-24 所示的"对齐"选项卡来进行设置。

文本的对齐方式分为两种，一种为水平对齐，包含常规、靠左(缩进)、居中、靠右(缩进)、填充、两端对齐、跨列居中、分散对齐(缩进)。另一种为垂直对齐方式，包含靠上、居中、靠下、两端对齐、分散对齐。

文本控制：用来解决单元格中文字过长，不能完全显示的情况。

- 自动换行：对输入的文本根据单元格的列宽自动换行，行数的多少取决于文本的多少和列宽。
- 缩小字体填充：当文本的长度超过单元格宽度时，通过调整字体大小来使得数据完全显示。

图 5-23　设置单元格格式——数字　　　　　　图 5-24　设置单元格格式——对齐

● 合并单元格：将多个相邻的单元格合并成一个单元格。

文字方向：指定阅读的顺序。

方向：指定文本在单元格内倾斜的角度。默认为 0 度，表示水平。

用户还可以通过"开始"选项卡的"对齐方式"组进行设置，用户只需要将鼠标悬停在按钮上方，就可以通过弹出的标签来了解按钮的具体作用，这里就不赘述了。

(3) 字体

"字体"选项卡用来设置单元格中数据的字体、字形、字号、颜色和效果。也可以在"开始"选项卡的"字体"组中进行设置，由于字体设置与 Word 中的字体设置相似，因此在此就不再详细介绍了。

(4) 边框

Excel 编辑区中灰色的网格线在打印时是不显示的，用户在工作时如果需要打印网格线，可以利用"边框"选项卡进行设置(如图 5-25 所示)。在该选项卡中最左侧是线条的设置，可以设置线条的样式、粗细和颜色。右上方是"预置"区域，可以选择无框、外边框和内部。在右下方可以选择表格中具体的每一条边框线。在这里要注意操作的顺序(线型-颜色-边框)例如，我们将图 5-22 上下边框设置为双实线、黑色，内部设置为单实线、蓝色，具体操作办法如下：

在线条位置选中双实线，颜色选为黑色，然后选择"边框"中的"上边框"和"下边框"按钮。

再回到线条选择上，选择单实线，颜色选为蓝色，在"预置"区域中选择"内部"。单击"确定"按钮完成设置。

(5) 填充

"填充"选项卡可以设置表格的背景颜色、填充效果图案。单击"填充效果"按钮可以选择背景颜色的效果。可以设置特殊效果，也可以直接添加背景颜色。在"图案颜色"下拉列表中用户可以选择图案的颜色，然后选择具体的图案样式。

图 5-25　"边框"选项卡

(6) 保护

在"保护"选项卡中可以选择锁定和隐藏,有关工作表的保护,具体操作方法在 5.7 节详细讲述。

2. 格式的复制和删除

(1) 复制格式

对于格式相同的不同区域进行设置,用户可以不必重复设置格式,可以使用格式刷或快捷菜单命令进行格式化设置。

格式刷:使用"开始"选项卡"剪贴板"组中的"格式刷"按钮快速复制格式,首先选中含有要复制格式的单元格或区域,然后单击"格式刷"按钮,最后选中目标区域即可。

快捷菜单:首先选中含有要复制格式的单元格或区域并右击,在弹出的快捷菜单中选择"复制"命令,然后选择目标单元格或区域并右击,在弹出的快捷菜单中选择"选择性粘贴"命令,在弹出的下级菜单中的其他粘贴选项中选择"格式"命令。

(2) 删除格式

如果要删除单元格或区域的格式,可利用"清除"命令。操作方法为:选中单元格或区域,在"开始"选项卡的"编辑"组中选择"清除"选项下级菜单中的"清除格式"命令。

3. 设置行高和列宽

在前面我们提到过,如果单元格的宽度不够会出现错误提示(###)。这时就需要我们对行高和列宽进行设置。具体方法如下。

方法一:选中要调整的行或列并右击,在弹出的快捷菜单中选择"行高"或"列宽"命令,然后在弹出的对话框中输入正确的值,单击"确定"按钮即可。

方法二:用户也可以通过鼠标拖动进行设置,首先选中要调整的行的行号下方虚线,向上或向下拖动来实现,列宽的设置方法是选中要调整的列的列名右侧虚线进行拖动。这种调整方法不能精确地设置行高和列宽。

4. 自动格式化

Excel 提供了多种工作表格式,用户可以使用 Excel 的"自动套用格式"功能为工作表套用已有的格式,这样既可以快速设置工作表,又可以使工作表美观大方。

(1) 选择要自动套用格式的单元格区域,在"开始"选项卡的"样式"组中单击"套用表格格式"按钮,在弹出的下拉菜单中选择一种格式即可。

(2) 在"表格工具-设计"选项卡的"工具"组单击"转换为区域"按钮,在弹出的"是否将表转换为普通区域"对话框中选择"是",即可完成操作。

如果想套用格式中的部分内容,可单击"开始"选项卡的"样式"组下的"单元格样式"下拉按钮,然后选择"新建单元格样式",则弹出如图 5-26 所示的"样式"对

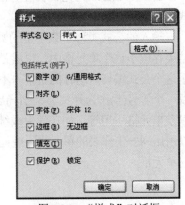

图 5-26　"样式"对话框

话框，根据具体需要进行选择后单击"确定"按钮即可。

5. 条件格式

条件格式功能可以根据单元格的值的范围来确定当前单元格的格式，例如，在图 5-22 学生成绩表中我们希望不及格(成绩<60)的成绩所在单元格背景为红色，优秀(成绩>90)同学的成绩的字体颜色为蓝色，就可以用条件格式完成。具体操作步骤如下：

(1) 选中 C3:F10 单元格区域，在"开始"选项卡的"样式"组中单击"条件格式"按钮。

(2) 在弹出的下拉菜单中选择"突出显示单元格规则"命令，在弹出的下级菜单中选择"大于"选项。

(3) 在弹出的"大于"对话框中输入 90，"设置为"选择"黄填充色深黄色文本"。单击"确定"按钮完成操作。

(4) 重复上述操作，选择"小于"命令，在弹出的"小于"对话框中输入 60，"设置为"选择"浅红填充色深红色文本"，单击"确定"按钮完成操作，效果如图 5-27 所示。

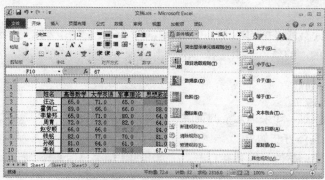

图 5-27　使用条件格式

5.4　公式和函数

5.4.1　公式

公式是 Excel 为完成表格中相关数据的运算而在某个单元格中按运算要求写出的数学表达式。

输入的公式类似于数学中的数学表达式，它表示本单元格的这个数学表达式(公式)运行的结果存放于这个单元格中。也就是说，"公式"只在编辑时出现在编辑栏中，这个单元格只显示这个公式编辑后运行的结果。不同之处在于，在 Excel 工作表的单元格中输入公式时，必须以一个等号(=)作为开头，等号(=)后面的"公式"中可以包含各种运算符号、常量、变量、函数以及单元格引用等，如在学生成绩表中个人总成绩的计算公式为"=C3+D3+E3+F3"。公式可以引用同一工作表的单元格，或同一工作簿不同工作表中的单元格，或者其他工作簿的工作表的单元格。

1. 公式运算符

运算符用于对公式中的元素进行特定类型的运算。在 Excel 中有 4 类运算符：算术运算符、文本运算符、比较运算符和引用运算符。

运算符运算的优先级别与数学运算符运算的优先级别相同。

(1) 算术运算符。算术运算符可以完成基本的数学运算。如加、减、乘、除等，还可以连接数字并产生数字结果。算术运算符包括加(+)、减(-)、乘(*)、除(/)、百分号(%)以及乘幂(^)。

(2) 文本运算符。在 Excel 公式中不仅可以进行数学运算，还提供了文本操作的运算。利用文本运算符(&)可以将文本连接起来。在公式中使用文本运算符时，以等号开头输入文本的第一段(文本或单元格引用)，加入文本运算符(&)，再输入下一段(文本或单元格引用)。如在学生成绩表 A1 单元格中显示某一学生的"姓名课程名成绩"时，可以输入"=B3&C2&C3"。

如果要在公式中直接使用文本，需用英文引号将文本括起来，这样就可以在公式中加上必要的空格或标点符号等。

另外，文本运算符也可以连接数字，例如，输入公式"=12&34"，其结果为"1234"。用文本运算符来连接数字时，数字两边的引号可以省略。

(3) 比较运算符。比较运算符可以比较两个数值并产生逻辑值 TRUE 或 FALSE。比较运算符包括=(等于)、<(小于)、>(大于)、< >(不等于)、<=(小于等于)和>=(大于等于)。

例如，用户在单元格 A1 中输入数字"5"，在 A2 中输入"=A1<= 0"，由于单元格 A1 中的数值 5>0，因此为假，在单元格 A2 中显示 FALSE。如果此时单元格 A1 的值为-5，则将显示 TRUE。

(4) 引用运算符。一个引用位置代表工作表上的一个或者一组单元格，引用位置告诉 Excel 在哪些单元格中查找公式中要用的数据，也可以在几个公式中使用一个单元格中的数据。

在引用单元格位置时，有 3 个引用运算符：冒号、逗号以及空格。引用运算符如表 5-1 所示。

表 5-1　引用运算符

引用运算符	含　　义	示　　例
：(冒号)	区域运算符，产生对包括在两个引用之间的所有单元格的引用	C3：C10
，(逗号)	联合运算符，将多个引用合并为一个引用	C3：C10，D3：D10
(空格)	交叉运算符产生对两个引用区域共有的单元格的引用	C3：C10　C5:D10 (这两个单元格区域引用的公有单元格为 C5:C10)

2. 公式的修改和编辑

在 Excel 2010 中编辑公式时，被该公式所引用的所有单元格及单元格区域的引用都将以彩色显示在公式单元格中，并在相应单元格及单元格区域的周围显示具有相同颜色的边框。当用户发现某个公式中含有错误时，可以单击选中要修改公式的单元格，按 F2 键使单元格进入编辑状态，或直接在编辑栏中对公式进行修改。此时，被公式所引用的所有单元格都以对应的彩色显示在公式单元格中，使用户很容易发现哪个单元格引用错了。编辑完毕后，按 Enter 键确定或单击编辑栏中的☑按钮确定。如果要取消编辑，按 Esc 键或单击编辑栏中的☒按钮退出编辑状态。

5.4.2 函数

函数是 Excel 2010 内部预先定义的特殊公式，它可以对一个或多个数据进行操作，并返回一个或多个数据。函数的作用是简化公式操作，把固定用途的公式表达式用"函数"的格式固定下来，实现方便的调用。

函数由函数名、参数和括号三部分组成，参数可以为空。在工作表中利用函数进行运算，可以提高数据输入和运算的速度，还可以实现判断功能。所以要进行复杂的统计或运算时，应尽量使用 Excel 2010 提供的 13 类共 400 多个函数。学习本章课程后，应熟练掌握表 5-2 中的 14 个函数，并以此融会贯通。

Excel 中提供了 13 类函数，其中包括数学与三角函数、统计函数、数据库函数、财务函数、日期与时间函数、逻辑函数、文本函数、信息函数、工程函数、查找与引用函数、多维数据集函数、兼容性函数以及经常使用的常用函数。

表 5-2　简单函数功能表

函 数 名 称	函 数 功 能
SUM(number1,number2,…)	计算参数中数值的和
AVERAGE(number1,number2,…)	计算参数中数值的平均值
MAX(number1,number2,…)	求参数中的最大值
MIN(number1,number2,…)	求参数中的最小值
COUNT(value1, value2,…)	统计指定区域中数值数据的单元格个数
COUNTA(value1, value2,…)	统计区域中非空单元格的数目
COUNTIF(value1, value2,…)	计算指定区域内满足条件的单元格数目
RANK(range，criteria)	求一个数值在一组值中的位置
YEAR(number，ref，order)	取日期的年
TODAY()	获得当前系统日期
IF(logical_test，value_if_true，value_if_false)	按逻辑表达式的值进行测试，如果逻辑表达式值为真，则取 value_if_true 的值；如果逻辑表达式值为假，则取 value_if_false 的值
VLOOP(lookup_value,table_array,col_index_num,range_lookup)	搜索表区域首列满足条件的元素，确定待检索单元格在区域中的行序号，再进一步返回选定单元格的值
FV(rate,nper,pmt,pv,type)	基于固定利率和等额分期付款方式，返回某项投资的未来值
PMT(rate,nper,pv,type)	固定利率下贷款等额的分期偿还额

1. 常用函数举例

(1) SUM 函数的使用

要求使用 SUM()函数，求出图 5-22 所示学生成绩表中每个同学的总成绩。

使用函数的操作如下：

① 在单元格 G2 中输入"总成绩"，在 G3 中单击编辑栏中的"插入函数"按钮 f_x。

② 在弹出的"插入函数"对话框的"或选择类别"下拉列表中选择"数学与三角函数"，在"选择函数"中选择 SUM 函数，单击"确定"按钮，如图 5-28 所示。

③ 在弹出的"函数参数"对话框中的 Number1 文本框中填入参数，本例要求计算学生的总成绩即各项成绩之和，因此用户可以在 Number1 文本框中直接输入单元格名，如 C3：F3 或者单击文本框后的单元格选择按钮，然后使用鼠标选择 C3：F3 区域，单击"确定"按钮，如图 5-29 所示。

图 5-28 "插入函数"对话框

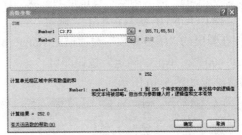

图 5-29 "函数参数"对话框

注意：

函数的参数有以下几种情况。

● 直接填写数值(数字)，如 SUM(3000，3300)。

● 填写一个单元格区域。需要运算的数值以单元格区域表示出来，如本例的总成绩，所求的区域就是 SUM(C3：F3)。

● 有些特殊的函数可以不带参数，即不用直接写参数，其实是用了函数默认的参数做参数，如 TODAY()、PI()、RAND()等。

一定要学会使用"函数参数"对话框填入参数。从图 5-29 所示的对话框中可以看到，函数括号内有几个参数，对话框里就会有对应数量的输入框。如本例的 SUM()函数，它是求一个或多个数值的和，所以会有一或多个输入框。再如 IF()函数，括号内有 3 个参数，对话框中就只有 3 个参数需要填写。有些函数没有参数，如当前日期函数 TODAY()、当前日期与时间函数 NOW()、圆周率函数 PI()、随机函数 RAND()等，括号内不要求写参数。

对话框中输入框右边的文字就是要求在输入框内输入参数的类型，如 SUM()函数的输入框中写的是"数值"，我们就要在输入框内写入数值或数值所在的区域。如果输入正确，这个数值也将出现在输入框的右边。

(2) AVERAGE 函数

① 在单元格 H2 中输入"平均成绩"，在 H3 中单击编辑栏中的"插入函数"按钮 f_x。

② 在弹出的"插入函数"对话框的"或选择类别"下拉列表中选择"常用函数"，在"选择函数"中选择 AVERAGE 函数，单击"确定"按钮。

③ 在弹出的"函数参数"对话框中的 Number1 文本框中填入参数，本例要求填入各项成绩所在的单元格区域，用户可以在 Number1 文本框中直接输入单元格所在区域，如 C3：F3 或者单击文本框后的单元格选择按钮，然后使用鼠标选择 C3：F3 区域，单击"确定"按钮。

(3) IF 函数

在单元格 I2 中输入平均成绩等级，在 I3 中输入"=IF(H3>=90,"优秀",IF(H3>=80,"良好",IF(H3>=60,"及格","不及格")))"。

(4) COUNT 函数

在单元格 J2 中输入"考试科目"，在 J3 中输入"=COUNT(C3:F3)"。

(5) COUNTIF 函数

① 在单元格 K2 中输入"不及格科目"，选中 K3 单元格，单击编辑栏的"插入函数"按钮 ƒ。

② 在弹出的"插入函数"对话框的"或选择类别"下拉列表中选择"统计"，在"选择函数"中选择 COUNTIF 函数，单击"确定"按钮。

③ 在弹出的"函数参数"对话框的 Range 框中输入要统计的区域 C3：F3，在 Criteria 框中输入"<60"，单击"确定"按钮即可。

最终结果如图 5-30 所示。

姓名	高等数学	大学英语	军事理论	思想政治教育	总成绩	平均成绩	平均成绩等级	考试科目	不及格科目
汪达	65.0	71.0	65.0	51.0	252.0	63.0	及格	4	1
霍倜仁	89.0	66.0	66.0	88.0					
李挚邦	65.0	71.0	80.0	64.0					
周胄	72.0	73.0	82.0	64.0					
赵安顺	66.0	66.0	91.0	84.0					
钱铭	82.0	77.0	70.0	81.0					
孙颐	81.0	64.0	61.0	81.0					
李利	85.0	77.0	51.0	67.0					

图 5-30　学生成绩表

2. 公式和函数的复制——单元格公式引用

在 Excel 工作表中单元格的引用实际是将单元格中定义好的公式或函数复制到其他单元格，以实现在其他行、列或区域的单元格也使用这个公式或函数进行运算，并将结果存放于这个单元格中的操作。单元格公式引用省去了输入或运算操作。

Excel 允许在公式或函数中引用工作表中的单元格地址，即用单元格地址或区域引用代替单元格中的数据。这样不仅可以简化烦琐的数据输入，还可以标识工作表上的单元格或单元格区域，即指明公式所使用的数据的位置。"引用"的目的是将在一个单元格完成的公式或函数操作，"复制"到同样要完成同类操作的行或列。更重要的是，引用单元格数据之后，当初始单元格数据发生修改变化时，只需改动起始单元格的公式或数据，其他经引用的单元格的数据亦随之变化，不用逐个修改。

引用分为相对地址引用、绝对地址引用和混合地址引用。

(1) 相对地址引用

在输入公式的过程中，除非用户特别指明，Excel 一般是使用相对地址来引用单元格的位置。所谓相对地址是指如果将含有单元地址的公式复制到另一个单元格时，这个公式中的各个单元格地址将会根据公式移动到的单元格所发生的行、列的相差值，也同样做有这个相差值的改变，以保证这个公式对表格其他元素的运算正确。

例如，将如图 5-31 所示的 G3 单元格复制到 G4：G10，把光标移至 G3 单元格，向下拖动填充柄。我们会发现公式已经变为"=SUM(C4:F4)"，因为从 G3 到 G4，列的偏移量没有变，而行做了一行的偏移，所以公式中涉及列的数值不变，而行的数值自动加 1。其他各个单元格也做出了改变，如图 5-31 所示。

姓名	高等数学	大学英语	军事理论	思想政治教育	总成绩	平均成绩
汪达	65.0	71.0	65.0		=SUM(C3:F3)	=SUM(C3:F3)
霍侗仁	89.0	66.0	66.0	88.0	SUM(number1, [number2], ...)	C4:F4)
李挚邦	65.0	71.0	80.0	64.0	280.0	=SUM(C5:F5)
周胄	72.0	73.0	82.0	64.0	291.0	72.8	=SUM(C6:F6)
赵安顺	66.0	66.0	91.0	84.0	307.0	76.8	=SUM(C7:F7)
钱铭	82.0	77.0	70.0	81.0	310.0	77.5	=SUM(C8:F8)
孙颐	81.0	64.0	61.0	81.0	287.0	71.8	=SUM(C9:F9)
李利	85.0	77.0	51.0	67.0	280.0	70.0	=SUM(C10:F10)

图 5-31　相对地址引用

(2) 绝对地址引用

如果公式运算中，需要某个指定单元格的数值是固定的数值，在这种情况下，就必须使用绝对地址引用。所谓绝对地址引用，是指对于已定义为绝对引用的公式，无论把公式复制到什么位置，总是引用起始单元格内的"固定"地址。

在 Excel 中，通过在起始单元格地址的列号和行号前添加美元符号"$"，如$A$1 来表示绝对引用。

例如，在如图5-31所示的例子中，如果将H3中输入的相对地址改为绝对地址，当将H3复制到H4:H10时，会出现如图5-32所示的结果，所有学生的平均成绩都是"汪达"的平均成绩了。

姓名	高等数学	大学英语	军事理论	思想政治教育	总成绩	平均成绩
汪达	65.0	71.0	65.0	51.0	=AVERAGE($C$3:$F$3)	$C$3:$F$3)
霍侗仁	89.0	66.0	66.0	88.0	309.	AVERAGE(number1, [number2], ...)	$F$3)
李挚邦	65.0	71.0	80.0	64.0	280.0	63.0	=AVERAGE($C$3:$F$3)
周胄	72.0	73.0	82.0	64.0	291.0	63.0	=AVERAGE($C$3:$F$3)
赵安顺	66.0	66.0	91.0	84.0	307.0	63.0	=AVERAGE($C$3:$F$3)
钱铭	82.0	77.0	70.0	81.0	310.0	63.0	=AVERAGE($C$3:$F$3)
孙颐	81.0	64.0	61.0	81.0	287.0	63.0	=AVERAGE($C$3:$F$3)
李利	85.0	77.0	51.0	67.0	280.0	63.0	=AVERAGE($C$3:$F$3)

图 5-32　绝对地址引用

(3) 混合地址引用

单元格的混合地址引用是指公式中参数的行采用相对引用、列采用绝对引用；或列采用绝对引用、行采用相对引用，如$A1、A$1。当含有公式的单元格因插入、复制等原因引起行、列引用的变化时，公式中相对引用部分随公式位置的变化而变化，绝对引用部分不随公式位置的变化而变化。例如，制作九九乘法表，步骤如下：

① 在 B2 单元格中输入"=B$1&"*"&$A2&"="&B$1*$A2"。

② 将 B2 复制到 B3:B10。

③ 将 B3 复制到 C3，再将 C3 复制到 C4:C10。

④ 将 C4 复制到 D5，再将 D5 复制到 D6:D10。

⑤ 以此类推，可完成九九乘法表的制作，如图 5-33 所示。

图 5-33　混合地址引用

表 5-3 给出了有关 A1 引用样式的说明。

表 5-3　A1 引用样式的说明

引　　用	区　　分	描　　述
A1	相对引用	A 列及 1 行均为相对位置
$A$1	绝对引用	A1 单元格，行列均为绝对引用
$A1	混合引用	A 列为绝对位置，1 行为相对位置
A$1	混合引用	A 列为相对位置，1 行为绝对位置

5.5　数据管理

Excel 不仅提供了强大的计算功能，还提供了强大的数据管理和分析功能。使用 Excel 的排序、筛选、分类汇总和数据透视表功能，可以很方便地管理和分析数据。在 Excel 中建立的数据库称为数据清单，可以通过创建一个数据清单来管理数据。

5.5.1　数据清单

数据清单是指工作表中包含相关数据的一系列数据行，可以理解成工作表中的一个二维表格。

在执行数据操作，如排序、筛选或分类汇总等时，Excel 会自动将数据清单视为数据库，并使用下列数据清单元素来组织数据：

(1) 数据清单中的列是数据库中的字段。

(2) 数据清单中的列标题是数据库中的字段名称。

(3) 数据清单中的每一行对应数据库中的一条记录。

数据清单应该尽量满足下列条件：

(1) 每一列必须要有列名，而且每一列中的数据必须是相同类型的。

(2) 避免在一个工作表中有多个数据清单。

(3) 数据清单与其他数据之间至少留出一个空白列和一个空白行。

数据清单的建立和编辑与一般的工作表的建立和编辑方法类似。此外，为了方便编辑数据清单中的数据，Excel 还提供了数据记录单功能。用户创建数据库后，系统自动生成记录单，可以利用记录单来管理数据。

Excel 2010 的记录单并未显示在可见功能区内。若要显示，可以单击"文件"选项卡中的"选项"命令，弹出"Excel 选项"对话框，如图 5-34 所示。单击左侧的"快速访问工具栏"，在右侧的"从下列位置选择命令"下拉列表中选择"不在功能区中的命令"，在下面的列表中找到"记录单"功能，单击"添加"按钮，将记录单添加到右侧的快速访问工具栏，则在 Excel 标题栏左侧的快速访问工具栏中就会出现"记录单"按钮。

图 5-34　添加数据记录单

5.5.2　数据排序

建立数据清单时，各记录按照输入的先后次序排列。但是，当直接从数据清单中查找需要的信息时就很不方便。为了提高查找效率需要重新整理数据，其中最有效的方法就是对数据进行排序。

(1) 排序原则

为了保证排序正常进行，需要注意排序关键字的设定和排序方式的选择。排序关键字是指排序所依照的数据列名称，由此作为排序的依据。Excel 2010 提供了多个排序关键字，即主要关键字一个，次要关键字多个。在进行多重排序时，只有主要关键字相同的情况，才按照次要关键字进行，否则次要关键字不发挥作用，其他关键字以此类推。

(2) 按单关键字排序

如果只需根据一列中的数据值对数据清单进行排序，则只需要选中该列中任意一个单元格，然后单击"常规"工具栏中的"升序"按钮或"降序"按钮完成排列。如图 5-35 所示的职工登记表，要对职工的工资由低到高排序。首先要选中单元格区域 A2：G10，然后选择"数据"选项卡，单击"排序"按钮，在弹出的"排序"对话框中选择"主要关键字"为"工资"，"排序依据"为"数值"，"次序"为"降序"，选中该对话框右上角的"数据包含标题"复选框，如图 5-36 所示，最后单击"确定"按钮即可。

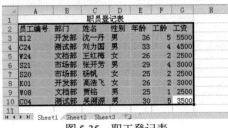

图 5-35　职工登记表

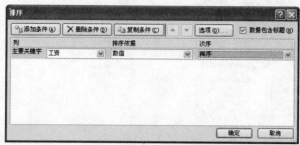

图 5-36 "排序"对话框

注意：

次序可以选择升序、降序、自定义序列。升序是排序结果从小到大排列，降序反之。自定义序列是指用户可以使用前面讲过的"自定义序列"为排序依据。

(3) 按多关键字排序

在图 5-35 中可以发现很多工资一样的记录，如果相同的记录较多就不能实现对数据进行排序的目的。这时用户需要再寻找一个排序依据，在上例中我们对工资进行排序，会发现有工资相同的员工，所以我们选择次要关键字为工龄降序，第三关键字为部门升序，具体操作方法如下：

首先要选中单元格区域 A2：G10，然后选择"数据"选项卡，单击"排序"按钮，在弹出的"排序"对话框中选择"主要关键字"为"工资"，选中对话框右上角的"数据包含标题"复选框，"排序依据"为"数值"，"次序"为"降序"。

然后单击对话框左上角的"添加条件"按钮，"次要关键字"选择"工龄"，"排序依据"选择"数值"，"次序"选择"降序"。之后添加第三关键字，单击对话框左上角的"添加条件"按钮，"次要关键字"选择"部门"，"排序依据"选择"数值"，"次序"选择"升序"。操作结果如图 5-37 所示。

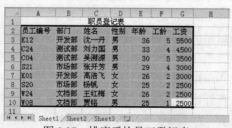

图 5-37 排序后的员工登记表

5.5.3 数据筛选

数据筛选是使数据清单中显示指定条件的数据记录，而将不满足条件的数据记录在视图中隐藏起来。Excel 同时提供了"自动筛选"和"高级筛选"两种方法来筛选数据，前者适用于简单条件，后者适用于复杂条件。

1. 自动筛选

自动筛选是进行简单条件的筛选，对于如图 5-35 所示的职员登记表，若要筛选出年龄大于

30 岁的开发部的员工信息，具体操作如下：

选择数据区域 A2：G10，选择"数据"选项卡，单击"筛选"按钮。在数据清单每列标题的右侧会出现下拉箭头。

选中筛选条件所在的列，单击下拉箭头会弹出相应的菜单。本例要求年龄大于 30 岁、部门为开发部的人员，首先我们选择"部门"列的下拉箭头，然后在弹出的菜单中将"全选"的复选框设置为未选中状态，再将"开发部"复选框选中，单击"确定"按钮。然后单击"年龄"下拉箭头，在弹出的菜单中选择"数字筛选"，在弹出的下一级菜单中选择"大于"选项，弹出"自定义自动筛选方式"对话框，在"年龄"列后添加 30，单击"确定"按钮即可。结果如图 5-38 所示。

图 5-38　自动筛选结果

注意：

"自定义自动筛选方式"对话框内填写"？"则表示代替任意一个字符；填写""则表示代替任意多个字符。*

2. 高级筛选

如果涉及多个条件的筛选，我们要重复对多列进行自动筛选，操作就相对比较复杂，在这种情况下就需要使用高级筛选来完成。高级筛选相对于自动筛选多了一个条件区域，即在工作表某一空白区域内开辟的一个写条件的矩形区域。条件区域的编辑方式为，一个条件占一列，列名都写在同一行上，条件如果为"与"关系，则条件在同一行上，如果为"或"关系则写在不同行上。上例中要求年龄大于 30 岁、部门为开发部的人员。可以在 I2 单元格中添加列名"部门"，在 J2 单元格中添加列名"年龄"，因为要求是并列关系所以条件写在同一行上，在 I3 单元格中添加"开发部"，在 J3 单元格中添加">30"，条件区域如图 5-39 所示。如果为或关系，列名不变，在 I3 单元格中添加"开发部"，J4 单元格中添加">30"，条件区域如图 5-40 所示。

图 5-39　与关系条件区域

图 5-40　或关系条件区域

在设计完条件区域后，单击"数据"选项卡中"筛选和排序"组中的"高级"按钮，弹出"高级筛选"对话框，如图 5-41 所示。单击"列表区域"后面文本框右侧的区域选择按钮，进入"高级筛选-列表区域"对话框，选择列表区域 A2：G10。单击"条件区域"后面文本框右侧的区域选择按钮，进入"高级筛选-条件区域"对话框，选择条件区域 I2：J3。单击"确定"按钮，即可完成高级筛选，结果如图 5-42 所示。

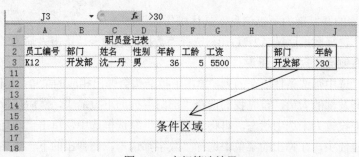

图 5-41 "高级筛选"对话框   图 5-42 高级筛选结果

5.5.4 分类汇总

分类汇总是指对工作表中的某一分类的数据项进行汇总计算。所谓的分类就是将数据进行排序，将分类项相同的数据项都排列在一起，然后再进行汇总。如图 5-35 所示的职工登记表中，要按部门为分类项，对每一部门的平均工资进行汇总，具体操作步骤如下：

(1) 首先对分类项数据进行排序。

(2) 在"数据"选项卡"分级显示"组中选择"分类汇总"选项。弹出"分类汇总"对话框，如图 5-43 所示。

(3) 在"分类汇总"对话框中选择"分类字段"为"部门"。

(4) 分类"汇总方式"设置为"平均值"。

(5) "选定汇总项"设置为"工资"。

(6) 如果要替换任何现存的分类汇总，则选中"替换当前分类汇总"复选框。如果需要在每组分类之前插入分页，则选中"每组数据分页"复选框。如果要设置汇总结果的位置可以选中"汇总结果显示在数据下方"复选框。

图 5-43 "分类汇总"对话框

(7) 单击"确定"按钮，即可完成分类汇总。分类汇总结果如图 5-44 所示。

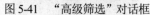

图 5-44 分类汇总结果

5.5.5　数据透视表

数据透视表是一种交互式工作表，用于对现有工作表进行汇总和分析。创建数据透视表后，可以按不同的需要，以不同的关系来提取和组织数据。Excel 2010 的数据透视表综合了排序、筛选、分类汇总等功能。通过数据透视表，用户可以从不同的角度对原始数据或单元格数据区域进行数据处理。一般情况下，数据清单中的字段可以分为两类，一类是数据字段，另一类是分类字段。数据透视表中可以包括多个数据字段和分类字段。创建数据透视表的目的是为了查看一个或多个数据字段的汇总结果。创建数据透视表的具体操作步骤如下。

单击"插入"选项卡中"表格"组中的"数据透视表"按钮。在弹出的"创建数据透视表"对话框中选择数据区域和数据透视表位置，然后单击"确定"按钮。

然后在新的工作表中对数据透视表进行配置，在窗口右侧的"数据透视表字段列表"中选择要添加到报表中的数据。最后在窗口左侧对系统默认的数据透视表进行配置。

- 行标签：指的是具体进行汇总的项，即相当于分类汇总中的分类项。
- 求和项：求和项对已经分类的数据进行处理，双击求和项单元格可以弹出"值字段设置"对话框，该对话框有两个选项卡，分别对汇总方式和值的显示方式进行设置。

数据透视表和数据透视图相对来说是本章中比较难的内容，而数据透视图与数据透视表的操作方式比较相似，这里就不再赘述了。

5.6　图表

图表是将数据清单中的数据图形化，更形象地体现出数据之间的关系和变化趋势。

Excel 2010 提供了 11 种标准的图表类型(柱形图、条形图、折线图、饼图、XY(散点图)、面积图、圆环图、雷达图、曲面图、气泡图、股价图)，每一种图表各有子类，如图 5-45 所示。其中比较常用的为柱形图、折线图和饼图。

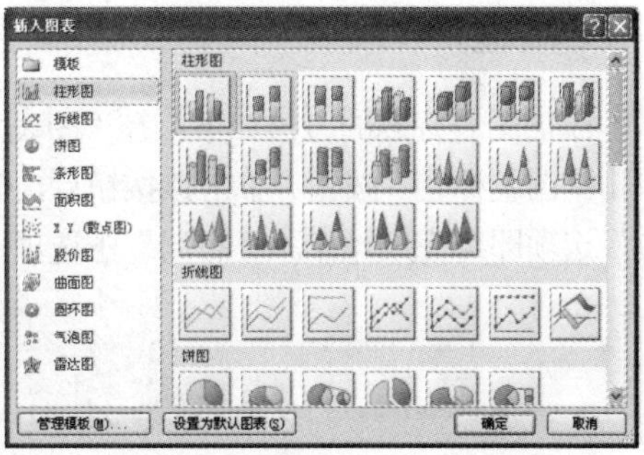

图 5-45　"插入图表"对话框

5.6.1　图表的创建

1. 选择数据区域

首先要选定产生图表的数据区域。在整个工作表中，并不是所有的数据都要在图表中显示出来，用户可以根据需要选择相关的数据区域来产生图表。

2. 选择图表类型

选定数据区域以后，单击"插入"选项卡中的"图表"组，这时会弹出"图表"功能区，如图 5-46 所示。如果在"图表"功能区中没有找到需要的类型，那么可以单击"创建图表"按钮，就可以弹出如图 5-45 所示的"插入图表"对话框。在该对话框内选择需要的图表，单击"确定"按钮。

"创建图表"按钮

图 5-46　图表功能区

5.6.2　图表的编辑

在选择图表类型后可以配置图表的其他属性，使图表更容易供其他用户使用。单击新创建的图表的任何位置，会出现"图表工具"选项卡。该选项卡包含 3 个子选项卡，分别为"设计""布局"和"格式"，如图 5-47 所示。在"图表工具"选项卡中可以完成图表的全部操作。

图 5-47　"图表工具"选项卡

1. 布局和样式

"图表工具"选项卡的"设计"子选项卡包含"图表布局"组、"图表样式"组，用户可以选择合适的布局和样式来美化图表。"设计"子选项卡如图 5-48 所示。

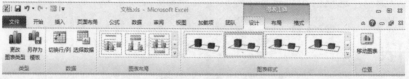

图 5-48　"设计"子选项卡

2. 标题

添加图表标题的方法如下：在"图表工具"选项卡下的"布局"子选项卡的"标签"组中，单击"图表标题"按钮。单击该按钮后，在弹出的下拉列表中选择"居中覆盖标题"或"图表上方"选项即可完成操作。"布局"子选项卡如图 5-49 所示。

图 5-49　"布局"子选项卡

3. 数据标签

首先选中要添加数据标签的系列，当第一次单击某一系列时默认选择全部系列，如果要选择部分系列，则需要再次选择需要的系列。然后在"图表工具"选项卡下的"布局"子选项卡的"标签"组中，选择"数据标签"按钮下的显示选项。"布局"子选项卡如图 5-50 所示。

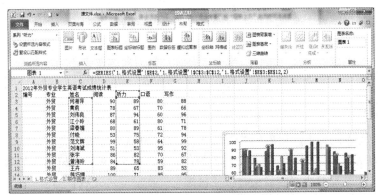

图 5-50　"布局"子选项卡

4. 坐标轴和网格线

(1) 坐标轴

要添加坐标轴标题，首先在"图表工具"选项卡下的"布局"子选项卡的"标签"组中，单击"坐标轴标题"按钮，在弹出的下拉列表中选择"主要横坐标轴标题"或"主要纵坐标轴标题"选项。

如果要添加主要横坐标轴标题，在"主要横坐标轴标题"选项的下级菜单中选择"坐标轴下方标题"，在图表区域的下方会出现坐标轴标题文本框，添加用户需要的文字完成操作，用户还可以使用鼠标拖动的办法来改变其位置。如果有其他主要横坐标轴标题需要添加，则重复上述操作。

如果需要添加主要纵坐标轴标题，其操作同主要横坐标轴标题一样，但主要纵坐标轴标题可以选择文本框的方向是垂直还是水平。

如果需要显示坐标轴，在"图表工具"选项卡下的"布局"子选项卡的"坐标轴"组中选择"坐标轴"选项，在下级菜单中选择具体的坐标轴样式，即可完成操作。

如需隐藏坐标轴，只需要在相应的坐标轴(横、纵)下选择"无"选项即可。

(2) 网格线

如需设置网格线，"在图表工具"选项卡下的"布局"子选项卡的"坐标轴"组中选择"网格线"选项，然后在下级菜单中选择需要的设置即可。

5. 图例

图例是一个方块，用于表示图表中的数据系列或分类指定的图案和颜色。创建图表是默认显示图例，如果需要隐藏或者修改图例的位置，在"图表工具"选项卡下的"布局"子选项卡的"标签"组中选择"图例"选项，在下级菜单中可以选择"无"选项来隐藏图例，也可以选择其他选项来改变图例的位置或显示被隐藏的图例。

6. 移动图表

用户可以使用鼠标拖动图表，将图表放置到工作表的任意位置。如果需要将图表移动到其他的工作表，在"图表工具"选项卡下的"设计"子选项卡的"位置"组中单击"移动图表"按钮。

在弹出的对话框中选中"对象位于"单选按钮,并在其右侧的下拉列表中选中相应的工作表,单击"确定"按钮即可。

也可以让系统创建一个新的工作表来存放图表,只需要选中"新工作表"单选按钮,然后在其右侧的文本框中输入新工作表的名称,单击"确定"按钮即可。

7. 图表大小

如果要修改图表的大小,只需在"图表工具"选项卡下的"格式"子选项卡中的"大小"组中设置图表的高度和宽度即可。如果不需要设置固定的值,可以将鼠标移动到图表的 4 个角中的任意一个,当鼠标变成双向箭头时按住鼠标左键拖动即可完成。

8. 修改图表类型

对于已经创建好的图表,如果用户需要修改图表的类型,只需要在"图表工具"选项卡下的"设计"子选项卡下的"类型"组中,单击"更改图表类型"按钮,在弹出的"更改图表类型"对话框中进行选择即可。

9. 编辑数据区域

如果要修改产生图表的数据区域,只需要在"图表工具"选项卡下的"设计"子选项卡下的"数据"组中单击"选择数据"按钮,在弹出的"选择数据源"对话框中,可以通过对"图表数据区域"选项右侧的文本框进行编辑,或者单击该文本框右侧的按钮,通过可视化界面来选择新的数据区域。可以通过"切换行/列"按钮来切换图表的行或者列,并且可以通过"图例项(系列)"来修改图表的系列。"选择数据源"对话框如图 5-51 所示。

图 5-51 "选择数据源"对话框

10. 修改图表中的文字

图表中的文字主要用于说明图表,使图表更清晰明了。用户如果需要修改图表中某些文字的内容,有两种情况,第一种是来源于数据表的文字,这些文字只能通过修改数据表来完成,但是可以改变其字体、字形、字号、颜色等。这一类文字主要是图例、刻度轴、数据标签等。第二种文字是在创建图表后添加的数据,这类文字不但可以改变其字体、字形、字号、颜色,还可以直接改变其内容。选中相应的对象后,使用鼠标左键单击选中具体文字进行修改即可。

11. 修改图表名称

修改图表的名称并不是修改图表的标题。用户创建图表后系统会默认分配给图表一个名称(图表 1),如果需要修改图表的名称,只需要在"图表工具"选项卡下的"布局"子选项卡中选择"属性"按钮进行修改即可。

12. 趋势线

趋势线应用于预测分析，也称回归分析。利用回归分析，可以在图表中添加趋势线，根据实际数据向前或向后模拟数据的走势，还可以生成平均值，消除数据的波动等。只能为二维图表建立趋势线，建立趋势线的具体方法如下：

单击选中要添加趋势线或移动平均值的数据系列，在"图表工具"选项卡的"布局"子选项卡的"分析"组中，单击"趋势线"下拉按钮，在下拉列表中选择一种趋势线即可。

双击生成的趋势线，可以弹出"设置趋势线格式"对话框，对趋势线进行设置。

13. 数据表

数据表是在图表中添加的表格，其中包含了用于创建图表所需的数据。表格的每一行都代表一个数据系列。数据表和图表同时显示可以让用户同时看到所需要的数据和数据的变化趋势。

单击选中需要添加数据表的图表，在"图表工具"选项卡的"布局"子选项卡的"标签"组中，单击"模拟运算表"下拉按钮，在下拉列表中选择"显示模拟运算表和图例项"命令。

14. 组合图表

在实际应用中，如果图表中有两组数据值相差很大，则数值较小的数据在图表中就显示不明显，甚至显示不出来。在这种情况下，可以在一个图表中使用两个坐标，并使用两种图表类型，使图表中数值相差很大的两组数据都能清楚地显示出来，并能加以区别。这种图表称为组合图表。

5.6.3 图表的格式化

建立和编辑图表以后，可以对图表进行格式化处理。Excel 的图表是由数据标签、数据系列、图例、图表标题、文本框、图标区、绘图区、网格线和坐标轴等对象组成的，它们均为独立对象，用户可以对这些独立的对象进行格式化处理，具体方法如下：

(1) 在图表中直接双击要进行编辑的对象，打开相应的对话框进行设置。

(2) 选中对象后，使用"图表工具"选项卡的功能进行格式化处理。

(3) 用鼠标右击需要编辑的对象，在弹出的快捷菜单中进行操作。

1. 字体修饰

如果希望改变整个图表区域内的文字外观，只需要在图表区域的空白处右击鼠标，在弹出的快捷菜单中选择"字体"命令，在"字体"对话框中重新定义整个图标区域的字体、字号、颜色等。

要修改单一对象的字体，只需选中对象后右击鼠标，在弹出的快捷菜单中选择"字体"命令，在"字体"对话框中重新定义字体、字号、颜色等。

2. 填充与图案

如果要为某区域加边框，或者改变该区域的填充颜色，只要选中该区域，然后利用"图表工具"选项卡的"格式"子选项卡上的"形状样式"组进行设置。单击组右下角的箭头图标，可以打开相应的格式设置对话框，在其中利用"边框样式""边框颜色"和"阴影"等选项卡完成设置。

3. 对齐方式

对于包含文字内容的对象，其格式对话框中一般会包括"对齐方式"设置。选择"对齐方式"选项卡，在其中进行设置，可以控制文字的对齐方式，其操作类似于 Excel 其他对象的对齐方式设置。

4. 数字格式

用户可以对图表中的数字进行格式化，选中相应的对象并右击，在弹出的快捷菜单中即可找到相应的处理方式。例如，要修改 Y 轴数字的格式，首先选中 Y 轴上的数字，然后右击，在弹出的快捷菜单中选择"设置坐标轴格式"命令，然后在弹出的"设置坐标轴格式"对话框中进行相应设置即可。

5. 图案

Excel 环境中生成的图表，其中的数据对比都以不同的颜色加以区分，但是要将图表打印输出，如果用户使用的是彩色打印机，就可以在纸面上得到和计算机显示结果相近的图表。如果是黑白打印机，那么在打印时会按照颜色的灰白度来进行打印，使得颜色区分不清晰。解决这一问题的方法是为各个数据序列重新设定颜色和填充图案。用鼠标双击某一系列，在弹出的"设置数据系列格式"对话框中，选择"填充"选项卡，在其中设置填充颜色和图案。

5.7 保护工作簿数据

Excel 提供了对数据进行保护的功能，以防工作表中的数据被非授权存取和破坏。

5.7.1 保护工作簿和工作表

1. 保护工作表

保护工作表是为了防止对工作表中的数据进行修改。具体操作方法如下：

在"审阅"选项卡的"更改"组中，单击"保护工作表"按钮，打开如图 5-52 所示的"保护工作表"对话框。在"允许此工作表的所有用户进行"列表框中进行设置，使得某些功能仍然可用，在"取消工作表保护时使用的密码"文本框中输入密码。然后单击"确定"按钮。如果用户想要执行允许范围之外的操作，Excel 就会拒绝操作，弹出提示对话框。

图 5-52 "保护工作表"对话框

若要取消工作表的保护状态，只需在"审阅"选项卡的"更改"组中选择"撤销工作表保护"命令即可。如果设置过密码，那么在取消保护工作时需要输入正确的密码才能生效。

2. 保护工作簿

保护工作簿是为了防止对工作簿的结构进行修改。具体操作方法如下：

在"审阅"选项卡的"更改"组中，单击"保护工作簿"按钮，将弹出"保护工作簿"对话框。在此对话框中，选中"结构"复选框，可以防止对工作簿结构进行修改，其中的工作表就不能被删除、移动、隐藏，也不能够插入新的工作表。若选中"窗口"复选框，则工作簿的窗口不能被移动、缩放、隐藏、取消和关闭。在"密码"文本框中可以输入密码。如果要取消保护，其操作方法类似于工作表保护的取消，这里不再赘述。

5.7.2　隐藏工作簿和工作表

在日常工作中工作表上有一些数据是不希望别人看到的，Excel 2010 提供了数据的隐藏功能。在前面我们已介绍了单元格、行、列的隐藏，这里就不再介绍了。

图 5-53　隐藏工作表

1. 隐藏工作表

选中要隐藏的工作表，在"开始"选项卡的"单元格"组中单击"格式"按钮，在弹出的下拉菜单中选择"隐藏和取消隐藏"→"隐藏工作表"命令，如图 5-53 所示。

2. 隐藏工作簿

如果要把整个工作簿隐藏起来，可以在"视图"选项卡的"窗口"组中选择"隐藏"命令。如果要取消隐藏工作簿，则可以在"视图"选项卡的"窗口"组中选择"取消隐藏"命令。

5.8　打印操作

5.8.1　页面设置

Excel 具有默认的页面设置，用户可直接打印工作表，如果不满意，可以使用 Excel 提供的页面设置功能对工作表的打印方向、缩放比例、纸张大小、页边距、页眉和页脚等进行设置。在"文件"选项卡上单击"打印"命令，然后单击"页面设置"超链接，系统会弹出如图 5-54 所示的"页面设置"对话框。该对话框上有 4 个选项卡，分别为"页面""页边距""页眉/页脚"和"工作表"。

图 5-54　"页面设置"对话框

(1) 页面

"方向"和"纸张大小"的设置与 Word 相同。

"缩放"用于放大或者缩小打印工作表，"缩放比例"允许为 10%~400%。100%为正常大小。"调整为"表示把工作表分为几部分打印，如果调整为 4 页宽、3 页高，表示打印时 Excel自动调整缩放比例，将水平方向分成 4 页，垂直方向分成 3 页。

"打印质量"下拉列表框用于设置打印的质量，质量高低是由打印页上每英寸的点数(分辨率)来衡量的。分辨率越高，打印质量越高，反之则越低。

"起始页码"框用于确定打印时的首页码，以后的页码可以开始计数，"自动"表示 Excel根据实际情况确定页码。

(2) 页边距

在"页面设置"对话框中，单击"页边距"选项卡，进入页边距设置对话框。其中"上""下""左""右""页眉""页脚"的使用方法与 Word 相同。在居中方式中，"水平"和"垂直"复选框表示表格在纸张中水平和垂直的位置。如果都选中表示表格在纸张的中央位置。

(3) 页眉/页脚

进入页眉/页脚设置对话框后，单击"页眉"或"页脚"下拉列表框就可以在其中选择一种页眉或页脚的格式。下面的"奇偶不同页""首页不同"等选项的使用方法与 Word 相同。

(4) 工作表

- 打印区域：用于选择要打印的工作表区域，可在该文本框中直接输入工作表区域，或使用对话框折叠按钮，直接用鼠标拖动来选择工作表区域，如果该区域空白，表示将打印工作表中所有含数据的单元格。

- 打印标题：如果工作表中数据较多，打印时会分成几页，除第一页外，其他页没有标题，只有数据。如果希望将特定的一行作为标题，并出现在每一页上，可以使用对话框折叠按钮进行区域选择。

- 打印：用于设置打印选项。"网格线"复选框决定是否打印水平和垂直的单元格线。"单色打印"复选框决定是采用黑白打印还是彩色打印；"草稿品质"复选框可加速打印，但会降低打印质量；"行号和列标"复选框决定是否打印行号和列标。

- 打印顺序：多页打印时，决定打印次序是先列后行还是先行后列。

5.8.2　打印预览及打印

完成页面设置和打印机设置后，首先要确定打印区域，然后使用打印预览来查看文件的打印效果是否与预期相同。如果打印预览的效果正确，即可开始打印。

1. 选择打印区域

默认状态下，对于打印区域，Excel 会自动选择有数据区域的最大行或列。但如果想打印其中的一部分数据，可以将这部分数据设置成打印区域，然后再进行打印。

设置打印区域的方法为：选中要设为打印区域的单元格区域，然后在"页面布局"选项卡的"页面设置"组中，选择"打印区域"→"设置打印区域"命令。选中边框区域的虚线表示此区域为打印区域。打印区域设置好以后，打印时只有被选中区域中的数据被打印出来。而且工作表被保存后，将来在打印时，设置的打印区域仍然有效。如果要删除打印区域，可以在"页面布局"选项卡的"页面设置"组中，选择"打印区域"→"取消打印区域"命令。

2. 打印预览

使用打印预览的具体方法如下：在"文件"选项卡上选择"打印"命令，则在屏幕右窗格中就可看到打印预览的效果，或者在快速访问工具栏中单击"打印预览和打印"按钮。

在"打印预览"窗口中，任务栏上会显示当前页码和总页数，左侧窗口有一些选项用于查看打印效果。

(1) "打印"按钮和"份数"文本框：单击"打印"按钮，系统会按照"份数"文本框中的数值进行打印。

(2) "打印机"：单击下拉列表框，可以选择打印机。

(3) "设置"：单击下拉列表框，可以设置打印的范围，是仅打印选定区域，还是打印活动工作表或打印全部工作簿。

(4) 页数：可以选择要打印的页数，自第几页到第几页。

3. 打印

对打印预览的效果满意后，就可以打印工作表，在"文件"选项卡选择"打印"命令，然后单击"打印"按钮；或者单击快速访问工具栏中的"打印和打印预览"按钮。

5.9　Excel 操作训练

一、在数据表 Sheet1 中完成如下操作

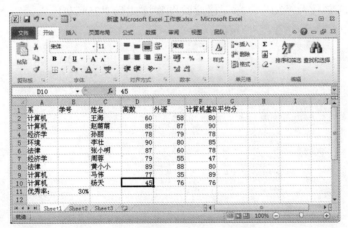

1. 在 B2 到 B10 的单元格内输入学生的学号 001、002、…、009(必须为"001"，而不是"1"。在 G2 到 G10 的单元格内用 AVERAGE 函数计算出每个学生的平均分，保留一位小数(负数的第 4 种格式)。以"平均分"为第一关键字从高到低进行排序。

2. 将 B11 单元格内以百分数表示的优秀率改为以分数形式表示。

二、在数据表 Sheet2 中完成如下操作

1. 请使用自动填充功能将星期二到星期五依次填充到 C2~F2 单元格内。
2. 请自定义一个序列，依次为"第一节""第二节""第三节""第四节"。
3. 请使用自动填充功能，依次将这个自定义序列填充到 A3~A6 单元格内。
4. 将 B2~F2 区域单元格的字形设为"加粗"，将 A3~A6 区域单元格的字形设置为"加粗"。
5. 将 B1 和 A2 单元格的边框设为双实线，边框颜色为红色。

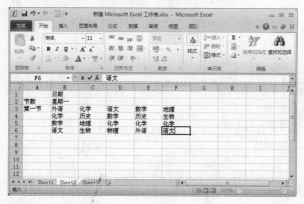

三、在数据表 Sheet3 中完成如下操作

1. 将产品名称相同的单元格合并成一个单元格，将合并后的文本对齐方式设置为"水平左对齐，垂直居中"。
2. 在 A1 单元格上方插入一行，将此行所有单元格合并成一个单元格，输入文本"产品销售记录"，水平对齐方式设置为"左对齐"，此行行高为"30"，字体为"楷体_GB2312"，字形为"加粗"，字号为"20"，单元格底纹图案样式为"25%灰色"。

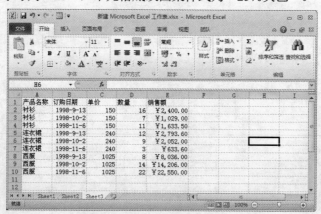

四、在数据表 Sheet4 中完成如下操作

1. 在 F1 单元格前插入一列。在新的 F1 单元格中输入"个人所得税"。
2. 在 F2 到 F8 的单元格内用公式逐个计算出个人所得税("实发工资"小于 1000 的个人所得税率为 0.05，大于或等于 1000 的个人所得税率为 0.07，个人所得税=实发工资*所得税率)。

将 F2 到 F8 的单元格格式设成货币格式(负数的第 2 种格式)，保留两位小数。

3. 在 A1 单元格上方加入一行，添加数据区域标题为"职工工资表"，进行"跨列居中"对齐等相关单元格格式设置。

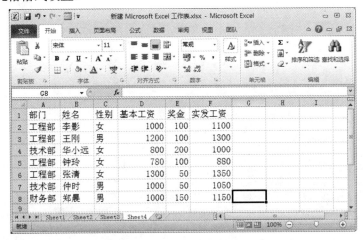

五、在数据表 Sheet5 中完成如下操作

1. 在 A1 单元格前插入一行，并在 A1 单元格内添加文本内容"学生成绩表"，并设置字体为"隶书"，字号为 20，字形为"加粗"，设置文本对齐方式为"居中"。

2. 将 A1～E1 的单元格合并为一个单元格，并设置行 1 的行高为 20。

3. 在 E2 单元格内添加文本内容"2002 年 12 月 18 日"，并设置列宽为 20。

4. 将"高等数学"列设置为"自定义自动筛选方式"，使 Sheet5 工作表只显示"高等数学"成绩在 85 分以上的记录。

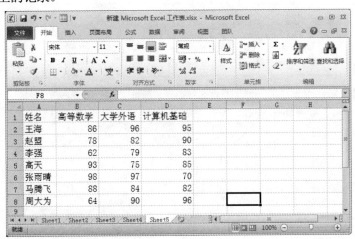

六、在数据表 Sheet6 中完成如下操作

1. 在 F8 单元格中用求和函数 SUM()(函数格式如 SUM(A1:B3))计算出该学生的总分(数学+外语+计算机)。

2. 在 G5 单元格中用求平均数函数 AVERAGE()(函数格式如 AVERAGE(A1:B3))计算出该学生的平均分。

3. 利用 Sheet6 工作表中的数据创建一个簇状柱形图，数据产生区域为 B1～E9，系列产生在列。图表标题为"学生成绩表"。分类轴(X 轴)标题为"学生姓名"。数值轴(Y 轴)标题为"分数"。图表显示在 Sheet6 工作表中。

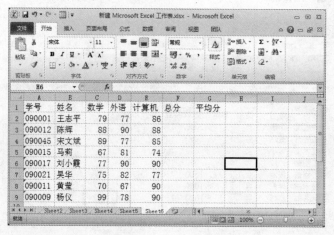

七、在数据表 Sheet7 中完成如下操作

1. 将标题"职工登记表"单元格的水平对齐方式设为"居中"，字号设为16，字体设为"楷体_GB2312"。

2. 为"刘力国"(C4 单元格)添加批注"测试部经理"。

3. 把工资高于 1500 的员工筛选出来。

4. 将表格中的数据以"部门"为主要关键字，按升序排序；以"工资"为次要关键字，按降序排序。

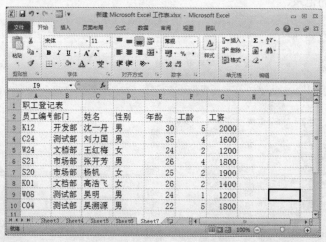

八、在数据表 Sheet8 中完成如下操作

1. 利用公式计算"全年积分"列每个球队全年积分的总和。

2. 利用"队名"列和 4 个季度列建立图表，并作为对象插入 Sheet8 中，图表标题为"球队排名表"，图表类型为"数据点折线图"。

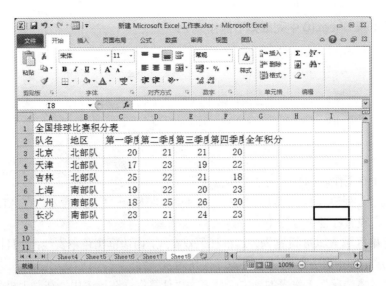

九、在数据表 Sheet9 中完成如下操作

1. 将总标题"学生期末成绩统计表"的格式设置为在单元格区域 A1:H1 中合并居中，字号为 20，字体为华文新魏，颜色为红色；在总标题"学生期末成绩统计表"所在行的下方插入一行；将单元格区域 A3:H3 的格式设置为字号 14，字体为隶书，填充绿色底纹。为单元格区域 A3:H19 添加内外边框，边框为细实线。

2. 用公式计算每位同学的总评成绩(总评成绩由平时成绩、期中成绩和期末成绩构成，其中平时成绩和期中成绩各占 30%，期末成绩占 40%)，结果保留 1 位小数；在 G21 单元格中用 Average 函数计算平均总评成绩，计算结果保留 0 位小数。

3. 用 RANK 函数在单元格区域 H4:H19 中填入名次。

4. 将工作表 Sheet9 中的数据内容复制到工作表 Sheet9(2)中 A1 开始的区域，在工作表 Sheet9(2)中使用自动筛选方式筛选出"总评成绩高于平均总评成绩"的记录。

5. 将工作表 Sheet9 中的单元格区域 A3:H19(值和数字格式)复制到工作表 Sheet9(3)中 A1 开始的区域，然后对 Sheet9(3)中的数据按"性别"进行分类汇总(按升序进行分类)，汇总方式：最大值，汇总项：总评成绩。

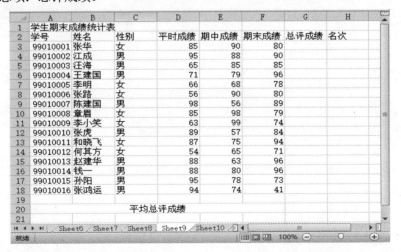

十、在数据表 Sheet10 中完成如下操作

	A	B	C	D	E	F	G
1	我的舍友						
2	姓名	代号	出生日期	籍贯	身高（米）	体重（千克）	手机号
3	毕群		1993年9月15日	广东	1.58	45	18911025645
4	田华		1992年10月1日	山西	1.68	62	18911025646
5	王晓平		1993年5月8日	黑龙江	1.7	52	18911025647
6	郭令元		1993年11月24日	北京	1.66	53	18911025648
7	张曼莉		1994年2月5日	四川	1.63	47	18911025649
8	王辉元		1993年9月26日	海南	1.56	65	18911025650
9							

Sheet7 Sheet8 Sheet9 Sheet10

就绪　　　　　　　　　　100%

1. 将 Sheet10 工作表标签改为"基本情况"。

2. 在"代号"列输入 001、002、003、…、006；将标题 "我的舍友"在 A1:G1 范围内设置为跨列居中，设置标题字号为 16。

3. 将单元格区域 A2:G8 设置为外边框红色双实线，内边框黑色单实线；并且设置工作表第 2 行所有文字水平和垂直方向均居中对齐，行高为 30 磅。

4. 建立"基本情况"工作表的副本，命名为"计算"，在该表中，在"手机号"列前插入两列，命名为"体重指数"和"体重状况"。

5. 计算"体重指数"，体重指数=体重/身高的平方，保留两位小数点。在"体重状况"列使用 IF 函数标识出每位学生的身体状况：如果体重指数>24，则该学生的"体重状况"标记为"超重"；如果 19<体重指数≤24，标记为"正常"；如果体重指数≤19，标记为"超轻"。

6. 在"基本情况"工作表内，选择姓名和身高两列，建立簇状柱形图，图表标题为"身高情况图"，显示图例。

第 6 章

PowerPoint 2010演示文稿

6.1 演示文稿的基本操作

PowerPoint 2010(以下简称 PowerPoint)是美国微软公司开发的办公自动化软件 Office 2010 的组件之一。PowerPoint 是一款功能强大的演示文稿制作软件。通过 PowerPoint 2010,可以使用文本、图形、照片、视频、动画和更多手段来设计具有视觉震撼力的演示文稿。与以前版本相比,此版本新增的视频和图片编辑功能以及增强功能都是 PowerPoint 2010 的新亮点。此外,动画和切换效果运行起来更为平滑。PowerPoint 2010 功能丰富,广泛应用于教师授课、会议报告、产品演示、学术交流和广告宣传等方面。

6.1.1 PowerPoint 2010 的启动与退出

1. PowerPoint 的启动

启动 PowerPoint 常用的方法有以下几种。

- 选择"开始"→"所有程序"→Microsoft Office →Microsoft PowerPoint 2010 命令。
- 双击桌面上已有的 Microsoft PowerPoint 2010 的快捷方式。
- 双击已有的 PowerPoint 演示文稿(扩展名为.pptx)。

启动 PowerPoint 后,打开 PowerPoint 工作界面,如图 6-1 所示。

2. PowerPoint 的退出

- 单击 PowerPoint 窗口标题栏右端的"关闭"按钮。
- 选择 PowerPoint 窗口"文件"选项卡,单击"退出"按钮。
- 双击 PowerPoint 窗口标题栏的"控制"按钮。
- 单击 PowerPoint 窗口标题栏的"控制"按钮,单击"关闭"按钮或者按快捷键 Alt+F4。

6.1.2 PowerPoint 2010 的工作界面

启动 PowerPoint 2010 后,即可打开 PowerPoint 的窗口,该窗口由标题栏、快速访问工具栏、功能区、文档窗口和状态栏等组成,如图 6-1 所示。

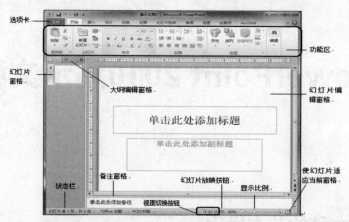

图 6-1　PowerPoint 2010 工作界面

1. 各功能区及其功能

(1) "文件"功能区

单击"文件"功能区，界面如图 6-2 所示。

图 6-2　"文件"功能区

　　在"文件"功能区中可以进行新建、保存、打开、关闭、打印、退出演示文稿等操作，并且可以查看当前演示文稿的基本信息和查看最近使用的所有文件。

　　在 PowerPoint 2010 中，除"文件"功能区以外，其他功能区统称为功能区，它取代了 PowerPoint 2003 及更早版本中的菜单栏，操作更加直观、便捷。

　　(2) "开始"功能区

　　"开始"功能区主要由"剪贴板""幻灯片""字体""段落""绘图"和"编辑"6 个组组成，如图 6-3 所示。

　　使用"开始"功能区可以进行插入新幻灯片、基本图形以及设置幻灯片上文本的字体格式和段落格式等操作。

图 6-3　"开始"功能区

(3) "插入"功能区

"插入"功能区主要由"表格""图像""插图""链接""文本""符号"和"媒体"7个组组成，如图 6-4 所示。

图 6-4　"插入"功能区

通过"插入"功能区可以实现将图表、图像、页眉、页脚或艺术字等对象插入演示文稿中。

(4) "设计"功能区

"设计"功能区主要由"页面设置""主题"和"背景"3 个组组成，如图 6-5 所示。

图 6-5　"设计"功能区

通过"设计"功能区可以对演示文稿的页面、颜色进行设置以及自定义演示文稿的背景和主题。

(5) "切换"功能区

"切换"功能区主要由"预览""切换到此幻灯片"和"计时"3 个组组成，如图 6-6 所示。

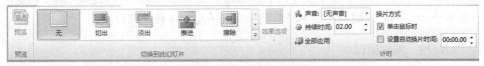

图 6-6　"切换"功能区

(6) "动画"功能区

"动画"功能区主要由"预览""动画""高级动画"和"计时"4 个组组成。如图 6-7 所示。

图 6-7　"动画"功能区

通过使用"动画"功能区可以对幻灯片上的对象进行动画设置的相关操作。

(7) "幻灯片放映"功能区

"幻灯片放映"功能区主要由"开始放映幻灯片""设置"和"监视器"3 个组组成，如图 6-8 所示。

图 6-8　"幻灯片放映"功能区

(8)　"审阅"功能区

"审阅"功能区主要由"校对""语言""中文简繁转换""批注"和"比较"5 个组组成，如图 6-9 所示。

图 6-9　"审阅"功能区

(9)　"视图"功能区

"视图"功能区主要由"演示文稿视图""母版视图""显示""显示比例""颜色/灰度""窗口"和"宏"7 个组组成，如图 6-10 所示。

图 6-10　"视图"功能区

通过"视图"功能区可以查看幻灯片视图和母版，浏览幻灯片，打开或关闭标尺、网格线和参考线，可以对显示比例、颜色/灰度等进行设置。

2. "幻灯片/大纲"编辑窗口

"幻灯片/大纲"编辑窗口位于工作区的左侧，包括"幻灯片"和"大纲"两个功能区，主要用于编辑演示文稿的大纲以及显示当前演示文稿的幻灯片数量和位置。

3. "幻灯片"编辑窗口

"幻灯片"编辑窗口位于 PowerPoint 2010 工作区的中间，用于完成幻灯片的编辑工作，修改幻灯片的外观，添加图形、照片和声音，创建超链接或者添加动画等。

4. "备注"窗口

"备注"窗口位于"幻灯片"窗口的下方，是在普通视图中显示的用于输入关于当前幻灯片的备注，可以将这些备注打印为备注页或在将演示文稿保存为网页时显示它们。

6.1.3　创建、保存和打开演示文稿

在 PowerPoint 中，最基本的工作单元是幻灯片。一个 PowerPoint 演示文稿由一张或多张幻灯片组成，每张幻灯片中既可以包含常用的文字和图表，又可以包含声音、图像和视频等。

1. 演示文稿的创建

启动 PowerPoint 2010 后，创建新演示文稿的方法如下。

- 利用"空白演示文稿"创建演示文稿。通过该方法创建的演示文稿可以不受模板风格的限制，具有更多的灵活性。通过该方法可以创建出具有自己风格的演示文稿。在 PowerPoint 中，选择"文件"→"新建"选项，打开"新建"选项卡。在"可用的模板和主题"上单击"空白演示文稿"图标，如图 6-11 所示。然后单击"创建"图标，打开新建的第一张幻灯片，如图 6-12 所示，这时文档的默认名称为"演示文稿 1"、"演示文稿 2"、……。

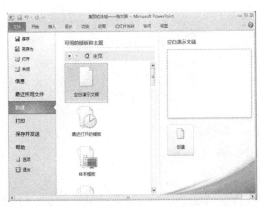

图 6-11　"新建"选项卡

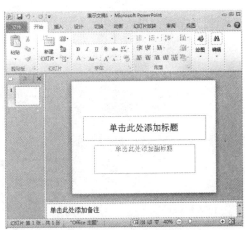

图 6-12　新建空白演示文稿 1

- 利用"模板"创建演示文稿。模板提供了预定的颜色搭配、背景图案、文本格式等幻灯片显示方式，但不包含演示文稿的设计内容。在"新建"选项卡(见图 6-11)中选择"样本模板"选项，打开"样本模板"库，再选择需要的模板(如 PowerPoint 2010 简介)，然后单击"创建"图标，新建第一张幻灯片，如图 6-13 所示。

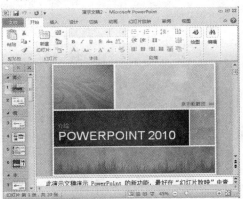

图 6-13　新建模板演示文稿 2

- 利用"根据现有内容新建"创建演示文稿。在"新建"选项卡(见图 6-11)中选择"根据现有内容新建"选项，弹出"根据现有演示文稿新建"对话框。选择或输入演示文稿名，单击"新建"图标，创建与所选择的演示文稿内容相同的新的演示文稿。

2. 演示文稿的保存和打开

保存和打开演示文稿的方法与 Word 中类似。

6.1.4 PowerPoint 编辑窗口

在幻灯片编辑窗口中，显示了当前要编辑的幻灯片，对于"空白演示文稿"，幻灯片是空白的，并以虚线框表示出各预留区区域(预留区又称为"占位符"，预留区内有文本提示信息，文本提示告诉用户如何利用该预留区)，如图 6-14 所示。可以在一张指定的幻灯片上进行录入文本、改变布局、插入对象、创建超链接等操作。

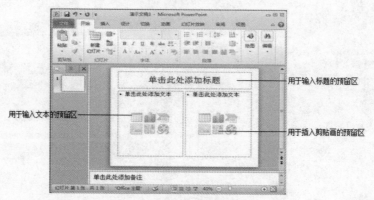

图 6-14　PowerPoint 编辑窗口

6.1.5 视图方式

PowerPoint 提供了 4 种视图方式，即普通视图、幻灯片浏览视图、备注页视图和阅读视图。

(1) 普通视图

普通视图是主要的编辑视图，可用于编辑或设计演示文稿，如图 6-15 所示[1]。

图 6-15　普通视图

在这种视图方式下，有 4 个工作区，即"幻灯片"选项卡、"大纲"选项卡、"幻灯片"

---

1 图片源自 @bearsun momo&momei.

窗格和"备注"窗格。

- "幻灯片"选项卡：在左侧工作区显示幻灯片的缩略图，这样能方便地编辑演示文稿，并观看任何设计更改的效果，便于进行幻灯片的定位、复制、移动、删除等操作。
- "大纲"选项卡：在左侧工作区显示幻灯片的文本大纲，方便组织和开发演示文稿中的内容，如输入演示文稿中的所有文本，然后重新排列项目符号、段落和幻灯片。若要打印演示文稿大纲的书面副本，并使其只包含文本而没有图形或动画，则先选择"文件"→"打印"选项，之后选择"设置"选项区域的"整页幻灯片"→"大纲"选项，再单击顶部的"打印"按钮。
- "幻灯片"窗格：在 PowerPoint 窗口的右方，"幻灯片"窗格显示当前幻灯片的大纲视图，在此视图中显示当前幻灯片时，可以添加文本，插入图片、表格、SmartArt 图形、图表、图形、文本框、电影、声音、超链接和动画。
- "备注"窗格：可添加与每个幻灯片的内容相关的备注。这些备注可以打印出来，在放映演示文稿时作为参考资料，或者还可以将打印好的备注分发给观众，或者发布到网页上。

(2) 幻灯片浏览视图

在幻灯片浏览视图中，可同时看到演示文稿中的所有幻灯片，这些幻灯片以缩略图的方式显示，如图 6-16 所示。

图 6-16　幻灯片浏览视图

通过幻灯片浏览视图可以轻松地对所有幻灯片的顺序进行排列和组织，还可以很方便地在幻灯片之间添加、删除和移动幻灯片以及选择切换动画，但不能对幻灯片的内容进行修改。如果要对某张幻灯片的内容进行修改，可以双击该幻灯片切换到普通视图，再进行修改。另外，还可以在幻灯片浏览视图中添加节，并按不同的类别或节对幻灯片进行排序。

(3) 备注页视图

在备注页视图下可以在页面下方对页面上方的幻灯片添加备注，如图 6-17 所示。

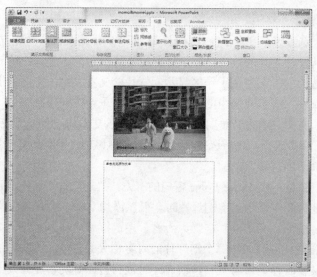

图 6-17　备注页视图

(4) 阅读视图

　　阅读视图用于查看演示文稿(如通过大屏幕)、放映演示文稿。如果希望在一个设有简单控件以方便审阅的窗口中查看演示文稿,而不想使用全屏的幻灯片放映视图,则也可以在自己的计算机上使用阅读视图。如果要更改演示文稿,可随时从阅读视图切换至某个其他视图,如图6-18 所示。

图 6-18　阅读视图

6.2　演示文稿的编辑

　　在演示文稿的制作过程中,要进行文本的输入、格式化等修改和编辑工作,所以我们要灵活地运用格式化编辑功能,进行演示文稿的编辑工作。

6.2.1　幻灯片文本的输入、编辑及格式化

在 PowerPoint 中，编辑幻灯片内容要在普通视图方式下进行。

1. 输入文本

创建一个演示文稿，首先要输入文本。编辑演示文稿时，若不选择"空白"版式，一般在每一张幻灯片上都有一些虚线方框。它们是各种对象的占位符。单击相应的提示处，在工作窗口中就会出现一个文本框，在其中可输入文本或插入对象。

若用户希望自己设置幻灯片的布局，在创建演示文稿时，选择了"空白"版式，或需在占位符之外添加文本，在输入文本之前，则必须先添加文本框。操作步骤如下：

① 选择"插入"→"文本框"→"横排"或"垂直"选项。

② 可直接单击"绘图工具"→"格式"选项卡的"文本框"按钮，选择"横排文本框"或"垂直文本框"选项，拖动鼠标添加文本框。

③ 单击文本框，输入文本。

2. 编辑文本

在 PowerPoint 中对文本进行删除、插入、复制、移动等操作的方法与 Word 中的操作方法类似。

3. 文本格式化

文本格式化包括字体、字号、样式、颜色及效果(效果包括下画线，上/下标、删除线等)。

选择要设置的文本，然后选择"开始"→"字体"选项，或单击功能区上的相关按钮，操作方法与 Word 中相同。

选择"开始"→"段落"选项，可设置对齐方式、行距、段前和段后间距。

4. 项目符号和编号

默认情况下，在幻灯片上各层次小标题的开头位置上会显示项目符号(如"•")，以突出小标题层次。

可以选择"开始"→"项目符号"和"编号"选项进行设置(如是否使用项目符号和编号，采用什么符号或编号、颜色、大小等)。操作方法与 Word 中相同。

6.2.2　图片、图形、艺术字的插入与编辑

1. 插入与编辑图片

在 PowerPoint 2010 中插入图片的方法如下。

(1) 插入图片

在内容占位符上单击"插入图片"图标，或在"插入"选项卡中单击"图片"按钮，弹出"插入图片"对话框，选择相应文件夹，选中其中的某一张或多张图片，单击"插入"按钮，即

可将图片插入幻灯片中，如图 6-19 所示[2]。

图 6-19　插入图片

(2) 调整图片的大小

调整图片大小的操作方法如下。

① 选中需要调整大小的图片，将鼠标放置在图片四周的尺寸控制点上，拖动鼠标即可调整图片大小。

② 选中需要调整大小的图片，选择"图片工具-格式"功能区，在"大小"组中设置图片的"高度"和"宽度"即可调整图片大小，如图 6-20 所示。

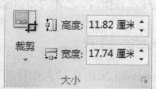

图 6-20　调整图片大小的两种方法

---

2 图片源自@bearsun，@大叔汪只是个球，@金毛豌豆 TanG，@叶子朵朵 2222，@十四阙，@6 岛岛。

(3) 裁剪图片

① 直接进行裁剪

选中需要裁剪的图片，选择"图片工具-格式"功能区，在"大小"组中单击"裁剪"按钮，如图 6-20 所示[3]，则打开下拉列表，选择"裁剪"命令。

- 裁剪某一侧：将某侧的中心裁剪控制点向里拖动。
- 同时均匀裁剪两侧：按住 Ctrl 键的同时，拖动任一侧裁剪控制点。
- 同时均匀裁剪四面：按住 Ctrl 键的同时，将一个角的裁剪控制点向里拖动。
- 退出裁剪：裁剪完成后，按 Esc 键或在幻灯片空白处单击即可退出裁剪操作。

② 裁剪为特定形状

通过裁剪的特定开关可以快速更改图片的形状，具体操作为选中需要裁剪的图片，单击"裁剪"按钮，在其下拉列表中选中"裁剪为形状"选项，此时弹出"形状"列表，在其中选择"十六角星"选项，效果如图 6-21 所示。

图 6-21　裁剪图片形状为十六角星

(4) 旋转图片

旋转图片的操作为选择需要旋转的图片，选择"图片工具-格式"功能区，在"排列"组中单击"旋转"按钮，打开"旋转"下拉列表，在其中设置旋转图片的角度，单击"其他旋转选项"按钮，打开"设置图片格式"对话框。如图 6-22 所示。第 6 张幻灯片旋转 22° 后，图片的效果如图 6-23 所示[4]。

图 6-22　"设置图片格式"对话框

图 6-23　旋转角度后的效果图

另外，PowerPoint 2010 提供了制作电子相册的功能，单击"图像"组中的"相册"按钮，可以将来自文件的一组图片制作成多种幻灯片的相册，如图 6-24 所示。

---

3 图片源自 @金毛豌豆 TanG 顿顿&啵格。

4 图片源自 @bearsun momo&momei.

2. 插入图形

在普通视图的"幻灯片"窗格中可以绘制图形，其方法与 Word 中的操作方法相同。选择"插入"→"形状"选项，展开"形状"下拉列表，如图 6-25 所示。在其中选择某种形状样式后单击，拖动鼠标即可确定形状的大小。

图 6-24　电子相册[5]

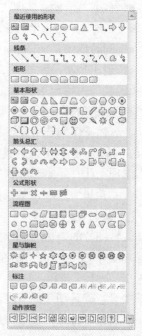

图 6-25　"形状"下拉列表

3. 插入 SmartArt 图形

SmartArt 图形是信息和观点的视觉表示形式。可以从多种不同布局中进行选择来创建 SmartArt 图形。在幻灯片中加入 SmartArt 图形(包括以前版本的组织结构图)，可使版面整洁，便于表现系统的组织结构形式。

选择"插入"功能区，单击"插入"组中的 SmartArt 按钮，则打开"选择 SmartArt 图形"对话框，如图 6-26 所示。在"选择 SmartArt 图形"对话框中单击"层次结构"中的"组织结构图"，再单击"确定"按钮即可创建组织结构图，之后可以直接单击幻灯片组织结构图中的"文本"来输入文字内容，也可以单击"文本"窗格中的"文本"来添加文字内容。

4. 插入艺术字

在"插入"选项卡中单击"艺术字"按钮，展开"艺术字"下拉列表，在其中选择某种样式后单击，此时，在幻灯片编辑区中会出现"请在此放置您的文字"艺术字编辑框，如图 6-27 所示。输入要编辑的艺术字文本内容后，可以在幻灯片上看到文本的艺术效果，效果如图 6-28 所示。选中艺术字后，选择"绘图工具"→"格式"选项后可以进一步编辑艺术字。

---

5 图片源自 @LEO 它爹，@国民老岳父公，@罗恩兔子，@回忆专用小马甲，@基扣肉组合，@小竹子殿下，@大锅只是喝醉，@王白菜。

右击艺术字，可以选择命令在弹出的对话框中设置艺术字的形状格式，如图 6-29 所示。

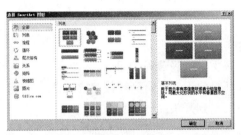

图 6-26 "选择 SmartArt 图形"对话框

图 6-27 艺术字编辑框

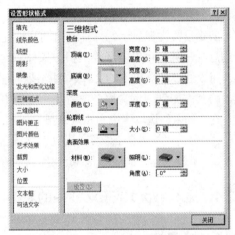

图 6-28 艺术字编辑效果图

图 6-29 艺术字形状格式设置

6.2.3 视频和音频

1. 插入与编辑视频

(1) 插入视频

在"插入"功能区单击"媒体"组中的"视频"按钮，则弹出"插入视频"下拉列表，如图 6-30 所示。选择"文件中的视频"或"剪贴画视频"命令，选择要插入的视频，即可进一步对视频进行编辑。

(2) 设置插入选项

用户可以对插入的视频文件进行设置，选中幻灯片中已插入的视频文件图标，再选择"视频选项"组中的相应选项，如图 6-31 所示。

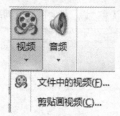

图 6-30 "插入视频"下拉列表

图 6-31 "视频选项"组

- "音量"按钮：用来设置视频的音量。
- "全屏播放"复选框：用来设置视频文件全屏播放。
- "未播放时隐藏"复选框：表示未播放视频文件时隐藏视频图标。
- "循环播放，直到停止"复选框：表示循环播放视频，直到视频播放结束。
- "播完返回开头"复选框：表示播放结束返回到开头。

2. 插入音频

在幻灯片上插入音频剪辑时，将显示一个表示音频文件的图标 。在进行播放时，可以将音频剪辑设置为在显示幻灯片时自动开始播放、在单击鼠标时开始播放或播放演示文稿中的所有幻灯片，甚至可以循环连续播放媒体直至停止播放。

可以通过计算机上的文件、网络或"剪贴画"任务窗格添加音频剪辑，也可以自己录制音频，将其添加到演示文稿，或者使用 CD 中的音乐。

在"插入"选项卡中单击"音频"按钮，弹出"插入音频"任务窗格，执行以下任一操作：
① 单击"文件的音频"，找到包含该音频的文件夹，然后双击要添加的文件。
② 单击"剪贴画音频"，查找所需的音频剪辑。

6.2.4 插入 Word 或 Excel 中的表格、图表

1. 插入表格

在内容占位符单击"插入表格"图标，或在"插入"选项卡中单击"表格"按钮，选择要插入的表格行数和列数，或在弹出的"插入表格"对话框中输入行数和列数，单击"确定"按钮即可。

2. 插入图表

PowerPoint 可直接利用"图表生成器"提供的各种图表类型和图表向导，创建具有复杂功能和丰富界面的各种图表，以增强演示文稿的演示效果。

有图表占位符的双击图表占位符，或在"插入"选项卡中单击"图表"按钮，均可打开"插入图表"对话框插入图表对象，如图6-32 所示。

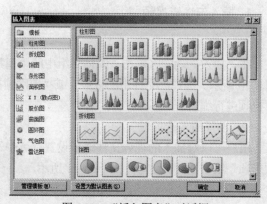

图 6-32 "插入图表"对话框

6.2.5　幻灯片的基本操作

在普通视图的"幻灯片"窗格和幻灯片浏览视图中可以进行幻灯片的选定、添加、删除、复制和移动等操作。

1. 选定幻灯片

① 选择单张幻灯片。在幻灯片普通视图的选项卡区域或浏览视图单击相应的幻灯片。

② 选择多张连续的幻灯片。在幻灯片普通视图的选项卡区域或浏览视图单击所需的第一张幻灯片，按住 Shift 键单击最后一张幻灯片。

③ 选择多张不连续的幻灯片。在幻灯片普通视图的选项卡区域或浏览视图单击所需的第一张幻灯片，按住 Ctrl 键单击所需的其他幻灯片，直至所有幻灯片全部选定。

2. 添加新幻灯片

打开一个演示文稿后，用户可以根据自己的需要添加新幻灯片。具体的操作步骤如下：

① 定位插入点。

② 在"开始"选项卡中单击"新建幻灯片"按钮，选择"Office 主题"或者"复制所选幻灯片"命令。

③ 输入幻灯片内容。

3. 删除幻灯片

在幻灯片普通视图的选项卡区域或浏览视图选择某一张或多张幻灯片，按 Delete 键即可。

4. 复制和移动幻灯片

使用复制、剪切和粘贴功能，可以对幻灯片进行复制和移动，具体的操作步骤如下：

① 选择要复制或移动的幻灯片。

② 在"开始"选项卡中单击"复制"或"剪切"按钮。

③ 定位插入点。

④ 在"开始"选项卡中单击"粘贴"按钮。

6.2.6　幻灯片版式的更改

1. 修改幻灯片主题样式

在"设计"选项卡中单击"主题"按钮，选择相应的内置主题。如果对内置主题的样式不满意，可以通过主题右侧的"颜色""字体"和"效果"按钮进行重新调整，也可以在"新建主题颜色"对话框中进行调整，如图 6-33 所示。

图 6-33　"新建主题颜色"对话框

2. 使用幻灯片母版

母版分为幻灯片母版、讲义母版和备注母版，其中幻灯片母版较为常用。幻灯片母版是指具有特殊用途的幻灯片，用来设定演示文稿中所有幻灯片的文本格式，如字体、字形或背景对象等。通过修改幻灯片母版，可以统一改变演示文稿中所有幻灯片的文本外观，若要统一修改多张幻灯片的外观，只需在幻灯片母版上修改一次即可。

具体的操作步骤如下：

① 在"视图"选项卡中单击"幻灯片母版"按钮，屏幕将显示出当前演示文稿的幻灯片母版。

② 对幻灯片母版进行编辑。幻灯片母版类似于其他一般幻灯片，用户可以在其上添加文本、图形、边框等对象，也可以设置背景对象。常用的编辑方法如下：

- 改变母版的背景样式。
- 选择"背景样式"中的"设置背景格式"命令，在弹出的"设置背景格式"对话框中可通过选择"纯色填充""渐变填充""图片或纹理填充"或"图案填充"分别进行设置。

在幻灯片母版中添加对象后，该对象将出现在演示文稿的每一张幻灯片中，幻灯片母版如图 6-34 所示。

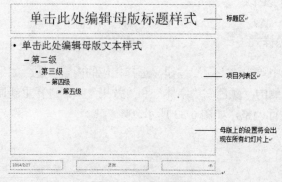

图 6-34　幻灯片母版

6.3　设置演示文稿的放映效果

演示文稿的放映是指连续播放多张幻灯片的过程，播放时按照预先设计好的顺序对每一张幻灯片进行播放演示。为了突出重点，在放映幻灯片时，通常可以在幻灯片中使用动画效果和切换效果，使放映过程更加形象生动，实现动态演示效果。

6.3.1　设置动画效果

利用 PowerPoint 提供的动画功能，可以为幻灯片上的每个对象(如层次小标题、文本框、图片、艺术字等)设置出现的顺序、方式等，从而突出重点，更加生动、鲜活地提升演示文稿的视觉效果。

1. 添加动画效果

(1) 选择需要添加动画的对象，如图片、文本框等。

(2) 选择"动画"功能区，单击"动画"组中的其他选项按钮 ，则弹出动画样式列表，如图 6-35 所示。

PowerPoint 中有 4 种不同类型的动画效果。

- 进入效果：这些效果使对象进入幻灯片具有一定的动画效果。
- 退出效果：这些效果包括使对象飞出幻灯片、从视觉中消失或者从幻灯片中旋出。
- 强调效果：这些效果包括使对象放大或缩小，更改颜色等。
- 动作路径：这些效果包括使对象移动或沿着基本图形、直线或曲线等移动。

图 6-35　动画样式列表

(3) 若列表中没有用户所需要的动画样式，则可以单击列表下方的选项，打开所对应的对话框进行设置，如图 6-36 所示。

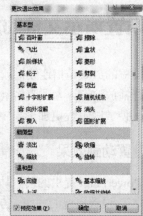

图 6-36　更改效果对话框

2. 设置动画效果

(1) 设置效果选项

首先选择已添加的动画效果，然后单击"动画"功能区"高级动画"组中的"效果选项"按钮，则弹出效果选项下拉列表，在该列表中可以选择动画运动的方向和运动对象的序列，如图 6-37 所示。

(2) 调整动画排序

调整动画顺序的方法有以下两种。

- 单击"动画"功能区"高级动画"组中的"动画窗格"按钮，打开动画窗格，在动画窗格中通过单击向上按钮 和向下按钮 调整动画的播放顺序。
- 单击"动画"功能区"计时"组中"对动画重新排序"区域的"向前移动"或"向后移动"按钮。

(3) 设置动画时间

- 添加动画后，用户可以在"动画"功能区中为动画效果指定开始时间、持续时间和延迟时间，具体操作可以在"动画"功能区的"计时"组中完成，如图 6-38 所示。
- "开始"：用来设置动画效果何时开始运行。单击该选项，则弹出下拉列表。
- "持续时间"：用来设置动画效果持续的时间。
- "延迟"：用来设置动画效果延迟的时间。

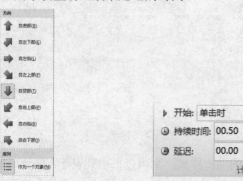

图 6-37　"飞入"效果选项下拉列表　　　　图 6-38　"计时"组

6.3.2　切换效果

幻灯片的切换效果是在演示期间从一张幻灯片移动到下一张幻灯片时在进入或退出屏幕时的特殊视觉效果，可以控制切换效果的速度，也可以对切换效果的属性进行自定义。既可以为选定的某一张幻灯片设置切换方式，也可以为多张幻灯片设置相同的切换方式。

在"切换"选项卡中即可设置幻灯片的切换方式，如图 6-39 所示。

图 6-39　"切换"选项卡

6.3.3　超链接

使用超链接功能不仅可以在不同的幻灯片之间自由切换，还可以在幻灯片与其他 Office 文档或 HTML 文档之间切换。

1. 插入超链接

具体的操作步骤如下。

① 选定要设置超链接的对象。

② 选择"插入"选项卡，单击"超链接"按钮，弹出"插入超链接"对话框，如图 6-40所示，在其中选择要链接的文档、Web 页或电子邮件地址，单击"确定"按钮即可。幻灯片放映时单击该文字或对象才可启动超链接。

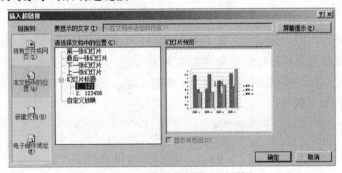

图 6-40　"插入超链接"对话框

2. 利用动作设置超链接

具体的操作步骤如下。

① 选定要设置超链接功能的对象。

② 选择"插入"选项卡，单击"动作"按钮，弹出"动作设置"对话框，如图 6-41 所示。在此对话框中有两个选项卡。

● "单击鼠标"选项卡用于设置单击动作交互的超链接功能。

"超链接到"选项：打开下拉列表框并选择跳转的目的地。

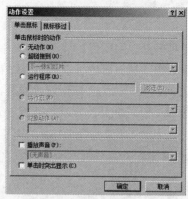

图 6-41　"动作设置"对话框

"运行程序"选项：可以创建和计算机中其他程序相关的链接。

"播放声音"选项：可实现单击某个对象时发出某种声音的功能。

- "鼠标移过"选项卡适用于提示、播放声音或影片。采用鼠标移动的方式，可能会出现意外的跳转。建议采用单击的方式。

③ 单击"确定"按钮。

3. 超链接的删除

- 选定已设置超链接的对象，选择"插入"选项卡，单击"超链接"按钮，在弹出的"编辑超链接"对话框中单击"删除链接"按钮。
- 选择超链接的对象，在"动作设置"对话框中选中"无动作"选项。

6.3.4　动作按钮

动作按钮是指可以添加到演示文稿中的内置按钮形状(位于形状库中，如图 6-42 所示)，用户可以分配单击鼠标或鼠标移过时动作按钮将执行的动作。还可以为剪贴画、图片或 SmartArt 图形中的文本分配动作。提供动作按钮是为了在演示演示文稿时，可以通过单击鼠标或鼠标移过动作按钮来执行以下操作：

图 6-42　内置动作按钮

转到下一张幻灯片、上一张幻灯片、第一张幻灯片、最后一张幻灯片、最近观看的幻灯片、特定幻灯片编号、其他 Microsoft Office PowerPoint 演示文稿或网页。

下面举例说明动作按钮的制作过程：

选择第 1 张幻灯片，单击"插入"→"形状"命令，选择"动作按钮"组的第一个按钮("后退或前一项"按钮)，在幻灯片的左下部拖放出该按钮，并在"动作设置"对话框中将鼠标动作设为"超链接到下一张幻灯片"，如图 6-43 所示。同理，对第 3、6、7 张幻灯片添加"转到上一幻灯片""第一张幻灯片""最后一张幻灯片"3 个动作按钮。

选择第 3 张幻灯片，在其右下部添加"动作按钮"组最右侧的"空白"按钮，将鼠标动作设为"超链接到幻灯片"，在弹出的对话框中按标题内容选择幻灯片，如图 6-44 所示，单击"确定"按钮。右击该空白按钮，选择"编辑文件"命令，输入"返回目录页"，作为按钮上的显示文字。

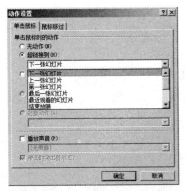

图 6-43　"动作设置"对话框

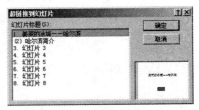

图 6-44　"超链接到幻灯片"对话框

6.3.5　演示文稿的放映

根据用户的需求，可以对演示文稿采用不同的放映方式进行放映。

1. 简单放映

放映幻灯片时，选择"幻灯片放映"选项卡，单击"从头开始"按钮，或单击"幻灯片放映视图"按钮即可。若想终止放映，可右击，在弹出的快捷菜单中选择"结束放映"命令或按 Esc 键。

2. 设置放映方式

在"幻灯片放映"选项卡上单击"设置幻灯片放映"按钮，弹出"设置放映方式"对话框，如图 6-45 所示。根据需要可以设置"演讲者放映(全屏幕)""观众自行浏览(窗口)"和"在展台浏览(全屏幕)"3 种放映类型，也可以设置从第几张幻灯片开始放映，直至第几张幻灯片结束。还可以进行"放映选项""换片方式"等相应设置。最后，单击"确定"按钮即可。

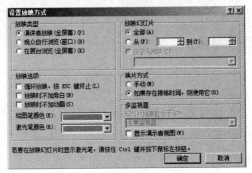

图 6-45　"设置放映方式"对话框

3. 用鼠标控制幻灯片放映

在幻灯片的放映过程中，右击幻灯片，将弹出快捷菜单，该菜单中常用选项的功能如下。

①"下一张"和"上一张"：分别移到下一张或上一张幻灯片。

②"定位至幻灯片"：以级联菜单方式显示出当前演示文稿的幻灯片清单，供用户查阅或选定当前要放映的幻灯片。

③"指针选项"：选择该选项后，将显示包括以下选项的级联菜单。

● "箭头"：将指针形状恢复为箭头形状。

● "笔"或"荧光笔"：使指针变成笔形，供用户在幻灯片上进行书写、标注。

● "墨迹颜色"：可以对使用的笔的颜色进行更改。

● "永远隐藏"：把指针隐藏起来。

4. 自定义幻灯片放映

自定义幻灯片放映的操作步骤如下。

① 选择"幻灯片放映"选项卡，单击"自定义幻灯片放映"按钮，弹出"自定义放映"对话框。

② 单击"新建"按钮。弹出"定义自定义放映"对话框，如图6-46所示。

③ 在"幻灯片放映名称"文本框中，输入自定义幻灯片放映的名称，在"在演示文稿中的幻灯片"列表框中选择要放映的幻灯片，单击"添加"按钮，将其添加到"在自定义放映中的幻灯片"列表框中，可以单击"删除"按钮，删除一个已在列表框中的幻灯片。单击"上移"按钮或"下移"按钮可改变列表框中幻灯片的播放顺序。

④ 单击"确定"按钮。

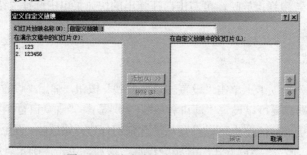

图6-46 "定义自定义放映"对话框

6.3.6 隐藏幻灯片和取消隐藏

1. 隐藏幻灯片

在PowerPoint中，允许将暂时不用的幻灯片隐藏起来，从而在幻灯片放映时不放映这些幻灯片。具体的操作步骤如下。

① 选择要隐藏的幻灯片。

② 选择"幻灯片放映"选项卡，单击"隐藏幻灯片"按钮。此时，被隐藏的幻灯片编号上将出现图标，表示该幻灯片被隐藏。

2. 取消隐藏

若需要重新放映已经隐藏的幻灯片，首先单击需要恢复的幻灯片，然后在"幻灯片放映"选项卡上单击"隐藏幻灯片"按钮。此时幻灯片编号上的图标▣消失，表示该幻灯片可以放映。

6.4　演示文稿的打印与发布

6.4.1　打印

演示文稿不仅可以放映，还可以打印成讲义。打印之前，应设计好要打印文稿的大小和打印方向，以取得良好的打印效果。

选择"文件"→"打印"命令，在"打印"选项中可以根据需要进行设置。PowerPoint 2010的打印设置与 Word 中的类似，如图 6-47 所示，其中，可以设置打印整页幻灯片、备注页或大纲幻灯片等；可设置以颜色、灰度或纯黑白方式打印幻灯片；如果在演示文稿中设置了"自定义放映"方式，则可以单独打印自定义的幻灯片。

图 6-47　"打印"命令项

6.4.2　演示文稿的打包

PowerPoint 提供了一个"打包"工具，它将播放器(系统默认为 pptview.exe)和演示文稿压缩后存放在同一盘内，然后在演示的计算机上再将播放器和演示文稿一起解压缩，从而实现演示文稿在异地的计算机(不需安装 PowerPoint 软件)上播放。

1. 打包演示文稿

演示文稿"打包"工具是一个很有效的工具，它不仅使用方便，而且也极为可靠。如果将播放器和演示文稿一起打包，那么，可在没有安装 PowerPoint 的计算机上播放此演示文稿。

打包演示文稿的步骤如下：

① 打开要打包的演示文稿。

② 选择"文件"选项卡中的"保存并发送"命令，单击"将演示文稿打包成 CD"按钮。

③ 出现如图 6-48 所示的"打包成 CD"对话框。

④ 若单击"添加"按钮，则打开"添加文件"对话框，添加所需的文件；若单击"选项"按钮，则打开"选项"对话框，如图 6-49 所示。可在其中更改设置，还可设置密码保护，单击"确定"按钮，返回到"打包成 CD"对话框。

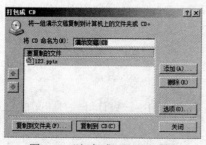

图 6-48　"打包成 CD"对话框

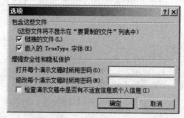

图 6-49　"选项"对话框

若单击"复制到文件夹"按钮，则打开"复制到文件夹"对话框，如图 6-50 所示，可在其中设置文件夹名及存放位置。

图 6-50　"复制到文件夹"对话框

⑤ 单击"确定"按钮。

2. 解包演示文稿

已打包的演示文稿在异地计算机必须解压缩(解包)后才能进行放映。其操作步骤如下：

① 插入装有已打包的演示文稿的存储介质(如光盘、U 盘等)。

② 使用"Windows 资源管理器"定位在已打包的演示文稿所在的驱动器，然后双击其中的 pptview.exe 文件。

③ 在打开的对话框中选择所需演示的打包文稿。

保存在计算机中已展开的演示文稿，这样随时都可使用 PowerPoint 播放器播放。

6.4.3　发布网页

PowerPoint 可以将演示文稿或 HTML 文件发布到 WWW 网站上，操作步骤如下：

① 打开或创建要发表到 Web 上的演示文稿或 Web 页。

② 选择"文件"选项卡中的"保存并发送"命令，单击"保存到 Web"按钮，打开"另存为"对话框，如图 6-51 所示。

③ 在"文件名"文本框中输入网页的

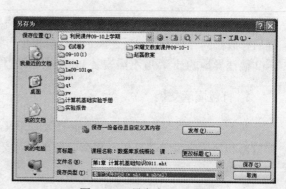

图 6-51　"另存为"对话框

文件名，在文件夹列表中选择 Web 页所在的位置。

　　若要更改网页标题，则单击"更改标题"按钮，打开"设置页标题"对话框，如图 6-52 所示。在"页标题"文本框中输入新标题，之后单击"确定"按钮。

图 6-52　"设置页标题"对话框

　　若单击"发布"按钮，则打开"发布为网页"对话框，如图 6-53 所示。在该对话框中设置所需选项。

　　单击"Web 选项"按钮，显示"Web 选项"对话框，如图 6-54 所示。可选择其他网页格式和显示选项，设置完毕后单击"确定"按钮。

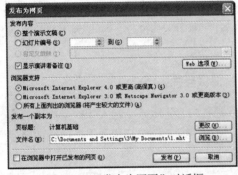

图 6-53　"发布为网页"对话框

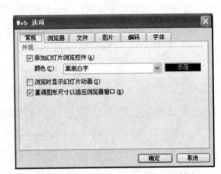

图 6-54　"Web 选项"对话框

　　④ 为确保演示文稿在 Web 浏览器中的显示情况符合要求，一般在发布之前以 Web 页方式进行预览，为此选中"在浏览器中打开已发布的网页"复选框查看预览情况。

　　⑤ 单击"发布"按钮即可。

6.5　PowerPoint 2010 操作训练

注意：
题干中指定的文件和素材可在各题对应的文件夹中查找。

一、请在演示文稿中完成以下操作，完成之后请保存并关闭窗口

1. 插入一张幻灯片，版式为"标题和内容"，背景图为"背景 1"，并进行如下设置：
(1) 标题内容为"中国传统节日---春节"，字体为"方正舒体"，字号为"48"，颜色为"RGB(255，0，102)"；
(2) 内容为"文字资料.txt"中的相应文字，字体为"华文新魏"，字号为"24"；
(3) 添加图片"炮竹.gif"，设置高度为"8.7 厘米"，宽度为"3.2 厘米"；添加图片"祝福.gif"，设置高度为"5.2厘米"，宽度为"5.7厘米"；两图片同时进入，效果为"淡出"。

2. 插入一张幻灯片，选择版式为"空白"，背景效果为纹理"羊皮纸"，并进行如下设置：

(1) 添加两个艺术字，艺术字库"第3行第4列"，内容为"春""联"，字体为"华文新魏"，字号为"80"，颜色为"RGB(255，0，0)"，两艺术字同时进入，效果为"飞入"；

(2) 插入一个横排文本框，内容为"文字资料.txt"中的相应文字，字体为"华文行楷"，字号为"20"，颜色为"RGB(255，0，0)"；

(3) 添加图片"春联1.gif""春联2.jpg""春联3.gif"，三幅图片同时进入，效果为"劈裂"。

3. 插入一张幻灯片，选择版式为"仅标题"，背景图片为"背景2"，并进行如下设置：

(1) 标题内容为"年画"，字体为"华文行楷"，字号为"80"，颜色为"RGB(128，0，0)"；

(2) 添加图片"年画1.jpg"，设置高度为"6厘米"，宽度为"9厘米"，添加图片"年画2.gif"，设置高度为"5厘米"，宽度为"7厘米"，两图片同时进入，效果为"随机线条"。

(3) 插入一个横排文本框，内容为"文字资料.txt"中的相应文字，字号为"20"、颜色为"RGB(255，0，0)"，字形为"加粗"。

二、请在演示文稿中完成以下操作，完成之后请保存并关闭窗口

1. 插入4张新幻灯片，第2张幻灯片采用"标题和内容"版式。输入如样张所示的标题和项目文本。其中，项目符号可在Wingdings字体中找到。第3张幻灯片采用"标题和内容"版式。标题为"楼兰"，文本为"不驭一缰，何以驭天下。"

第4张幻灯片采用"垂直排列标题与文本"版式。标题为"天籁"，文本为"卓越技术，典范价值。"第5张幻灯片采用"标题和竖排文字"版式。标题为"骐达"，项目文本为"领享潮流，舒享空间。"

2. 为第2张幻灯片中的"骐达"添加超链接，以便在放映过程中可以迅速定位到第5张幻灯片。

3. 在第3至第5张幻灯片右下角绘制"自定义"按钮,(要求在按钮上显示文字: 返回)， 以便在放映过程中单击"返回"按钮可以跳转到第2张幻灯片。

4. 为幻灯片应用主题"行云流水"。

5. 在第3张幻灯片内设置自定义动画：单击鼠标，语句"不驭一缰，何以驭天下。"出现，效果为"百叶窗"，方向"水平"。

6. 为每张幻灯片设置切换效果：溶解。

7. 使用母版为幻灯片添加此题文件夹下的图片"PPT 图片素材.jpg"。使图片显示在每张幻灯片的左下角位置。

8. 为第2、3、4、5张幻灯片添加幻灯片编号。

三、请在演示文稿中完成以下操作，完成之后请保存并关闭窗口

1. 插入一张幻灯片，版式为"标题和内容"，并完成如下设置：

(1) 设置标题内容为"计算机基本知识"，字体为"黑体"，字形为"加粗"，字号为"54"。

(2) 设置文本内容为"计算机的产生、发展、应用""计算机系统组成""计算机安全常

识"。为文字"计算机的产生、发展、应用"设置超链接为"下一张幻灯片"。

(3) 插入任意一幅剪贴画,设置水平位置为"18.46 厘米",竖直位置为"8.73 厘米"。

2. 插入一张新幻灯片,版式为"空白"的幻灯片,并完成如下设置:

(1) 插入一个横排文本框,设置文字内容为"计算机的产生、发展、应用",字号为"36"。

(2) 插入一个横排文本框,设置文字内容为"第一台计算机 ENIAC1946 年诞生于美国"。

(3) 设置两个横排文本框进入时的自定义动画都为"飞入"(不同时),方向为"自右侧",位置和大小参照样张图片。

(4) 插入任意一幅剪贴画,设置进入时的自定义动画为"飞入",方向为"自左侧"。

3. 插入一张新幻灯片,版式为"空白",并完成如下设置:

插入任意样式的艺术字,设置文字为"谢谢观赏",字号为"80"。

4. 使用"活力"主题模板修饰全文。放映方式为"观众自行浏览(窗口)"。

5. 将第一张幻灯片的背景填充设置为"50%"图案。全部幻灯片切换效果为"溶解"。

四、请在演示文稿中完成以下操作,完成之后请保存并关闭窗口

完善 PowerPoint 文档,具体要求如下:

1. 为所有幻灯片应用此题文件夹中的设计模板 Moban05.potx,并在幻灯片母版的日期区插入固定的日期,为"2012 年 10 月 20 日"。

2. 设置第一张幻灯片的标题为"虚拟现实概述",并设置标题的动画效果为自左侧切入,单击时开始。

3. 在第二张幻灯片中插入图片 pic.jpg,设置图片高度为 5 厘米、宽度为 7 厘米,水平和垂直方向距离左上角均为 12 厘米。

4. 为第三张幻灯片中带项目符号的各行文字建立超链接,分别指向具有相应标题的幻灯片。

5. 设置全部幻灯片的切换效果为"从全黑淡出"。

五、请在演示文稿中完成以下操作,完成之后请保存并关闭窗口

完善 PowerPoint 文档,具体要求如下:

1. 将所有幻灯片背景填充效果预设为"茵茵绿原"。

2. 除标题幻灯片外,在其他幻灯片中添加幻灯片编号。

3. 为第二张幻灯片文本区中的各行文字建立超链接,分别指向具有相应标题的幻灯片。

4. 在最后一张幻灯片的右下角添加"第一张"动作按钮,超链接指向第一张幻灯片。

5. 第一张幻灯片中插入剪贴画,并将图片超链接到"http://www.hrbnu.rdu.cn/"。

六、请在演示文稿中完成以下操作,完成之后请保存并关闭窗口

1. 设置幻灯片版式为"仅标题",并完成如下设置:

(1) 设置标题文字内容为"中国大事"。

(2) 插入横排文本框,输入内容为"WTO",设置字号为"41"。

(3) 插入任意一幅剪贴画,设置高度为"8.45 厘米",宽度为"12.73 厘米"。

2. 插入一张新幻灯片，版式为"空白"，并完成如下设置：

(1) 插入此题文件夹下的音频文件"P01-M.mp3"，设置音频"自动"播放。

(2) 插入一个垂直文本框，设置文字内容为"多年的努力终于有了回报"，字体为"黑体"，字形为"加粗、倾斜"，字号为"36"。

3. 设置所有幻灯片的宽度为"23.28 厘米"，高度为"17.99 厘米"。

4. 为所有幻灯片添加主题，主题为"凤舞九天"。

5. 设置所有幻灯片切换方式为"形状菱形"，单击鼠标换页并伴有风声。

6. 在第 4 张幻灯片中插入此题文件夹下的图片 pptpic.jpg，并设置自定义动画，当幻灯片显示 1 秒后以"浮入"方式进入。

7. 将第 4 张幻灯片中的图片超链接到"http://www.njqxs.com/"。

七、请在演示文稿中完成以下操作，完成之后请保存并关闭窗口

完善 PowerPoint 文档，具体要求如下：

1. 删除最后一张幻灯片，并将第 4 张幻灯片与第 5 张幻灯片互换位置。

2. 为所有幻灯片应用此题文件夹中的设计模板 Moban04.potx。

3. 为第 2 张幻灯片文本区中的文字建立超链接，分别指向具有相应标题的幻灯片。

4. 在第 1 张幻灯片副标题位置输入日期，为"2012 年 10 月 10 日"，并设置该日期的动画效果为百叶窗，单击时开始。

5. 在最后一张幻灯片的右下角插入图片 friend.jpg，并设置其动画效果为自顶部擦除。

6. 在最后一张幻灯片中插入动作按钮，并将其动作设置为当单击鼠标时，超链接到第一张幻灯片。

八、请在演示文稿中完成以下操作，完成之后请保存并关闭窗口

1. 插入一张新幻灯片，版式为"标题幻灯片"，并完成如下设置：

(1) 设置主标题为"图片浏览"，字形为"倾斜"，字号为"72"。

(2) 设置副标题为"图片一"，超链接为"下一张幻灯片"。

2. 插入一张新幻灯片，版式为"空白"，并完成如下设置：

(1) 插入此题文件夹下的图片"P01-M.GIF"，设置高度为"10.48 厘米"，宽度为"20.96 厘米"。

(2) 插入一横排文本框，设置文本内容为"图片二"，超链接为"下一张幻灯片"。

3. 插入一张新幻灯片，版式为"空白"，并完成如下设置：

插入此题文件夹下的图片"P01-M.GIF"，设置图片的高度为"11.83 厘米"，宽度为"15.77 厘米"。

九、请在演示文稿中完成以下操作，完成之后请保存并关闭窗口

完善 PowerPoint 文档，具体要求如下：

1. 将"医疗垃圾.pptx"中的幻灯片添加至本 PowerPoint 文档的末尾，所有幻灯片应用此题文件夹中的设计模板 Moban01.potx。

2. 在所有幻灯片页脚区添加文字"保护环境，人人有责"。

3. 在第四张幻灯片右下角插入图片 yhlj.jpg，并设置所有幻灯片切换为：形状、效果：圆，单击鼠标时换页。

4. 为第 1 张幻灯片中的文字建立超链接，分别指向具有相应标题的幻灯片。

十、请在演示文稿中完成以下操作，完成之后请保存并关闭窗口

1. 插入第 1 张幻灯片，版式为"标题幻灯片"，设置主标题为"节约资源"，副标题为"变废为宝"。

2. 添加第 2、3 张幻灯片。

3. 第 2 张幻灯片版式为"两栏内容"，内容及项目符号如"样张 2"所示。

4. 第 3 张幻灯片版式为"标题和内容"，标题为"循环"，内容插入任意剪贴画，并为剪贴画设置自定义动画"飞入"，方向"自左侧"。

5. 给第 3 张幻灯片上的图片设置超链接，超链接到第 2 张幻灯片。

6. 设置所有幻灯片的页眉和页脚：

幻灯片编号：自动编号。

页脚：循环利用。

7. 设置所有幻灯片的切换效果为"溶解"。

8. 设置所有幻灯片的主题为"波形"。

十一、请在演示文稿中完成以下操作，完成之后请保存并关闭窗口

1. 插入一张幻灯片，版式为"标题幻灯片"，选择"华丽"为主题应用于所有幻灯片，并完成如下设置：

(1) 设置主标题文字内容为"1234567"，字体为"华文琥珀"，字形为"倾斜"，字号为"54"，颜色为"标准色-绿色 RGB(0，176，80)"，进入时的自定义动画为"螺旋飞入"。

(2) 设置副标题文字内容为"7654321"，字体为"华文新魏"，字形为"倾斜"，字号为"54"，颜色为"标准色-绿色 RGB(0，176，80)"，进入时的自定义动画为"螺旋飞入"，动画文本为按"字母"。

2. 插入第二张幻灯片，选择幻灯片版式为"内容与标题"：

(1) 设置标题文字内容为"个人简历"。

(2) 在文本处添加"姓名：张三"，"性别：男"，"年龄：24"，"学历：本科"四段文字。

(3) 在剪贴画处添加任意一个剪贴画。

3. 设置标题进入时的自定义动画为"飞入"，方向为"自右侧"，增强动画文本为"按字/词"，文本框进入时的自定义动画为"向内溶解"，增强动画文本为"按字/词"，剪贴画进入时的自定义动画为"飞入"，方向为"自底部"。

4. 设置全部幻灯片切换效果为"从全黑淡出"。

十二、请在演示文稿中完成以下操作，完成之后请保存并关闭窗口

1. 在第 1 张幻灯片之后插入第 2 张幻灯片"赏析目录"，采用"两栏内容"版式。输入样张所示的标题和项目文本。

2. 为幻灯片应用"夏至"主题。

3. 为第2张"赏析目录"幻灯片中的"红楼梦"创建超链接，以便在放映过程中可以迅速定位到第4张"红楼梦"幻灯片。

4. 在第4张"红楼梦"幻灯片右下角插入如样张所示图形，放映时单击该图形，可返回第2张"赏析目录"幻灯片。

5. 在第3张"西游记"幻灯片内，插入此题文件夹下的"西游记.jpg"，并为图片设置自定义动画效果自左侧"飞入"。

6. 设置第一张幻灯片的切换效果为自左侧"揭开"。

7. 为所有幻灯片设置页脚为"古典名著赏析"，标题幻灯片不显示页脚。

十三、请在演示文稿中完成以下操作，完成之后请保存并关闭窗口

1. 插入一张新幻灯片，版式为"空白"，并完成如下设置：
(1) 插入任意一张剪贴画，设置进入时的自定义动画效果为"飞入"、方向为"自右侧"。
(2) 插入一个垂直文本框，设置文字内容为"开始考试"，超链接为"下一张幻灯片"。
2. 插入一张新幻灯片，版式为"两栏内容"并完成如下设置：
(1) 设置标题为"考试"，字形为"加粗"，字号为"60"。
(2) 在文本框内设置文字内容为"考试时不允许作弊，要认真作答，独立完成。"。
(3) 插入任意一幅剪贴画，设置水平位置为"13.34厘米"，垂直位置为"5.93厘米"。
3. 插入一张新幻灯片，版式为"空白"，并完成如下设置：
(1) 插入横排文本框，设置内容为"中华人民共和国"，字体为"华文细黑"，字形为"加粗"，字号为"60"。
(2) 插入一个"前进或下一项"的动作按钮，设置超链接到"下一张幻灯片"。
4. 插入一张新幻灯片，版式为"空白"，并完成如下设置：
插入任意一幅剪贴画，设置进入时的自定义动画效果为"形状"，形状为"圆"，方向为"放大"。
5. 设置幻灯片的宽度为"24.34厘米"，高度为"19.05厘米"。
6. 选定主题"流畅"应用到所有幻灯片。

十四、请在演示文稿中完成以下操作，完成之后请保存并关闭窗口

1. 插入第1张幻灯片，采用"标题幻灯片"版式。标题为"2012年伦敦奥运会"，黑体，66号字，加粗。副标题为"London Olympic Games"，字体为：Arial Black，36号字，字体颜色为"白色，背景1"。

2. 为第一张幻灯插入一张背景图片为"伦敦.jpg"(图片在此题文件夹下)，且隐藏背景图形。

3. 插入第2张幻灯片，用"标题和内容"版式。标题栏输入"奥运会简介"，文本内容如下，项目符号如样张2所示：
举办地点：伦敦
举办时间：2012年7月27日至8月12日
届数：第三十届夏季
吉祥物

4. 插入第 3 张幻灯片，用"标题和内容"版式。标题为"吉祥物"。插入图片"吉祥物"，并插入"圆形标注"，文字为"文洛克"。根据样张适当调整图片及文字大小。

5. 为所有幻灯片设置幻灯片编号。

6. 为第二张幻灯片设计主题"跋涉"。并在此张幻灯片中创建跳转到其他幻灯片的链接，要求：单击"吉祥物"时，链接到第三张幻灯片。

7. 设置全部幻灯片切换效果为"蜂巢"。

十五、请在演示文稿中完成以下操作，完成之后请保存并关闭窗口

1. 在第一张新幻灯片中进行如下设置：

(1) 设置主标题的文字内容为"校园"，字形为"加粗、倾斜"，字号为"60"。

(2) 设置副标题文字内容为"周边环境"，超链接为"下一张幻灯片"。

(3) 插入此题文件夹下的音频文件"P01-M.mp3"，设置音频操作为"自动"播放。

2. 插入一张新幻灯片，版式为"垂直排列标题与文本"，并完成如下设置：

(1) 设置标题文字内容为"网吧"，字号为"40"。

(2) 设置文本内容为"上网"。

(3) 插入任意一副剪贴画，设置高度为"6.22 厘米"，宽度为"10.59 厘米"。

3. 设置所有幻灯片的切换效果为"百叶窗"。

4. 插入一张幻灯片，选择"行云流水"主题，版式为"空白"。

(1) 插入一个横排文本框，设置文字内容为"让我们来观察一下平面效果和立体效果"，字体为"幼圆"，字号为"32"，字形为"加粗"，进入时的自定义动画为"百叶窗"，方向为"水平"。

(2) 插入自选图形中的"矩形"，设置填充色为"浅蓝 RGB(183，193，235)，进入时的自定义动画为"劈裂"，方向为"上下向中央收缩"。

(3) 复制并粘贴该矩形，设置三维旋转效果为"等轴左下"。

(4) 设置该图形进入时的自定义动画为"劈裂"效果，方向为"上下向中央收缩"，顺序和时间为"上一动画之后"，延迟"2 秒"。

5. 设置所有幻灯片的主题为"流畅"。

第 7 章

数据库管理系统Access 2010

引言

在当今不断信息化、互联网化的社会中，数据库的应用无所不在。例如：银行的业务系统、车站及航空公司的售票系统、图书馆的图书借阅系统、学校的档案管理系统和成绩管理系统等。数据库与人们的生活已密不可分，每一个人的生活几乎都离不开数据库。因此掌握数据库的基本知识及使用方法，不仅是计算机科学与技术专业、信息管理专业学生的基本技能，也逐渐成为非计算机专业学生必备的技能之一。掌握数据库技术是适应信息化时代的重要基础。

Microsoft Access 2010 是一个数据库应用程序设计和部署工具，可用它来跟踪重要信息。它是 Office 2010 软件包中的一款数据库管理系统应用软件，可以将数据存储在 Access 2010 数据库中，也可以将其发布到网站上，以便其他用户通过 Web 浏览器来使用数据库。

内容结构图

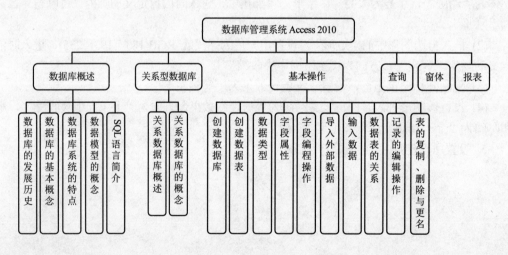

学习目标

通过对本章的学习，我们能够做到：

- 了解：关系型数据库中的相关知识。
- 理解：数据库中的有关概念。
- 应用：在 Access 2010 中创建数据库和数据表的方法，查询、窗体、报表的创建方法。

7.1 数据库概述

7.1.1 数据库的发展历史

数据库技术产生于 20 世纪 60 年代末 70 年代初,其主要目的是有效地管理和存取大量的数据资源。数据库技术主要研究如何存储、使用和管理数据,是信息系统的一项核心技术。该技术通过研究数据库的结构、存储、设计、管理以及应用的基本理论和实现方法,并利用这些理论来处理数据库中的数据。

近年来,数据库技术和计算机网络技术的发展相互渗透,相互促进,已成为当今计算机领域发展迅速,应用广泛的两大领域。数据库技术不仅应用于事务处理,并且进一步应用到情报检索、人工智能、专家系统、计算机辅助设计等领域。

按照数据模型来划分,数据库系统的发展可以划分为三个阶段:第一代的网状、层次数据库系统;第二代的关系数据库系统;第三代的以面向对象模型为主要特征的数据库系统。

第一代数据库的代表是 1969 年 IBM 公司研制的层次模型的数据库管理系统 IMS 和 20 世纪 70 年代美国数据库系统语言研究会 CODASYL 下属数据库任务组 DBTG 提议的网状模型。层次数据库的数据模型是有根的定向有序树,网状模型对应的是有向图。这两种数据库奠定了现代数据库发展的基础。它们具有如下共同点。

(1) 支持三级模式(外模式、模式、内模式)。保证数据库系统具有数据与程序的物理独立性和一定的逻辑独立性。

(2) 用存取路径来表示数据之间的联系。

(3) 有独立的数据定义语言。

(4) 有导航式的数据操纵语言。

第二代数据库的主要特征是支持关系数据模型(数据结构、关系操作、数据完整性)。关系模型具有以下特点。

(1) 关系模型的概念单一,实体和实体之间的联系用关系来表示。

(2) 以关系数学为基础。

(3) 数据的物理存储和存取路径对用户不透明。

(4) 关系数据库语言是非过程化的。

20 世纪 70 年代关系模型的诞生为数据库专家提供了构造和处理数据库的标准方法,推动了关系数据库的发展和应用。其中涌现出了许多关系数据库管理系统,如 DB2、Ingres、Oracle、Informix、Sybase 等。这些商用数据库系统的应用使数据库技术日益广泛地应用到企业管理、情报检索、辅助决策等方面,成为实现和优化信息系统的基本技术。

第三代数据库产生于 20 世纪 80 年代,随着科学技术的不断进步,各个行业领域对数据库技术提出了更多的需求,关系型数据库已经不能完全满足需求,于是产生了第三代数据库,主要有以下特征。

(1) 支持数据管理、对象管理和知识管理。

(2) 保持和继承了第二代数据库系统的技术。

(3) 对其他系统开放，支持数据库语言标准，支持标准网络协议，有良好的可移植性、可连接性、可扩展性和互操作性等。

第三代数据库支持多种数据模型，并和诸多新技术相结合，广泛应用于多个领域，由此也衍生出多种新的数据库技术。

分布式数据库允许用户开发的应用程序把多个物理分开的、通过网络互联的数据库当作一个完整的数据库看待。并行数据库通过 cluster 技术把一个大的事务分散到 cluster 中的多个节点去执行，提高了数据库的吞吐和容错性。多媒体数据库提供了一系列用来存储图像、音频和视频等的数据类型，这样可以更好地对多媒体数据进行存储、管理和查询。模糊数据库是存储、组织、管理和操纵模糊数据库的数据库，可以用于模糊知识处理。

7.1.2 数据库的基本概念

1. 数据的概念

数据(Data)是信息的载体，是描述客观事物的数字、字符，以及所有能输入到计算机中，被计算机程序识别和处理的符号的集合，一般可分为数值型数据和非数值型数据两大类，如数字、文本、声音、图形、图像和语言等。

2. 数据库的概念

数据库(DB)是依照某种数据模型组织起来并存放在二级存储器中的数据集合。这种数据集合具有如下特点：尽可能不重复，以最优方式为某个特定组织的多种应用服务，其数据结构独立于使用它的应用程序，对数据的增、删、改和检索由统一软件进行管理和控制。从发展的历史看，数据库是数据管理的高级阶段，它是由文件管理系统发展起来的。

3. 数据库管理系统的概念

数据库管理系统(DBMS)是一种针对对象数据库，为管理数据库而设计的大型计算机软件管理系统，是一种操纵和管理数据库的大型软件，用于建立、使用和维护数据库。用户通过DBMS访问数据库中的数据，数据库管理员也通过 DBMS 进行数据库的维护工作。它可使多个应用程序和用户用不同的方法在同时刻或不同时刻去建立、修改和询问数据库。具有代表性的数据库管理系统有 Oracle、Microsoft SQL Server、Access、MySQL 等。

4. 数据库系统的概念

数据库系统(DBS)通常由软件、数据库和数据管理员组成。其软件主要包括操作系统、各种宿主语言、实用程序以及数据库管理系统。数据库由数据库管理系统统一管理，数据的插入、修改和检索均要通过数据库管理系统进行。数据管理员负责创建、监控和维护整个数据库，使数据能被任何有权使用的人有效使用。

5. 数据库应用系统的概念

数据库应用系统(DBAS)是指系统开发人员利用数据库系统资源开发出来的，面向某一类实际应用的软件系统。例如，以数据库为基础的教务管理系统、员工管理系统、图书管理系统等。

无论是面向内部业务和管理的管理信息系统，还是面向外部，提供信息服务的开放式信息系统，从实现技术角度而言，都是以数据库为基础和核心的计算机应用系统。

7.1.3　数据库系统的特点

1. 数据结构化

数据之间具有联系，面向整个系统。

2. 数据的共享性高，冗余度低，易扩充

数据可以被多个用户、多个应用程序共享使用，可以大大减少数据冗余，节约存储空间，避免数据之间的不相容性与不一致性。

3. 数据独立性高

数据独立性包括数据的物理独立性和逻辑独立性。

物理独立性是指数据在磁盘上的数据库中如何存储是由 DBMS 管理的，用户的应用程序不需要了解，用户的应用程序要处理的只是数据的逻辑结构。这样，当数据的物理存储结构改变时，用户的应用程序不用改变。

逻辑独立性是指用户的应用程序与数据库的逻辑结构是相互独立的，也就是说，数据的逻辑结构改变了，用户的应用程序也可以不改变。

4. 数据由 DBMS 统一管理和控制

数据库的共享是并发的共享，即多个用户可以同时存取数据库中的数据，甚至可以同时存取数据库中的同一个数据。

DBMS 必须提供以下几方面的数据控制功能。

- 数据的安全性保护。
- 数据的完整性检查。
- 数据库的并发访问控制。
- 数据库的故障恢复。

7.1.4　数据模型的概念

在数据库技术中，表示实体类型及实体类型间联系的模型称为数据模型。

1. 数据模型的分类

数据模型按不同的应用层次分为三种类型：分别是概念数据模型、逻辑数据模型和物理数据模型。

(1) 概念数据模型：简称概念模型，是面向数据库用户的现实世界的模型，主要用来描述世界的概念化结构，它使数据库的设计人员在设计的初始阶段，摆脱计算机系统及 DBMS 的具体技术问题，集中精力分析数据以及数据之间的联系等，与具体的数据管理系统无关。概念数据模型必须转换成逻辑数据模型，才能在 DBMS 中实现。

(2) 逻辑数据模型：简称数据模型，这是用户从数据库所看到的模型，是具体的 DBMS 所支持的数据模型，如网状数据模型、层次数据模型等。此模型既要面向用户，又要面向系统，主要用于数据库管理系统(DBMS)的实现。

(3) 物理数据模型：简称物理模型，是面向计算机物理表示的模型，描述了数据在存储介质上的组织结构，它不但与具体的 DBMS 有关，而且还与操作系统和硬件有关。每一种逻辑数据模型在实现时都有对应的物理数据模型。为了保证其独立性与可移植性，大部分物理数据模型的实现工作由系统自动完成，而设计者只设计索引、聚集等特殊结构。

2. 数据模型的三要素

一般而言，数据模型是严格定义的一组概念的集合，这些概念精确地描述了系统的静态特征(数据结构)、动态特征(数据操作)和完整性约束条件，这就是数据模型的三要素。

(1) 数据结构

数据结构是所研究的对象类型的集合。这些对象是数据库的组成成分，数据结构指对象和对象间联系的表达和实现，是对系统静态特征的描述，包括以下两个方面。

- 数据本身：类型、内容、性质。例如关系模型中的域、属性、关系等。
- 数据之间的联系：数据之间是如何相互关联的，例如关系模型中的主码、外码联系等。

(2) 数据操作

对数据库中对象的实例允许执行的操作集合，主要指检索和更新(插入、删除、修改)两类操作。数据模型必须定义这些操作的确切含义、操作符号、操作规则(如优先级)以及实现操作的语言。数据操作是对系统动态特征的描述。

(3) 数据完整性约束

数据完整性约束是一组完整性规则的集合，规定数据库状态及状态变化所应满足的条件，以保证数据的正确性、有效性和相容性。

7.1.5 SQL 语言简介

SQL 是一种结构化的查询语言，它是实现与关系数据库通信的标准语言。SQL 标准是由ISO(国际标准化组织)和 ANSI(美国国家标准化组织)共同制定的，从 1983 年开始到目前经历的标准主要有 SQL86、SQL89、SQL92、SQL99、SQL2003。

1. SQL 简介

SQL 作为关系数据库中操作的标准语言，集数据定义语言(简称 DDL)、数据查询语言(简称DQL)、数据操作语言(简称 DML)、数据控制语言(简称 DCL)和事务控制语言的功能于一体。SQL 语言主要用于完成对数据库的操作，例如查询数据、添加数据、修改数据、删除数据、创建和删除数据库对象、修改表结构等。

2. SQL 语言的分类

SQL 语言主要包括数据定义语言、数据查询语言、数据操作语言、数据控制语言和事务控制语言等。

(1) 数据查询语言：主要用于查询数据库中的数据。其主要语句为 SELECT 语句。SELECT 语句是 SQL 语言中最重要的部分。SELECT 语句中主要包括 5 个子句，分别是 FROM 子句、WHERE 子句、GROUP BY 子句、HAVING 子句和 WITH 子句。

(2) 数据定义语言：主要用于创建、修改和删除数据库对象(数据表、视图、索引等)，包括 CREATE、ALTER 和 DROP 这 3 条语句。

(3) 数据控制语言：主要用于授予和回收访问数据库的某种权限。包括 GRANT、REVOKE 等语句。其中，GRANT 语句用于向用户授予权限，REVOKE 语句用于向用户收回权限。

(4) 事务控制语言：主要用于数据库对事务的控制，保证数据库中数据的一致性，包括 COMMIT、ROLLBACK 等语句。其中，COMMIT 用于事务的提交，ROLLBACK 用于事务的回滚。

3. SQL 语言的特点

(1) 非过程化语言，即用户只需关心要做什么就可以了。
(2) 语言结构简便，容易上手。
(3) 采用集合操作方式。
(4) 可以嵌入到一些高级语言中使用。

7.2　常用的数据库管理系统介绍

常用的数据库管理系统有：Sybase 系列、Oracle、DB2、SQL Server、Visual FoxPro 和 Access 等，下面分别进行简单的介绍。

1. Sybase 系列

Sybase 公司成立于 1984 年 11 月，产品研究和开发包括企业级数据库、数据复制和数据访问。主要产品有：Sybase 的旗舰数据库产品 Adaptive Server Enterprise、Adaptive Server Replication、Adaptive Server Connect 及异构数据库互联选件。Sybase ASE 是其主要的数据库产品，可以运行在 UNIX 和 Windows 平台。Sybase Warehouse Studio 在客户分析、市场划分和财务规划方面提供了专门的分析解决方案。Warehouse Studio 的核心产品有 Adaptive Server IQ，其专利化的从底层设计的数据存储技术能快速查询大量数据。围绕 Adaptive Server IQ 有一套完整的工具集，包括数据仓库或数据集市的设计，各种数据源的集成转换，信息的可视化分析，以及关键客户数据(元数据)的管理。Internet 应用方面的产品有中间层应用服务器以及强大的 RAD 开发工具 PowerBuilder 和业界领先的 4GL 工具。

2. Oracle

Oracle 公司是全球最大的信息管理软件及服务供应商，成立于 1977 年，总部位于美国加州 Redwood Shores。Oracle 提供的完整的电子商务产品和服务包括：用于建立和交付基于 Web 的 Internet 平台；综合、全面的具有 Internet 能力的商业应用；强大的专业服务，帮助用户实施电子商务战略，以及设计、定制和实施各种电子商务解决方案。

Oracle 的功能比较强大，一般用于超大型管理系统软件的建立，现在的应用范围已经比较广泛。

3. DB2

DB2 是 IBM 公司的产品，是一个多媒体、Web 关系型数据库管理系统，其功能足以满足大中型公司的需要，并可灵活地服务于中小型电子商务解决方案。DB2 系统在企业级的应用中十分广泛，目前全球 DB2 系统用户超过 6000 万，分布于约 40 万家公司。1968 年 IBM 公司推出的 IMS(Information Management System)是层次数据库系统的典型代表，是第一个大型的商用数据库管理系统。1970 年，IBM 公司的研究员首次提出了数据库系统的关系模型，开创了数据库关系方法和关系数据理论的研究，为数据库技术奠定了基础。DB2 的另一个非常重要的优势在于基于 DB2 的成熟应用非常丰富，有众多的应用软件开发商围绕在 IBM 的周围。

4. SQL Server

SQL Server 是微软公司开发的大型关系型数据库系统。SQL Server 的功能比较全面，效率高，可以作为大中型企业或单位的数据库平台。SQL Server 在可伸缩性与可靠性方面做了许多工作，近年来在许多企业的高端服务器上得到了广泛的应用。同时，该产品继承了微软产品界面友好、易学易用的特点，与其他大型数据库产品相比，在操作性和交互性方面独树一帜。SQL Server 可以与 Windows 操作系统紧密集成，这种安排使 SQL Server 能充分利用操作系统所提供的特性，不论是应用程序开发速度还是系统事务处理运行速度都能兼而有之。SQL Server 是目前应用比较广泛和普遍的一款数据库，是数据库发展的一个里程碑。

5. Visual FoxPro

Visual FoxPro 是微软公司开发的一个微机平台关系型数据库系统，支持网络功能，适合作为客户机/服务器和 Internet 环境下管理信息系统的开发工具。Visual FoxPro 的设计工具、面向对象的以数据为中心的语言机制、快速数据引擎、创建组件的功能使它成为一种功能较为强大的开发工具，开发人员可以使用它开发基于 Windows 的分布式内部网应用程序。Visual FoxPro 是在 dBASE 和 FoxBase 系统的基础上发展而成的。

6. Access

Access 是微软 Office 办公套件中一个重要成员。主要用于开发单机版软件，现在它已经成为世界上最流行的桌面数据库管理系统之一。和 Visual FoxPro 相比，Access 更加简单易学，一个普通的计算机用户即可掌握并使用它。同时，Access 的功能也足以应付一般的小型数据管理及处理的需要。无论用户是要创建一个个人使用的独立的桌面数据库，还是部门或中小公司使用的数据库，在需要管理和共享数据时，都可以使用 Access 作为数据库平台，这提高了个人的工作效率。

7.3　关系型数据库的基本介绍

关系型数据库，是建立在关系模型基础上的数据库，借助于集合代数等数学概念和方法来处理数据库中的数据。现实世界中的各种实体以及实体之间的各种联系均用关系模型来表示。标准数据查询语言 SQL 就是一种基于关系型数据库的语言，这种语言执行对关系型数据库中数据的检索和操作。关系模型由关系数据结构、关系操作集合、关系完整性约束三部分组成。简单来说，关系型数据库是由多张能互相连接的二维行列表格组成的数据库。

7.3.1　关系型数据库概述

1. 关系型数据库的概念

所谓关系型数据库，是指采用了关系模型来组织数据的数据库。关系模型是在 1970 年由 IBM 的研究员 E.F.Codd 博士首先提出的，在之后的几十年中，关系模型的概念得到了充分的发展并逐渐成为数据库架构的主流模型。简单来说，关系模型指的就是二维表格模型，而一个关系型数据库就是由二维表及其之间的联系组成的一个数据组织。下面列出了关系模型中的常用概念。

- 关系：可以理解为一个二维表，每个关系都具有一个关系名，就是通常说的表名。
- 元组：可以理解为二维表中的一行，在数据库中经常被称为记录。
- 属性：可以理解为二维表中的一列，在数据库中经常被称为字段。
- 域：属性的取值范围，也就是数据库中某一列的取值限制。
- 关键字：一组可以唯一标识元组的属性。数据库中常称为主键，由一个或多个列组成。
- 关系模式：指对关系的描述，其格式为：关系名(属性 1,属性 2,…,属性 N)。在数据库中通常称为表结构。

2. 关系型数据库的优点

关系型数据库相比其他模型的数据库而言，存在以下优点。

(1) 容易理解：二维表结构是非常贴近逻辑世界的一个概念，关系模型相对网状、层次等其他模型来说更容易理解。

(2) 使用方便：通用的 SQL 语言使得操作关系型数据库非常方便，程序员甚至于数据管理员可以方便地在逻辑层面操作数据库，而完全不必理解其底层实现。

(3) 易于维护：丰富的完整性(实体完整性、参照完整性和用户定义的完整性)大大降低了数据冗余和数据不一致的概率。

近几年来，非关系型数据库在理论上得到了快速的发展，例如：网状模型、对象模型、半结构化模型等。网状模型拥有性能较高的优点，通常应用在对性能要求较高的系统中。对象模型符合面向对象应用程序的思想，可以完美地和程序衔接，而不需要另外的中间转换组件。半结构化模型随着 XML 的发展而得到发展，现在已经有了很多半结构化的数据库模型。但是，凭借其理论的成熟、使用的便捷以及现有应用的广泛，关系型数据库仍然是系统应用中的主流方案。

　　关系型数据库是指采用了关系模型的数据库，简单来说，关系模型就是指二维表模型。相对于其他模型来说，关系型数据库具有理解更容易、使用更方便、维护更简单等优点。

7.3.2　关系型数据库的基本概念

　　关系型数据库是建立在关系模型基础上的数据库，借助于集合代数等数学概念和方法来处理数据库中的数据。现实世界中的各种实体以及实体之间的各种联系均用关系模型来表示。

1. 基本概念

- 关系：一个关系通常是指一张表。
- 元组：表中的一行即为一个元组。
- 属性：表中的一列即为一个属性，给每一个属性起一个名称即属性名。
- 候选码：若关系中的某一属性组的值能唯一地标识一个元组，则称该属性组为候选码。
- 全码：最极端的情况下关系模式的所有属性组是这个关系模式的候选码，称为全码。
- 主码：表中的某个属性组，它可以唯一确定一个元组。若一个关系有多个候选码，则选定其中一个为主码。
- 外码：相对主码而言的，用于建立两个表数据之间链接的一列或多列。
- 主属性：候选码的诸属性称为主属性。
- 非主属性：不包含在任何候选码中的属性称为非主属性或非码属性。
- 域：属性的取值范围。
- 分量：元组中的一个属性值。
- 关系模式：对关系的描述，形式化的表示为：关系名(属性1,属性2,…,属性n)。例如，学生(学号,姓名,年龄,性别,系,年级)。

2. 关系模型的三类完整性

　　关系数据模型由关系数据结构、关系操作、关系中的完整性约束规则三个基本部分组成。下面重点介绍三类完整性约束规则和关系上的操作。

　　关系模型中有三类完整性约束：实体完整性、参照完整性和用户定义的完整性。

　　(1) 实体完整性

　　实体完整性规则：若属性A是关系R的主属性，则A不能取空值。

　　实体完整性规则规定，关系的主码中的属性不能取空值。空值(NULL)不是0，也不是空字符串，而是没有值。换言之，所谓空值就是"不知道"或"无意义"的值。由于主码是实体的唯一标识，因此如果主属性取空值，关系中就会存在某个不可标识的实体，即存在不可区分的实体，这与实体的定义相矛盾，因此，这个规则称为实体完整性规则。

　　例如：选课(学号，课程号，成绩)关系中，属性组"学号"和"课程号"为主键，同时也是主属性，则这两个属性均不能取空值。

　　(2) 参照完整性

　　① 外码和参照关系

　　例如，有教师授课关系模型如下：

课程(课号，课名，学分)

教师(工号，姓名，职称，课号)

参考书(书号，书名，课号)

其中，关系教师中的属性"课号"不是主码，该属性与关系课程中的主码"课号"相对应。

因此，"课号"是关系教师的外码。关系教师是参照关系，关系课程是被参照关系。

② 参照完整性规则

例如，在上述教师授课关系模型中，关系教师中的外码"课号"只能是下面两类值。

- 空值。表示还未给该教师安排课。
- 非空值，但此值必须为被参照关系课程中某一门课程的"课号"。

在关系数据库中，表与表之间的联系是通过公共属性实现的。这个公共属性往往是一个表的主码，同时是另一个表的外码。

(3) 用户定义的完整性

任何关系数据库系统都应该支持实体完整性和参照完整性。除此之外，关系数据库系统根据现实世界中应用环境的不同，往往还需要另外的约束条件。用户定义的完整性就是针对某一具体要求来定义的约束条件，它反映某一具体应用所涉及的数据必须满足的语义要求。

例如，某个属性必须取唯一值，某些属性之间应满足一定的函数关系，某个属性的取值范围是 0～600 等。关系模型应提供定义和检验这类完整性的机制，以便系统用统一的方法处理它们，而不需要由应用程序来承担这一功能。

(4) 完整性约束规则的检查

为了维护数据库中数据的完整性，在对关系数据库执行插入、删除和修改操作时，就要检查是否满足以上三类完整性规则。

- 当执行插入操作时，首先检查实体完整性规则，插入行的主码属性上的值是否已经存在。若不存在，可以执行插入操作；否则不可以执行插入操作。再检查参照完整性规则，如果是向被参照关系插入，则不需要考虑参照完整性规则；如果是向参照关系插入，则要考虑插入行在外码属性上的值是否已经在相应被参照关系的主码属性值中存在，若存在，可以执行插入操作，否则不可以执行插入操作，或将插入行在外码属性上的值改为空值后再执行插入操作。最后检查用户定义的完整性规则，检查被插入的关系中是否定义了用户定义的完整性规则，如果定义了，则检查插入行在相应属性上的值是否符合用户定义的完整性规则。若符合，可以执行插入操作，否则不可以执行插入操作。

- 当执行删除操作时，一般只需要检查参照完整性规则。如果是删除被参照关系中的行，则应检查被删除行在主码属性上的值是否正在被相应的参照关系的外码引用，若没被引用，可以执行删除操作；若正在被引用，则有三种可能的做法：不可以执行删除操作，或将参照关系中相应行在外码属性上的值改为空值后再执行删除操作，或将参照关系中的相应行一起删除。

- 当执行修改操作时，因为修改操作可看成先执行删除操作，再执行插入操作，因此是上述两种情况的综合。

3. 关系模型上的操作

关系型数据库所使用的操作可以由抽象的关系代数和关系演算来表达，这部分内容涉及集合操作等简单数学问题，主要使用抽象符号来表示，能够脱离具体语言来表达查询、更新和控制等操作，这对于理解数据库操作十分有用。

7.4 Access 2010 基础

Microsoft Access 2010 是一个数据库应用程序设计和部署工具，可用它来跟踪重要信息。用户可以将数据保留在计算机上，也可以将其发布到网站上，以便其他用户可以通过 Web 浏览器来使用数据库。

Access 2010 工具可用于快速、方便地开发有助于用户管理信息的关系数据库应用程序。可用于创建一个数据库来帮助跟踪任何类型的信息，例如，清单、专业联系人或业务流程。实际上，Access 2010 提供了多个可直接用于跟踪各种信息的模板，因此，即便是初学者也很容易上手。

1. Access 2010 的组成对象

Access 2010 数据库由 7 种对象组成，它们是表、查询、窗体、报表、宏、页和模块。

- 表：是数据库的基本对象，是创建其他 6 种对象的基础。表由记录组成，记录由字段组成，表用来存储数据库的数据，故又称数据表。
- 查询：可以按索引快速查找到需要的记录，按要求筛选记录并能连接若干个表的字段组成新表。
- 窗体：提供了一种方便地浏览、输入及更改数据的窗口。还可以创建子窗体显示相关联的表的内容。
- 报表：将数据库中的数据分类汇总，然后打印出来，以便分析。
- 宏：相当于 DOS 中的批处理，用来自动执行一系列操作。Access 2010 列出了一些常用的操作供用户选择，使用起来十分方便。
- 页：是一种特殊的直接连接到数据库中数据的 Web 页。通过数据访问页将数据发布到 Internet 或 Intranet 上，并可以使用浏览器进行数据的维护和操作。
- 模块：功能与宏类似，但它定义的操作比宏更精细和复杂，用户可以根据自己的需要编写程序。模块使用 Visual Basic 编程。

2. Access 2010 的界面

与以前的版本相比，尤其是与 Access 2007 之前的版本相比，Access 2010 的用户界面发生了重大变化。Access 2007 中引入了两个主要的用户界面组件：功能区和导航窗格。而在 Access 2010 中，不仅对功能区进行了多处更改，而且还新引入了第三个用户界面组件，即 Microsoft Office Backstage 视图。如图 7-1 所示为 Access 2010 的主操作界面。

Access 2010 用户界面的三个主要组件如下：

功能区是一个包含多组命令且横跨程序窗口顶部的带状选项卡区域。

Backstage 视图是功能区的"文件"功能区上显示的命令集合。

图 7-1　Access 2010 的主操作界面

导航窗格是 Access 2010 程序窗口左侧的窗格，可以在其中使用数据库对象。导航窗格取代了 Access 2007 中的数据库窗口。这三个元素提供了供用户创建和使用数据库的环境。如图 7-2 所示为 Access 2010 建立数据库的操作界面。

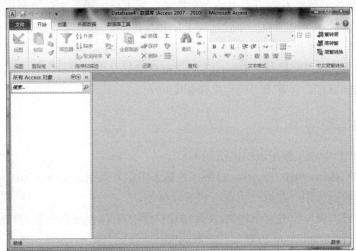

图 7-2　Access 2010 建立数据库的操作界面

(1) 功能区

功能区替代 Access 2007 之前的版本中存在的菜单和工具栏的主要功能。它主要由多个选项卡组成，这些选项卡上有多个按钮组。

功能区含有将相关常用命令分组在一起的主选项卡、只在使用时才出现的上下文选项卡。

(2) 导航窗格

导航窗格可帮助用户组织归类数据库对象，并且是打开或更改数据库对象设计的主要方式。导航窗格取代了 Access 2007 之前的 Access 版本中的数据库窗口。

　　导航窗格按类别和组进行组织。可以从多种组织选项中进行选择，还可以在导航窗格中创建自己的自定义组织方案。默认情况下，新数据库使用"对象类型"类别，该类别包含对应于各种数据库对象的组。"对象类型"类别组织数据库对象的方式，与早期版本中的默认"数据库窗口"显示屏相似。

　　(3) Backstage 视图

　　Backstage 视图占据功能区上的"文件"选项卡，并包含很多以前出现在 Access 早期版本的"文件"菜单中的命令。Backstage 视图还包含适用于整个数据库文件的其他命令。在打开 Access 但未打开数据库时，可以看到 Backstage 视图。

7.5　Access 2010 数据库的操作

7.5.1　创建空白数据库

　　先建立一个空白数据库，然后就能够根据需要向空白数据库中添加表、查询、窗体、宏等对象，这样能够灵活地创建更加符合实际需要的数据库系统。要在 Access 2010 中建立一个空白数据库要经过以下几步。

　　(1) 启动 Access 2010 程序，进入 Backstage 视图后，单击左侧导航窗格中的"新建"命令，接着在中间窗格中单击"空数据库"选项。

　　(2) 根据自己的需要在右侧窗格中的"文件名"文本框中输入文件的名称。再次单击"创建"图标按钮，这时一个空白数据库就建成了，并且还会自动创建一个数据表。

　　(3) 如果要改变新建数据库文件的位置，可以在第一步后，单击"文件名"文本框右侧的文件夹图标，在弹出的"文件新建数据库"对话框中选择文件的存放位置，接着在"文件名"文本框中输入文件名称，再单击"确定"按钮即可。

7.5.2　创建数据表

　　在 Access 2010 中创建数据表的方法如下。

　　方法一：同在 Excel 2010 中一样，直接在数据表中输入数据。Access 2010 会自动识别存储在该数据表中的数据类型，并据此设置表的字段属性。

　　方法二：通过"表"模板，运用 Access 2010 内置的表模板来创建新的数据表。

　　方法三：通过"SharePoint 列表"，在 SharePoint 网站创建一个列表，再在本地创建一个新表，然后将其连接到 SharePoint 列表中。

　　方法四：通过"表格工具-设计"选项卡创建，在表的"设计"视图中创建数据表，需要设置每个字段的各种属性。

　　方法五：通过"字段"模板创建数据表。

　　方法六：通过从外部导入数据创建数据表。

　　例如，可通过"表格工具-设计"选项卡创建一个数据表，如图 7-3 所示。

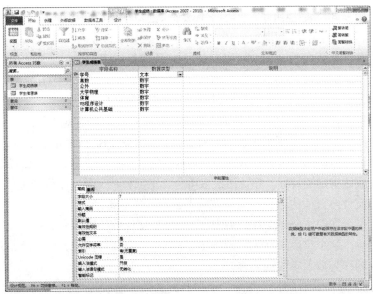

图 7-3　通过"表格工具-设计"选项卡创建数据表

7.5.3　数据类型

Access 2010 允许 12 种数据类型：文本、备注、数字、日期/时间、货币、自动编号、计算、是/否、OLE 对象、超链接、附件、查询向导。

- 文本：这种类型允许最大 255 个字符或数字，Access 2010 默认的大小是 50 个字符，而且系统只保存输入到字段中的字符，而不保存文本字段中未用位置上的空字符。可以设置"字段大小"属性控制可输入的最大字符长度。

- 备注：这种类型用来保存长度较长的文本及数字，它允许字段能够存储长达 64 000 个字符的内容。但 Access 2010 不能对备注字段进行排序或索引，却可以对文本字段进行排序和索引。

- 数字：这种字段类型可以用来存储进行算术运算的数字数据，用户还可以设置"字段大小"属性，定义一个特定的数字类型，任何指定为数字数据类型的数字内容都可以设置成"字节""整型""长整型""单精度型""双精度型""同步复制 ID"和"小数"。

- 日期/时间：这种类型用来存储日期、时间或日期和时间在一起，每个日期/时间字段需要 8 字节的存储空间。

- 货币：这种类型是数字数据类型的特殊类型，等价于具有双精度属性的数字字段类型。向货币字段输入数据时，不必输入人民币符号和千位处的逗号，Access 2010 会自动显示人民币符号和逗号，并添加两位小数到货币字段。当小数部分多于两位时，Access 2010 会对数据进行四舍五入。

- 自动编号：这种类型较为特殊，每次向表格添加新记录时，Access 2010 会自动插入唯一顺序或者随机编号，即在自动编号字段中指定某一数值。自动编号一旦被指定，就会永久地与记录连接。如果删除了表格中含有自动编号字段的一个记录后，Access 2010 并不会为表格自动编号字段重新编号。当添加某一记录时，Access 2010 不再使用已被删除的自动编号字段的数值，而是重新按递增的规律重新赋值。

- 计算：根据同一表格中的其他数据计算而来的值，可以使用表达式生成器来创建计算。
- 是/否：这种字段是针对某一字段中只包含两个不同的可选值而设立的字段，通过是/否数据类型的格式特性，用户可以对是/否字段进行选择。
- OLE 对象：这个字段是指字段允许单独地"链接"或"嵌入"OLE 对象。添加数据到 OLE 对象字段时，该字段对象可以链接或嵌入到其他使用 OLE 协议程序创建的对象中，例如 Word 文档、Excel 电子表格、图像、声音或其他数据对象。
- 超链接：这个字段主要用来保存超链接，包含作为超链接地址的文本或以文本形式存储的字符与数字的组合。当单击一个超链接时，Web 浏览器或 Access 2010 将根据超链接地址到达指定的目标。超链接最多可包含三部分：一是在字段或控件中显示的文本，二是到文件或页面的路径，三是在文件或页面中的地址。
- 附件：可允许向 Access 2010 数据库附加外部文件的特殊字段。
- 查询向导：这个字段类型为用户提供了一个建立字段内容的列表，可以在列表中选择所列内容作为添入字段的内容。

如表 7-1 所示为 Access 2010 "数字"类型数据的详细指标。表 7-2 所示为"日期/时间"类型数据的格式。表 7-3 所示为"数字/货币"类型数据的格式。表 7-4 所示为"文本/备注"类型数据的格式。

表 7-1   "数字"类型数据的详细指标

设 置	说 明	小数位数	存储量大小
字节	保存 0~225 的数字	无	1 字节
整型	保存-32,768~32,767 的数字	无	2 字节
长整型	(默认值)保存-2,147,483,648~2,147,483,647 的数字	无	4 字节
单精度型	保存-3.402823E38~-1.401298E-45 的负值，1.401298E-45~3.402823E38 的正值	7	4 字节
双精度型	保存-1.79769313486231E308~-4.94065645841247E-324 的负值，1.79769313486231E308~4.94065645841247E-324 的正值	15	8 字节
同步复制 ID	全球唯一标识符	N/A	16 字节

表 7-2   "日期/时间"类型数据的格式

设 置	说 明
常规日期	(默认值)如果数值只是一个日期，则不显示时间；如果数值只是一个时间，则不显示日期。该设置是"短日期"与"长日期"设置的组合
长日期	与 Windows "控制面板"中"区域设置属性"对话框中的"长日期"设置相同
长时间	与 Windows "控制面板"中"区域设置属性"对话框中的"时间"选项卡的设置相同

表 7-3   "数字/货币"类型数据的格式

设 置	说 明
常规数字	(默认值)以输入的方式显示数字
货币	使用千位分隔符；对于负数、小数以及货币符号，小数点位置按照 Windows "控制面板"中的设置

(续表)

设　　置	说　　明
固定	至少显示一位数字，对于负数、小数以及货币符号，小数点位置按照 Windows "控制面板" 中的设置
标准	使用千位分隔符；对于负数、小数以及货币符号、小数点位置按照 Windows "控制面板" 中的设置
百分比	乘以 100 再加上百分号(%)；对于负数、小数以及货币符号，小数点位置按照 Windows "控制面板" 中的设置
科学记数法	使用标准的科学记数法

表 7-4　"文本/备注" 类型数据的格式

符　　号	说　　明
@	要求文本字符(字符或空格)
&	不要求文本字符
<	使所有字符变为小写
>	使所有字符变为大写

7.5.4　字段属性

在定义字段的过程中，除了定义字段名称及字段的类型外，还需要对每一个字段进行属性说明。

1. 字段大小

在表设计视图中，设定一个字段数据类型时，可在如图 7-4 所示的 "数据类型" 下拉列表中选择所需要的类型，此时窗口下方的 "常规" 选项卡如图 7-5 所示，在该选项卡中可对字段属性进行设置，如选择 "字段大小" 属性框可对字段大小进行设置。

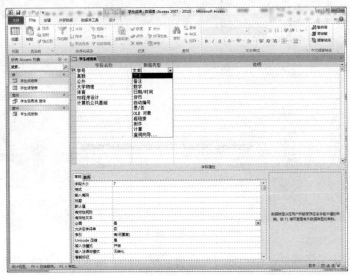

图 7-4　字段的 "数据类型" 下拉列表

图 7-5　字段属性的"常规"选项卡中的字段大小属性

2. 格式

可以统一输出数据的样式,如果在输入数据时没有按规定的样式输入,在保存时系统会自动按要求转换。格式设置对输入数据本身没有影响,只是会改变数据输出的样式。若要让数据按输入时的格式显示,则不要设置"格式"属性。

预定义格式可用于设置自动编号、数字、货币、日期/时间和是/否等字段,而对于文本、备注、超链接等字段则没有预定义格式,但可以自定义格式。

"是/否"类型提供了 Yes/No、True/False 以及 On/Off 定义格式。Yes、True 以及 On 是等效的,No、False 以及 Off 也是等效的。如果指定了某个预定义的格式并输入了一个等效值,则将显示等效值的预定义格式。例如,如果在一个是/否属性被设置为 Yes/No 的文本框控件中输入了 True 或 On,数值将自动转换为 Yes。

具体操作方法是:在"常规"选项卡中单击"格式"框空白处,在下拉列表中选择预定义格式,例如"日期/时间"类型,选择后的结果如图 7-6 所示。

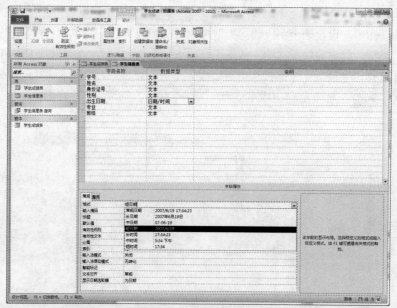

图 7-6　设置预定义格式

除了以上的预定义格式外,用户也可以在格式属性框中输入自定义格式符来定义数据的输入形式,例如,将"出生日期"的格式属性定义为"mm\月 dd\日 yyyy",则数据表视图中显示输出的形式将会是"6 月 19 日 2007"。其中 mm 表示两位月份，dd 表示两位日期，yyyy 表示四位年份。

3. 输入法模式

输入法模式用来设置在数据表视图中为字段输入数据时，中文输入法是否处于开启状态。它的基本选项有"开启""关闭"和"随意"三种，"开启"表示在输入数据时，中文输入法处于开启状态；"关闭"表示在输入数据时，中文输入法处于关闭状态，也就是说输入法状态是英文；"随意"表示在输入该字段数据时，输入法状态保持在原有状态，也就是说与上一字段的输入法状态一致。用户可以根据表中字段的数据类型和字段内容的具体情况来设置该属性，从而减少输入数据过程中因切换输入法造成的时间浪费。

4. 输入掩码

输入法模式用来设置字段中的数据输入格式，可以控制用户按指定格式在文本框中输入数据，输入掩码主要用于文本型和时间/日期型字段，也可以用于数字型和货币型字段。

前面讲过"格式"的定义，"格式"用来限制数据输出的样式，如果同时定义了字段的显示格式和输入掩码，则在添加或编辑数据时，Microsoft Access 2010 将使用输入掩码，而"格式"设置则在保存记录时决定数据如何显示。同时使用"格式"和"输入掩码"属性时，要注意它们的结果不能互相冲突。

操作方法：首先选择需要设置的字段类型，然后在"常规"选项卡下部单击"输入掩码"属性框右侧的"掩码格式"按钮，即可弹出"输入掩码向导"对话框，如图 7-7 所示。表 7-5 为输入掩码字符表，选中学生信息表中的身份证号字段，单击"下一步"按钮，在弹出的如图 7-8 所示的对话框中将输入掩码设置为"00000000000000000A"，然后单击"下一步"按钮，再单击"完成"按钮，返回设计视图后的效果如图 7-9 所示。

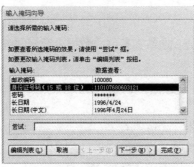

图 7-7 "输入掩码向导"对话框

图 7-8 为身份证号字段设置的输入掩码

图 7-9 返回设计视图后的效果

表7-5　输入掩码字符表

字　符	说　明
0	表示在对应的位置只能输入数字 0~9，且一定要输入
9	表示在对应的位置只能输入数字 0~9 或空格，但不一定要输入
#	表示在对应的位置只能输入数字 0~9、空格、"+"和"-"，但不一定要输入
L	表示在对应的位置只能输入英文字母，且一定要输入
?	表示在对应的位置只能输入英文字母，但不一定要输入
A	表示在对应的位置只能输入英文和数字，且一定要输入
a	表示在对应的位置只能输入英文和数字，但不一定要输入
&	表示在对应的位置可以输入任何字符或空格，且一定要输入
C	表示在对应的位置可以输入任何字符或空格，但不一定要输入
<	使其后所有的字符转换为小写
>	使其后所有的字符转换为大写
!	输入掩码从右到左显示，输入掩码的字符一般都是从左向右的。可以在输入掩码的任意位置包含叹号
\	使其后的字符显示为原义字符。可用于将该表中的任何字符显示为原义字符
密码	将"输入掩码"属性设置为"密码"，可以创建密码输入项文本框。文本框中输入的任何字符都按原字符保存，但显示为星号(*)

5. 标题

在"常规"选项卡下的"标题"属性框中输入文本，将取代原来字段名称在数据表视图中的显示。例如，将"班级"字段的"标题"属性设置为"所在班级"。

6. 默认值

添加新记录时的自动输入值，通常在某字段数据内容相同或含有相同部分时使用，目的在于简化输入。

7. 有效性规则

限定了字段输入数据的范围，若违反"有效性规则"，将会显示"有效性文本"设置的提示信息，直到满足要求为止，设置该属性可以防止非法数据的输入。例如，若将"出生日期"字段的"有效性规则"属性设置为">=#2000-1-1#"，如图 7-10 所示，则在输入数据的过程中"出生日期"字段内只能输入2000 年以后并包含 2000 年的日期。

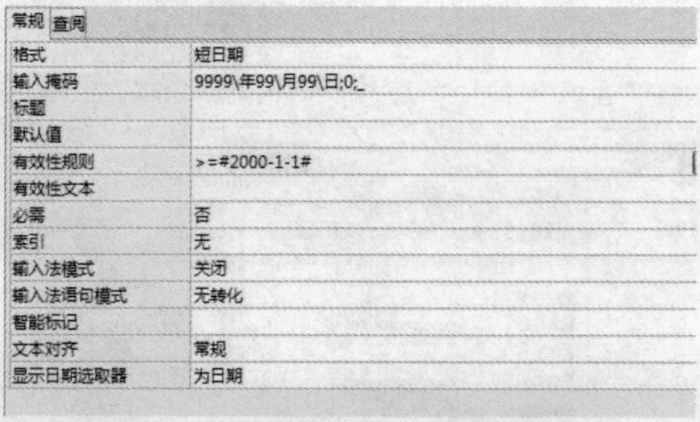

常规	查阅
格式	短日期
输入掩码	9999\年99\月99\日;0;_
标题	
默认值	
有效性规则	>=#2000-1-1#
有效性文本	
必需	否
索引	无
输入法模式	关闭
输入法语句模式	无转化
智能标记	
文本对齐	常规
显示日期选取器	为日期

图 7-10　出生日期的有效性规则的设定

8. 有效性文本

有效性文本指当用户的输入违反"有效性规则"时所显示的提示信息。例如，若将"出生日期"字段的"有效性文本"属性设置为"请输入 2000-1-1 以后出生的日期"，如图 7-11 所示，则在输入数据的过程中如果输入了有效范围以外的数据会显示出含有提示信息的消息框。

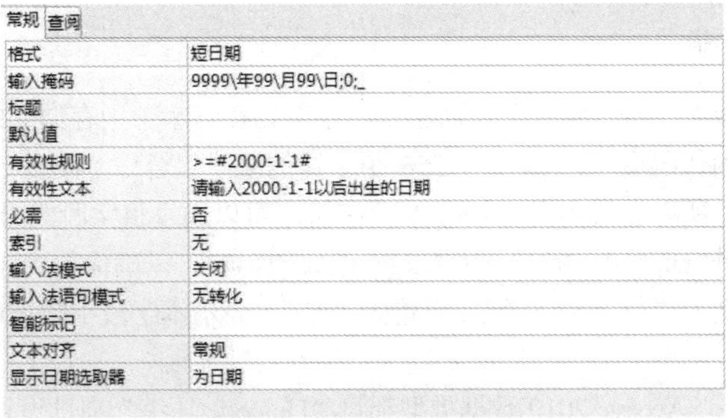

常规	查阅
格式	短日期
输入掩码	9999\年99\月99\日;0;_
标题	
默认值	
有效性规则	>=#2000-1-1#
有效性文本	请输入2000-1-1以后出生的日期
必需	否
索引	无
输入法模式	关闭
输入法语句模式	无转化
智能标记	
文本对齐	常规
显示日期选取器	为日期

图 7-11　有效性文本的设置

9. 必填字段

此属性值为"是"或"否"项。设置为"是"时，表示此字段值必须输入；设置为"否"时，可以不填写本字段数据，允许此字段值为空。

10. 允许空字符串

该属性仅用来设置文本字段，属性值仅有"是"或"否"选项，设置为"是"时，表示该字段可以填写任何信息，包括为空。

下面是关于空值(Null)和空字符串之间的区别。

(1) Microsoft Access 2010 可以区分两种类型的空值。因为在某些情况下，字段为空，可能是因为信息目前无法获得，或者字段不适用于某一特定的记录。例如，表中有一个"数字"字段，将其保留为空白，可能是因为不知道学生的成绩，或者该学生没有参加考试。在这种情况下，使字段保留为空或输入 Null 值，意味着"不知道"。键入双引号输入空字符串，则意味着"知道没有值"。

(2) 如果允许字段为空而且不需要确定为空的条件，可以将"必填字段"和"允许空字符串"属性设置为"否"，作为新建的"文本""备注"或"超链接"字段的默认设置。

(3) 如果不希望字段为空，可以将"必填字段"属性设置为"是"，将"允许空字符串"属性设置为"否"。

(4) 何时允许字段值为 Null 或空字符串呢？如果希望区分字段空白的两个原因为信息未知以及没有信息，可以将"必填字段"属性设置为"否"，将"允许空字符串"属性设置为"是"。在这种情况下，添加记录时，如果信息未知，应该使字段保留空白(即输入 Null 值)，如果没有提供当前记录的值，则应该输入不带空格的双引号("")来输入一个空字符串。

11. 索引

设置索引有利于对字段进行查询、分组和排序，此属性用于设置单一字段索引。属性值有三种：一是"无"，表示无索引；二是"有(重复)"，表示字段有索引，输入数据可以重复；三是"有(无重复)"，表示字段有索引，输入数据不可以重复。

12. Unicode 压缩

在 Unicode 中每个字符占两字节，而不是一字节。在一字节中存储的每个字符的编码方案将用户限制到单一的代码页(包含最多有 256 个字符的编号集合)。但是，因为 Unicode 使用两字节代表每个字符，所以它最多支持 65 536 个字符。可以通过将字段的"Unicode 压缩"属性设置为"是"来弥补 Unicode 字符表达方式所造成的影响，以确保得到优化的性能。Unicode 属性值有两个，分别为"是"和"否"，设置为"是"，表示本字段中数据可能存储和显示多种语言的文本。

由于默认情况下，Access 2010 数据类型都将"Unicode 压缩"属性设置为"是"，因此如果某文本字段大小设置为 10，则无论汉字、数码还是英文字母最多输入个数都是 10。

7.5.5 字段的编辑操作

表创建好以后，在实际操作过程中难免会对表的结构做进一步的调整，对表结构的调整也就是对字段进行添加、编辑、移动和删除等操作。对表结构的调整通常是在表设计视图中进行的，如果当前状态为数据表视图，则可以通过在"表格工具-设计"功能区中的"视图"组中单击按钮切换到设计视图。

1. 添加字段

在设计视图中打开要调整的表，用鼠标选中要插入行的位置(在选中字段前插入)，然后单击"表格工具-设计"功能区的"工具"组中的"插入行"按钮，在插入空白行中进行新字段的设置。也可将鼠标指向要插入的位置，右击鼠标，在快捷菜单中选择"插入行"命令。另外，可以在数据表视图中选择要添加新字段的位置，右击鼠标，在快捷菜单中选择"插入字段"命令，也可以在选中列前插入新字段。

2. 更改字段

更改字段主要指的是更改字段的名称。字段名称的修改不会影响数据，字段的属性也不会发生变化。当然也可以对数据类型、字段属性进行修改，其操作同创建字段时一样。

在设计视图中选择需要修改的字段，然后输入新的名称。或者在数据表视图中选择要修改的字段，右击鼠标，在弹出的快捷菜单中选择"重命名字段"命令。若字段设置了"标题"属性，则可能出现字段选定器中显示的文本与实际字段名称不符的情况，此时应先将"标题"属性框中的名称删除，然后再进行修改。

3. 移动字段

在设计视图中把鼠标指向要移动字段左侧的字段选定块上并单击，选中需要移动的字段，然后拖动鼠标到要移动的位置上放开，字段就被移到新的位置上了。另外，可以在数据表视图中选择要移动的字段，然后拖动鼠标到要移动的位置上放开，也可实现移动操作。

4. 删除字段

在设计视图中把鼠标指向要删除字段左侧的字段选定块上并单击，选中需要删除的字段，然后右击鼠标，在弹出的快捷菜单中选择"删除行"命令。或者选择要删除的字段，然后单击"删除行"按钮，也可以删除字段。另外，也可以在数据表视图中选择要删除的字段，右击鼠标，在快捷菜单中选择"删除字段"命令。

7.5.6　导入外部数据

在 Access 2010 中导入外部数据的步骤如下：

(1) 双击桌面上的 Access 2010 文件进入界面。

(2) 进入界面后，在界面上方找到"外部数据"选项卡，单击鼠标进入。

(3) 此时在弹出的选项中，选择 Excel，单击进入。

(4) 弹出对话框，通过浏览选择需要导入的 Excel 数据源文件，如图 7-12 所示。

(5) 通过单击鼠标选择显示工作表和命名区域，完成后单击"下一步"按钮。

(6) 选择第一行包含列标题，单击"下一步"按钮。

(7) 此时进入字段选项编辑，自己确定设置的字段名称、数据类型以及索引，完成后单击"下一步"按钮。

(8) 此时需要添加主键，自定义或者默认或者不要主键，完成后单击"下一步"按钮。

(9) 选择需要导入到的目标表文件，然后选择是否分析，这些都就绪后，单击对话框右下角的"完成"按钮就可以完成 Excel 数据的导入。

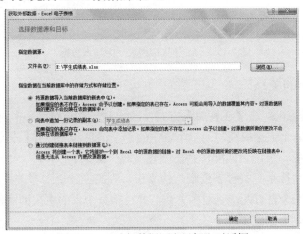

图 7-12　"选择数据源和目标"对话框

7.5.7　输入数据

向 Access 2010 表中输入数据的步骤如下：

(1) 在导航窗格中双击打开"学生成绩"表。

(2) 默认情况下，Access 2010 在数据表视图中打开。

(3) 刚创建好的数据表不包含任何数据，单击要使用的第一个字段或者将焦点放到该字段上，然后输入数据即可。

(4) 要移动到同一个记录行中的下一个字段，可以使用以下 3 种方法：

- 按 Tab 键。
- 使用向右方向键。
- 直接用鼠标单击下一个字段的单元格。

(5) 如果要定位到其他单元格，则可以使用以上 3 种方法之一。按照以上方法即可继续输入记录中的其他字段数据。

(6) 按照同样的方法可以在表中输入其他各条记录信息。

完成以上步骤后即可完成向 Access 2010 表中输入数据的工作，如图 7-13 所示。

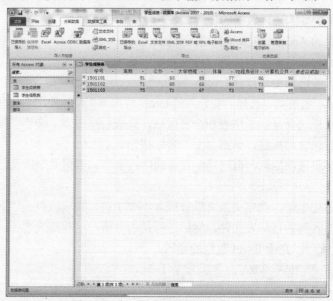

图 7-13　向"学生成绩表"中输入数据

7.5.8　数据表之间的关系

Access 2010 数据库内包含了 3 种关系方式，即一对一、一对多和多对多。

若一个表中的每一个记录仅能与另一个表中的一个记录匹配，并且另一个表中的每一个记录仅能与这一个表中的一个记录匹配，则需创建一对一关系。

若只有一个相关字段是主关键字或唯一的索引，则需创建一对多关系。

若某两个表与第三个表有两个一对多关系，并且第三个表的主关键字包含两个字段，分别是前两个表的外键，则需创建多对多关系。

下面介绍一对一关系的创建。

假设在"学生成绩"数据库中有"学生成绩表"，用来保存学生的成绩，其中包含"学号""高数""公外""大学物理""VB 程序设计""计算机公共基础" 6 个字段，"学号"字段为主键。下面以"学生成绩表"和"学生信息表"为例，定义表与表之间的一对一关系。

具体操作如下：

(1) 首先关闭所有打开的表，不能在已打开的表之间创建或修改关系。

(2) 单击"数据库工具"功能区中的"关系"组中的"关系"按钮。

(3) 如果数据库没有定义任何关系，将会自动显示"显示表"对话框。如果需要添加一个关系表，而"显示表"对话框却没有显示，请单击工具栏上的"显示表"按钮。如果关系表已经显示，直接跳到步骤(5)。

(4) 选中需要编辑关系的表，然后单击"添加"按钮，将表添加到关系窗口，然后关闭"显示表"对话框。

(5) 从某个表中将所要的相关字段拖动到其他表中的相关字段上，弹出"编辑关系"对话框。如果表中已有数据，且要实施参照完整性，一对一的关联关系一定要从主表中将相关字段拖到关联表中的相关字段上，然后选中"实施参照完整性"复选框，如图 7-14 所示，否则可能会出现错误提示。

图 7-14 "编辑关系"对话框

在大多数情况下，表中的主键字段将被拖动到其他表中的名为外键的相似字段中。相关字段不需要有相同的名称，但它们必须有相同的数据类型，并且包含相同种类的内容。

(6) "编辑关系"对话框检查显示在两个列中的字段名称以确保正确性。必要情况下可以进行更改。

(7) 选中"实施参照完整性"复选框后，单击"新建"按钮创建关系。在关闭"关系"窗口时，Microsoft Access 2010 将询问是否保存此关系配置。不论是否保存此配置，所创建的关系都已保存在此数据库中。新建的关系如图 7-15 所示。

图 7-15 新建的"关系"窗口

一般来说，一个好的 Access 2010 数据表设计应该具备以下 4 个特点。

- 能够将信息划分到基于主题的表中，最大限度地减少冗余数据。
- 能够向 Access 2010 提供根据需要连接表中信息时所需要的信息。
- 可以帮助支持和确保信息的准确性和完整性。
- 可以满足数据处理和报表需求。

具备了上述 4 点的 Access 2010 数据表就算是一个设计良好的数据表。数据表的主要功能就是存储数据，这些数据的主要应用包括以下几个方面：一是作为窗体和报表的数据源；二是作为网页的数据源，将数据动态显示在网页中；三是建立功能强大的查询，完成 Excel 2010 表格不能完成的任务。

7.5.9 记录的编辑操作

1. 添加记录

若需要向表中追加新记录，可以在数据表视图中打开表，在标有"*"的空白行中输入记录。

2. 删除记录

在数据表视图中打开表，用鼠标单击要删除记录前面的记录选定块完成记录的选定，然后右击鼠标，在弹出的快捷菜单中选择"删除记录"命令。

3. 复制记录

打开数据表视图，用鼠标单击要复制记录前面的记录选定块完成记录的选定，然后右击鼠标，在弹出的快捷菜单中选择"复制"命令。选择要复制到的目标行，右击鼠标，在弹出的快捷菜单中选择"粘贴"命令。

4. 修改记录

在数据表视图上，把光标移动到所需修改的数据处就可以修改光标所在处的数据。通常是使用鼠标移动光标。也可以使用键盘来快速地移动光标，具体有以下三种方法。

- 按 Enter 键移动光标到下一个字段。
- 按键盘上的→键向后移动光标到下一个字段，按←键向前移动光标到前一个字段。
- 按键盘上的 Tab 键向后移动光标到下一个字段，按 Shift+Tab 组合键将光标向前移动一个字段。

当把光标定位在一个字段时，单元格会呈现白色，而该行其他单元格颜色变深。

如果需要修改这个单元格的内容，按 F2 键，单元格的值反白(即变成黑底白字)，这时输入的内容将会取代原来的内容。如果只需要修改一个字符，当光标定位到一个单元格的某个字符后，用退格键删除原来的字符后，再输入新字符。

5. 查找字段数据

在操作数据表时，当数据表中的数据很多时，若要快速查找某一数据，可以使用 Access 提供的查找功能。下面用实例来说明查找功能的使用方法。

例如，在"学生成绩"数据库中的"学生信息表"中查找"王新"同学。

具体操作如下。

(1) 打开"学生成绩"数据库，然后打开"学生信息表"。

(2) 在记录导航条的搜索栏中输入"王新"，光标则定位到所要查找的位置。

这是一种快速查找方式。另外，Access 2010 还提供了一种与 Word、Excel 中的查找方式相同的标准查找方法，即使用"查找"对话框。按快捷键 Ctrl+F 可以打开"查找"对话框。

(3) 在打开的"查找和替换"对话框中，在"查找内容"列表框中显示第一个学生的名字。把它修改为想要查找的"王新"，其他设置采用默认值，然后单击"查找下一个"按钮即可。

(4) 查找的结果将反白显示。

在"查找和替换"对话框中，"查找范围"列表框用于确定在哪个字段中查找数据。在查找之前，最好把光标定位在要查找的字段列上，这样可以提高效率。"匹配"列表框用于确定匹配方式，包括"整个字段""字段的任何部分"和"字段开头"。"搜索"列表框用于确定搜索方式，包括"向上""向下"和"全部"三种方式。通常后两项设置为默认值即可。另外，在查找中还可以使用通配符。通配符的意义如表 7-6 所示。

表 7-6　通配符说明

字　　符	说　　明
*	可与任何长度的字符匹配。在字符串中它可以当作第一个或最后一个字符使用
?	与任何单个的字符匹配
[…]	与方括号内任何单个字符匹配
[!…]	匹配任何不在方括号内的字符
[…-…]	与某个范围内的任意一个字符匹配，必须按升序指定范围
#	与任意单个数字匹配

7.5.10　表的复制、删除与更名

在表创建好以后，还可以对表进行复制、删除与更名操作。

1. 表的复制

复制表分为在同一个数据库中复制表和从一个数据库中复制表到另一个数据库中两种情况，下面分别介绍其操作方法。

(1) 在同一个数据库中复制表的操作

打开一个 Access 2010 数据库，在数据库左边的导航窗格中选中准备复制的表的名称，单击"开始"功能区中的"剪贴板"组中的"复制"命令按钮。然后单击"剪贴板"组中的"粘贴"命令按钮，打开其下拉菜单，选择"粘贴"命令，即会弹出"粘贴表方式"对话框。

在这个对话框中，粘贴选项有 3 个。

- 仅结构：表示只是将准备复制的表的结构复制形成一个新表。
- 结构和数据：表示将准备复制的表的结构及其全部数据一起复制过来形成一个新表。
- 将数据追加到已有的表：表示将准备复制的表中的全部数据一起追加到一个已存在的表中，此处要求确实有一个已存在的表且此表结构与被复制表的结构相同，才能保证复制数据的正确性。

选择所需复制的内容选项，单击"确定"按钮，即完成了复制数据表的操作。

(2) 从一个数据库中复制表到另一个数据库中的操作

打开准备复制的表所在的数据库，在数据库左边的导航窗格中选中准备复制的表的名称，单击"开始"功能区中的"剪贴板"组中的"复制"命令按钮。然后关闭这个数据库。再打开准备接收复制表的数据库，在这个数据库中单击"开始"功能区中的"剪贴板"组中的"粘贴"

命令按钮，打开其下拉菜单，选择"粘贴"命令，也会弹出"粘贴表方式"对话框，接下来的操作如上所述。

2. 表的删除

在发现数据库中存在多余的表时，可以将其删除。在数据库左边的导航窗格中选中准备删除的表，按下键盘上的 Delete 键；也可以右击需要删除的表的名称，从弹出的快捷菜单中选择"删除"命令，这时会弹出 Microsoft Access 信息提示框，单击"是"按钮即可删除表。

3. 表的更名

时常会出现这样的情况，在数据库中创建其他对象时发现已创建的表的名称不合适，因此希望换一个数据表名称，这时需要进行表的更名操作。在数据库中进行表的更名操作的过程是，在数据库导航窗格右击需要更名的表的名称，从弹出的快捷菜单中选择"重命名"命令，此时光标停留在表的名称上，即可更改该表的名称。

对于更名操作，Access 2010 版本做了重大的改进。当通过 Access 2010 用户界面更改表名称时，Access 2010 会自动纠正该表在其他对象中的引用名。为了实现此操作，Access 2010 将唯一的标识符与创建的每个对象和名称映像信息存储在一起，名称映像信息使 Access 2010 能够在出现错误时纠正绑定错误。当 Access 2010 检测到在最后一次"名称自动更正"之后又有对象被更改时，将在出现第一个绑定错误时对该对象的所有项目执行全面的名称更正。这种机制不但对表的更名有效，而且对数据库中的任何对象的更名都是有效的，包括表中字段名称的更改。

7.6　查询

7.6.1　基础功能

查询是 Access 2010 数据库中的一个重要对象。查询实际上就是收集一个或几个表中用户认为有用的字段的工具。可以将查询到的数据组成一个集合，这个集合中的字段可能来自一个表，也可能来自多个不同的表，这个集合就称为查询。查询的目的就是让用户根据指定条件对表或者其他查询进行检索，筛选出符合条件的记录，构成一个新的数据集合，从而方便用户对数据库进行查看和分析。

在 Access 中，利用查询可以实现多种功能。

1. 选择字段

在查询中，可以只选择表中的部分字段。如建立一个查询，只显示"学生表"中每名学生的姓名、性别、入学成绩和系名。利用此功能，可以选择一个表中的不同字段来生成所需的多个表或多个数据集。

2. 选择记录

可以根据指定的条件查找所需的记录，并显示找到的记录。如建立一个查询，只显示"学生表"中信息系的男同学。

3. 编辑记录

编辑记录包括添加记录、修改记录和删除记录等。在 Access 中，可以利用查询添加、修改和删除表中的记录。如将"计算机基础"课程不及格的学生从"学生表"中删除。

4. 实现计算

查询不仅可以找到满足条件的记录，而且还可以在建立查询的过程中进行各种统计计算，如计算每门课程的平均成绩。另外，还可以建立一个计算字段，利用计算字段保存计算的结果，如根据"学生表"中的"出生日期"字段计算每名学生的年龄。

5. 建立新表

利用查询得到的结果可以建立一个新表。如将"计算机基础"课程的成绩在 90 分以上的学生找出来并放在一个新表中。

6. 为窗体、报表提供数据

为了从一个或多个表中选择合适的数据显示在窗体、报表中，用户可以先建立一个查询，然后将该查询的结果作为数据源，每次打印报表或打开窗体时，该查询就从它的基表中检索出符合条件的最新记录。

7.6.2　查询的类型

在 Access 数据库中，可以使用 5 种类型的查询，即：选择查询、交叉表查询、参数查询、操作查询和 SQL 查询。这 5 种查询的应用目标不同，对数据源的操作方式和操作结果也不同。

1. 选择查询

选择查询是最常用的一种查询类型。它根据指定的查询条件，从一个或多个表中检索数据，在一定的限制条件下，还可以通过选择查询来更改相关表中的记录。也可以使用选择查询对记录进行分组，并对记录进行总计、计数、平均以及其他种类的计算。

2. 交叉表查询

使用交叉表查询可以计算并重新组织数据的结构，从而更加方便地分析数据。交叉表查询可以实现数据的总计、平均值、计数等类型的统计工作。

注意：
可以使用数据透视表向导显示交叉表数据，无须在数据库中创建单独的查询。

3. 参数查询

参数查询会在执行时弹出对话框，提示用户输入必要的信息(参数)，然后按照这些信息进行查询。例如，可以设计一个参数查询，以对话框的形式来提示用户输入两个日期，然后检索这两个日期之间的所有记录。

参数查询便于作为窗体和报表的基础，例如，以参数查询为基础创建月盈利报表。打印报表时，Access 显示对话框询问所需报表的月份，用户输入月份后，Access 便打印相应的报表。也可以创建自定义窗体或对话框，来代替使用参数查询对话框提示输入查询的参数。

4. 操作查询

操作查询是在一个操作中更改许多记录的查询，操作查询又可分为 4 种类型：删除查询、更新查询、追加查询和生成表查询。

(1) 删除查询

对一个或多个表中满足条件的一组记录进行删除操作。使用删除查询时，通常会删除整个记录，而不只是记录中所选择的字段。例如，可以使用删除查询删除没有选修某门课程的学生。

(2) 更新查询

对一个或多个表中的一组记录做全局的更改。使用更新查询时，将更改已有表中的数据，被修改的数据不能恢复。例如，可以将某一类学生的某门课程的分数上调 6 分。

(3) 追加查询

将一个(或多个)表中的一组记录添加到另一个(或多个)表的尾部。例如，要获得一些包含新入学学生信息表的数据库，可利用追加查询将有关新入学学生的数据添加到原有"学生表"中即可，不必手工输入这些内容。

(4) 生成表查询

利用从一个或多个表获得的数据创建一个新的表。生成表查询有助于创建表，以导出到其他 Microsoft Access 数据库或包含所有旧记录的历史表中。例如，将学生表中所有的少数民族的学生提取出来形成一个新表。

5. SQL 查询

这种查询需要一些特定的 SQL 命令，这些命令必须写在 SQL 视图中。SQL 查询包括联合查询、传递查询、数据定义查询和子查询 4 种类型。

查询的创建步骤如下。

(1) 双击打开桌面上的 Access 2010 文件，进入界面。

(2) 用鼠标单击界面上方的"创建"功能区。

(3) 找到"创建"功能区中的"查询"组中的"查询向导"，单击鼠标进入。

(4) 弹出"新建查询"对话框，单击对话框中的"简单查询向导"，完成后单击"确定"按钮进入下一步。

(5) 单击选择需要查询的表和字段，完成后单击"下一步"按钮。

(6) 单击选择明细查询还是汇总查询，完成后单击"下一步"按钮。

(7) 设定查询标题，进行修改或者查看查询，完成后单击选项卡中的"完成"按钮即可。

例如，使用简单查询向导创建查询的操作步骤如下。

(1) 在"创建"功能区下的"查询"组中单击"查询向导"按钮，打开如图 7-16 所示的"新建查询"对话框。

(2) 在"新建查询"对话框的向导列表中选择"简单查询向导"，单击"确定"按钮，打开如图 7-17 所示的"简单查询向导"对话框。

图 7-16 "新建查询"对话框

图 7-17 "简单查询向导"对话框

(3) 在"简单查询向导"对话框中，通过"表/查询"下拉列表框可以选择数据源表或查询，"可用字段"列表框显示了选定表或查询中的可用字段，"选定字段"列表框中显示用户已经选定的用于查询的字段。用户可以在"可用字段"列表中双击要用的字段名，双击后字段将会添加到"选定字段"列表框中；或者可以单击"可用字段"中的字段名，然后单击"添加选定字段"按钮。如果发现"选定字段"列表框中的字段选错了，可在"选定字段"列表框中双击要删除的字段名，将它移动到"可用字段"列表框中；或者可以单击"选定字段"列表框中的字段名，然后单击"移除选定字段"按钮。如果要全部选定"可用字段"中的字段，则单击"全部选定字段"按钮。如果要全部去掉"选定字段"列表框中的字段，则可单击"移除全部选定字段"按钮。在这里，单击"表/查询"下拉列表框中的下拉箭头，在出现的列表中选择"表：学生信息表"，再从"可用字段"列表框中选择"学号""姓名""性别"这几个字段，如图 7-18 所示。

(4) 单击"下一步"按钮，打开如图 7-19 所示的"简单查询向导"对话框。在这里可以选择采用明细查询还是汇总查询，如果是汇总查询，则选中"汇总"单选按钮，单击"汇总选项"按钮，在打开的"汇总选项"对话框中选择需要计算的汇总值。本例中选择明细查询，单击"下一步"按钮。

图 7-18 确定查询数据源及选定字段

图 7-19 "简单查询向导"对话框

(5) 在如图 7-20 所示的"简单查询向导"对话框中，可以指定查询的标题，还可以选择完成向导后要做的工作，其中有"打开查询查看信息"和"修改查询设计"两个选项可供选择。本例中选择"打开查询查看信息"。

(6) 单击"完成"按钮,完成该查询的创建过程,查询结果如图 7-21 所示。

图 7-20 "简单查询向导"对话框

图 7-21 查询结果

7.6.3 数据库标准语言 SQL

SQL(Structured Query Language,结构化查询语言)是关系型数据库的标准语言,在 1974 年由 Boyce 和 Chamberlin 提出,并于 1975 年至 1979 年在 IBM 公司的 San Jose 研究实验室研制的著名的大型关系数据库管理系统 DBMS System R 上实现了这种语言。

SQL 语言具有强大的数据查询、数据定义、数据操纵和数据控制等功能,它已经成为关系型数据库的操作语言。SQL 语言虽然功能非常强大,但却只由为数不多的几条命令组成,是非常简洁的语言。

1. SQL-SELECT 语法

SQL 查询是使用 SQL 语句创建的查询。在 SQL 视图窗口中,用户可以通过直接编写 SQL 语句来实现查询工作。在每个 SQL 语句中,最基本的语法结构是"SELECT-FROM- [WHERE]"。

该语句的一般格式是:

```
SELECT[谓词]*|<字段列表>
FROM[,…][IN 外部数据库]
[WHERE…]
[GROUP BY…]
[HAVING…]
[ORDER BY…]
```

在上面这种一般的语法格式描述中使用了如下符号:

< >:表示在实际的语句中要采用实际需要的内容进行替代。

[ ]:表示可以根据需要进行选择,也可以不选。

|:表示有多项选项,但只能选择其中之一。

{ }:表示必选项。

SQL-SELECT 语句说明如表 7-7 所示。

表 7-7 SQL-SELECT 语句说明

术　语	说　明
SELECT	用于指定在查询结果中包含的字段、常量和表达式
谓词	包括 ALL、DISTINCT 等。其中,ALL 表示检索所有符合条件的记录(含重复记录),默认值为 ALL;DISTINCT 表示检索已去掉重复行后的所有记录

（续表）

术　语	说　明
*	表示检索包括指定表的所有字段
字段列表	表示检索指定的字段
FROM	数据来源子句
表名	用于指定要查询的表名
外部数据表	如果表达式所在的表不在当前数据库中，则使用该参数指定其所在的外部数据表
WHERE	指定查询条件。只把满足逻辑表达式的数据作为查询结果。作为可选项，如果不加条件，则所有数据都作为查询结果
GROUP BY	对查询结果进行分组统计，统计选项必须是数值型的数据
HAVING	过滤条件，功能与 WHERE 一样，只是要与 GROUP 子句配合使用来表示条件，将统计结果作为过滤条件
ORDER BY	指定查询结果的排列顺序，一般放在 SQL 语句的最后

下面将对 SQL-SELECT 语法中的子句逐一进行说明。

(1) 选择输入 SELECT 子句

SELECT 通常是 SQL 语句中的第一个关键字。SELECT 子句用于指定输出表达式和记录范围，SELECT 语句不会更改数据库中的数据。

最简单的 SQL 语句是：

SELECT 字段 FROM 表名

在 SQL 语句中，可以通过星号"*"选择表中所有的字段。如果是多个字段(即字段列表)，则用逗号分隔开。

(2) 数据来源 FROM 子句

FROM 子句用来指明数据来源，是 SELECT 语句所必需的子句，不能缺少。

其中，表名用来标识从中检索数据的一个或多个表。该表名可以是单个表名，保存的查询名，或者是 INNER JOIN、LEFT JOIN 或 RIGHT JOIN 产生的结果。

- INNER JOIN：规定内连接。只有在被连接的表中有匹配记录的记录才会出现在查询结果中。
- LEFT JOIN：规定左外连接。JOIN 左侧表中的所有记录及 JOIN 右侧表中的匹配记录才会出现在查询结果中。
- RIGHT JOIN：规定右外连接。JOIN 右侧表中的所有记录及 JOIN 左侧表中匹配的记录才会出现在查询结果中。
- IN 外部数据表：包含表的表达式中所有表的外部数据库的完整路径。

(3) 条件 WHERE 子句

WHERE 子句用来设定条件以返回需要的记录。条件表达式跟在 WHERE 关键字之后。

(4) 分组统计 GROUP BY 子句

GROUP BY 子句用来分组字段列表，将特定字段列表中相同的记录组合成单个记录，GROUP BY 是可选的。其语法格式是：

[GROUP BY 字段列表]

其中，字段列表最多有 10 个用于分组记录的字段名称。字段列表中字段名称的顺序决定了从最高到最低的分组级别。

(5) HAVING 子句

在使用 GROUP BY 子句组合记录后，HAVING 显示由 GROUP BY 子句分组的记录中满足 HAVING 子句条件的任何记录。HAVING 子句可以包含最多 40 个通过逻辑运算符(如 And 和 Or)连接起来的表达式。其语法格式是：

[GROUP BY 字段列表]
[HAVING 表达式]

HAVING 与 WHERE 相似，WHERE 确定哪些记录被选中，而 HAVING 确定哪些记录将被显示。

(6) 排序 ORDER BY 子句

以升序或降序的方式对指定字段查询的返回记录进行排序。ORDER BY 是可选的，如果希望按排序后的顺序显示数据，必须使用 ORDER BY 子句。其语法格式是：

[ORDER BY 字段 1[ASC|DESC][, 字段 2[ASC|DESC][, …]]]

字段：设置排序的字段或表达式。
ASC：按表达式升序排序，默认为升序。
DESC：按表达式降序排序。

2. SQL 特定查询

前面已经提到，并非所有的查询都能在 Access 查询中转化成查询设计视图中的交互操作，有一类称为 SQL 特定查询(如联合查询、传递查询和数据定义查询等)，就不能在设计视图中创建，只能通过在 SQL 视图中输入 SQL 语句来创建。

(1) 联合查询

联合查询将两个或多个表或查询中的字段合并到查询结果的一个字段中。使用联合查询可以合并两个表中的数据。

(2) 传递查询

传递查询使用服务器能接受的命令直接将命令发送到 ODBC 数据库。例如，用户可以使用传递查询来检索记录或更改数据。使用传递查询，可以不必连接到服务器上的表而直接使用它们。传递查询对于在 ODBC 服务器上运行存储过程也很有用。

(3) 数据定义查询

数据定义查询可以创建、删除或修改表的结构，也可以在数据表中创建索引。

● 创建表结构

CREATE [TEMPORARY] TABLE <表名>([<字段 1><字段类型 1>(字段大小 1)] [NOT NULL][索引 1][, <字段 2><字段类型 2>(字段大小 2)] [NOT NULL][索引 2][, …]) [, CONSTRAINT MULTIFIELDINDEX[, …]])

下面通过表 7-8 说明创建表结构常用的选项。

表 7-8　创建表结构常用的选项及其说明

术　语	说　明
CREATE TABLE	创建一个表结构
TEMPORARY	该表只能在创建它的会话中可见。当会话终止时，该表会被自动删除，临时表能够被多个用户访问
<表名>	要创建的表的名称
字段 1，字段 2	要在新表中创建的字段的名称。必须至少创建一个字段
字段类型 1，字段类型 2	新表中字段的数据类型
字段大小	以字符为单位的字段大小(仅限于文本和二进制字段)
索引 1，索引 2	CONSTRAINT 子句，用于定义单字段索引
MULTITIELDINDEX	CONSTRAINT 子句，用于定义多字段索引

使用 CREATE TABLE 语句可以在当前数据库中创建一个新的、初始化为空的表。如果某字段指定了 NOT NULL，那么新记录必须包含该字段的有效数据。

● 修改表结构

ALTER TABLE <表名> [ADD<字段名><字段类型>][DROP<字段名><字段类型>][ALTER <字段名><字段类型>]

下面通过表 7-9 说明修改表结构常用的选项。

表 7-9　修改表结构常用的选项及其说明

术　语	说　明
ALTER TABLE	修改表结构
<表名>	要修改的表的名称
ADD	增加表中的字段
DROP	删除表中的字段
ALTER	修改表中字段的属性

● 删除表
格式：DROP TABLE 表名。
功能：删除指定的表。
● 建立索引
格式：CREATE INDEX 索引名 ON 表名。
功能：在指定表中创建索引。
● 删除索引
格式：DROP INDEX 索引名 ON 表名。
功能：删除指定表中指定的索引。

(4) 数据更新

● 数据插入

> 格式 1：INSERT　INTO 表名[(字段名 1[, 字段名 2] [, …])]]VALUE(值 1[, 值 2[, …]])
> 格式 2：INSERT　INTO 表名[(字段名 1[, 字段名 2] [, …])]] [IN 外部数据库 SELECT 查询字段 1[, 查询字段 2[, …]] FROM 表名列表

功能：将数据插入指定的表中。格式 1，一条语句插入一条记录；格式 2，将 SELECT 语句查询的结果插入指定的表中。

下面通过表 7-10 说明数据插入常用的选项。

表 7-10　数据插入常用的选项及其说明

术　语	说　明
字段名 1，字段名 2	需要插入数据的字段。若省略，表示表中的每个字段均要插入数据
值 1，值 2	插入表中的数据，其顺序和数量必须与字段名 1、字段名 2 一致

● 数据更新

格式：UPDATE 表 FIELDS SET 字段名 1=新值 | [, 字段名 2=新值 2…] WHERE 条件。

功能：更新指定表中符合条件的记录。

下面通过表 7-11 说明数据更新常用的选项。

表 7-11　数据更新常用的选项及其说明

术　语	说　明
<表名>	要更新的表的名称
字段名 1，字段名 2	要修改的字段
新值 1，新值 2	其字段名 1、字段名 2 对应的数据
WHERE 条件	限定符合条件的记录参加修改

● 数据删除

格式：DELETE　FROM　表名[WHERE 条件]。

功能：从指定表中删除符合条件的数据。

说明：如果没有条件子句，则删除表中的所有数据。

7.7 窗体

Access 2010 中的窗体是它的一个对象，又称为表单，它利用计算机屏幕将数据库的表或查询中的数据显示给用户。

1. 窗体的类型

Access 2010 提供了 7 种类型的窗体，分别是纵栏式窗体、表格式窗体、数据表窗体、主/子窗体、图表窗体、数据透视表窗体和数据透视图窗体。

(1) 纵栏式窗体

纵栏式窗体将窗体中的一个显示记录按列分隔，每列的左边显示字段，右边显示字段内容。

(2) 表格式窗体

通常，一个窗体在同一时刻只显示一条记录的信息。如果一条记录的内容比较少，单独占用一个窗体的空间就显得很浪费。这时，可以建立一种表格式窗体，即在一个窗体中显示多条记录的内容。

(3) 数据表窗体

数据表窗体从外观上看与数据表和查询的界面相同。数据表窗体的主要作用是作为一个窗体的子窗体。

(4) 主/子窗体

窗体中的窗体称为子窗体，包含子窗体的基本窗体称为主窗体。主窗体和子窗体通常用于显示多个表或查询中的数据，这些表或查询中的数据具有一对多的关系。主窗体只能显示为纵栏式窗体，子窗体可以显示为数据表窗体，也可以显示为表格式窗体。

(5) 图表窗体

图表窗体利用 Microsoft Graph 以图表方式显示用户的数据。可以单独使用图表窗体，也可以在子窗体中使用图表窗体来增加窗体的功能。

(6) 数据透视表窗体

数据透视表窗体是 Access 为了以指定的数据表或查询为数据源产生一个 Excel 的分析表而建立的一种窗体形式。数据透视表窗体允许用户对表格内的数据进行操作，用户也可以改变透视表的布局，以满足不同的数据分析方式和要求。

(7) 数据透视图窗体

数据透视图窗体用于显示数据表和窗体中数据的图形分析窗体。数据透视图窗体允许通过拖动字段和项或通过显示和隐藏字段的下拉列表中的选项，来查看不同级别的详细信息或指定布局。

2. 窗体的创建

利用窗体向导创建窗体的步骤如下。

(1) 打开一个 Access 2010 数据表，选择"创建"功能区，在"导航窗格"中单击包含用户希望在窗体上显示的数据的表或查询。

(2) 在"创建"功能区的"窗体"组上单击"窗体"按钮，Access 2010 会自动创建窗体，如图 7-22 所示，并以布局视图显示该窗体。

(3) 在"导航窗格"中单击包含在分割窗体上显示的数据的表或查询，在"创建"功能区上的"窗体"组中单击"其他窗体"中的"分割窗体"按钮。

(4) 在"导航窗格"中单击包含在分割窗体上显示的数据的表或查询，在"创建"功能区上的"窗体"组中单击"多个项目"按钮后，Access 2010 会创建窗体，并以布局视图显示该窗体。

图 7-22　以布局视图显示的窗体

7.8　报表

报表用于对数据库中的数据进行计算、分组、汇总和打印。报表的功能如下。

(1) 可以对数据进行分组、汇总。

(2) 可以包含子窗体、子报表。

(3) 可以按特殊要求设计版面。

(4) 可以输出图表和图形。

(5) 能打印所有表达式。

1. 报表的类型

Access 2010 系统提供的报表主要有 4 种类型，分别是纵栏式报表、表格式报表、图表报表和标签报表。

(1) 纵栏式报表

纵栏式报表的显示方式类似于窗体的格式，在报表的界面上以垂直方式显示记录，数据表的字段名和字段内容一起显示在报表的主体节内。

(2) 表格式报表

表格式报表的显示方式类似于数据表的格式，主要以行、列的形式显示记录，一页可以显示多条记录，所以，此类报表适合输出记录较多的数据表，便于阅览。这种报表数据的字段标题不是在每页的主体节中显示，而是在页面的页眉节中显示。

(3) 图表报表

图表报表中的数据以图表方式显示，类似于 Excel 中的图表，以便更加直观地显示数据之间的关系。

(4) 标签报表

标签报表是一种特殊类型的报表，将数据做成标签形式，一页中显示许多标签。在实际应用中，可以用标签报表做名片，以及各种各样的通知、传单和信封等。

每个报表都有下列 4 种视图："报表视图""设计视图""打印预览"和"布局视图"。"报表视图"是报表设计完成后，最终被打印的视图，在"报表视图"中可以对报表应用高级筛选功能以显示所需要的信息。使用"设计视图"可以创建报表或更改已有报表的结构。使用"打印预览"可以查看将在报表的每一页上显示的数据。使用"布局视图"可以在显示数据的情况下调整报表设计。

2. 报表的创建

报表是 Access 2010 数据库对象之一，主要用来实现数据库数据的打印。报表是以打印的格式表现用户数据的一种有效方式。因为用户控制了报表上每个对象的大小和外观，所以可以按照所需的方式显示信息以便查看信息。

使用 Access 2010 的报表工具自动创建报表很简单，但其格式是固定的，在创建报表时无法自行设定，而且在表或查询中所有字段的内容都会出现在报表中，这就可能使用户不便于阅读。如果需要比较自由的数据表的话，可以使用 Access 2010 中的创建报表向导来创建报表。

使用 Access 2010 向导创建报表的步骤如下。

(1) 打开"学生成绩"表，选择"创建"功能区。在"创建"功能区上的"报表"组中单击"报表向导"按钮。

(2) 弹出"报表向导"对话框，在"可用字段"中逐一双击要使用的字段，单击"下一步"按钮。

(3) 选择"学号"字段，表示预览及打印时，将以此字段做升序排列，单击"下一步"按钮。选中"块"和"纵向"单选按钮，单击"下一步"按钮，在"请为报表指定标题"文本框输入报表的标题，选中"预览报表"单选按钮，单击"完成"按钮。

完成上面三步后，Access 2010 将在布局视图中生成和显示报表，如图 7-23 所示。

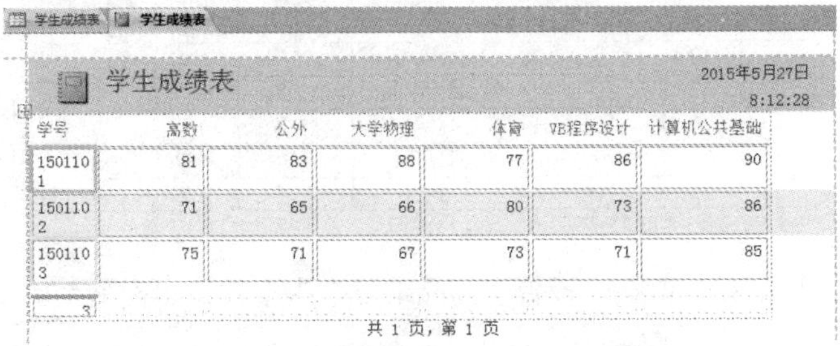

图 7-23　在布局视图中生成和显示报表

7.9　Access 2010 操作训练

一、建立数据表文件 shop，数据类型按表信息合理设置，并添加数据信息。

shop

序号 xh	商品编号 smbh	名称 mc	进货价格 jhjg	销售价格 xsjg	日日优惠 rryh
1	2015001	中性笔	1.50	2.50	周二
2	2015002	橡皮	0.80	1.20	周三
3	2015005	铅笔	0.30	0.50	周四
4	2015008	笔记本	0.85	1.00	周五
5	2015010	油笔	0.60	1.15	周六

1. 创建 shop 表，使用 SQL 语句，设置"商品编号"为主键，"日日优惠"的默认值设置为"周日"。

2. 请用 SQL 语句插入数据。

3. 综合操作。

(1) 添加 1 个新字段"买赠"，类型为 char，长度为 20。

(2) 添加 1 条新记录，商品编号为 2015012，名称为"便签"，销售价格为 3.10，买赠内容为"买五赠一"。

(3) 修改"铅笔"的买赠内容为买十赠一。

(4) 修改"橡皮"的销售价格，使之涨 15%。

(5) 查询所有商品的信息。

(6) 查询销售价格在 1.00~2.00 的商品名称。

(7) 查询所有商品的平均进货价格。

(8) 查询今日买 3 个"便签"的价格。

(9) 查询日日优惠为周一，进货价格在 1.80 以上商品的名称和销售价格。

(10) 删除第 2 个字是"笔"且销售价格在 1.00 以上的商品的信息。

(11) 删除日日优惠为"周三"和"周四"的商品的信息。

(12) 删除"中性笔"以外的所有商品的信息。

二、建立数据表文件 sp，数据类型按表信息合理设置，并添加数据信息。

sp

序号 xh	商品编号 spbh	名称 mc	类型 lx	价格 jg	库存 kc	是否优惠 sfyh
1	12005	坚果礼盒	休闲食品	175.30	200	是
2	12016	巧克力	休闲食品	12.40	550	否
3	31001	复合维生素	保健品	98.50	200	否
4	78008	小毛巾	日用品	9.10	4000	是
5	22003	矿泉水	饮料	1.50	10000	否

注：VIP 会员，可以 8 折购买。

1. 创建 sp 表，使用 SQL 语句，设置"商品编号"为主键，"类型"的默认值设置为"休闲食品"，"名称"不允许为空。

2. 请用 SQL 语句插入数据。

3. 综合操作。

(1) 添加两个新字段："备注"和"特别优惠"，类型都为 varchar，长度为 50。

(2) 添加 1 条新记录，商品编号为 42008，名称为"土豆"，价格为 2.50，备注为"今日新鲜供应"，特别优惠为"买赠"。

(3) 修改巧克力的库存，使之增加 50%。

(4) 修改"土豆"的商品类型为蔬菜。

(5) 查询所有商品的名称。

(6) 查询价格在 20 元以上的商品库存和名称。

(7) 查询"商品"表中的类型。

(8) 查询 VIP 购买 5 斤土豆的价格，新标题为 VIP 价格。

(9) 查询"是否优惠"为"是"的商品名称和价格，价格为 9 折，新标题显示为"优惠价"。

(10) 查询商品名称中没有"礼"字的商品的价格和库存量。

(11) 删除所有类型为"保健品"和"蔬菜"的商品的信息。

(12) 删除商品名为"巧克力"以外的所有商品的信息。

三、连接查询

1. 建立 3 个数据表，表名分别为 Student、Course 和 SC，数据类型按表信息合理设置，并添加数据信息。

Student

学号 Sno	姓名 Sname	性别 Ssex	年龄 Sage	所有系 Sdept
95001	李勇	男	20	CS
95002	刘晨	女	19	IS

Course

学号 Cno	课程号 Cname	先行课 Cpno	学分 Ccredit
1	数据库	5	4
2	数学		2

SC

学号 Sno	课程号 Cno	成绩 Grade
95001	1	92
95001	2	85
9502	2	90

2. 查询学号为"95001"的同学的所有成绩。
3. 查询选修了"数学"课的同学的所有成绩。
4. 查询选修了"数据库"的同学的姓名和性别。

参考文献

[1] 李菲，李姝博，邢超. 计算机基础实用教程(Windows 7+Office 2010 版)[M]. 北京：清华大学出版社，2012.

[2] 韩相军，梁艳荣. 计算机应用基础[M]. 2 版. 北京：清华大学出版社，2013.

[3] 黄林国，康志辉. 计算机应用基础项目化教程(Windows 7+Office 2010)[M]. 北京：清华大学出版社，2013.

[4] 王剑云，张维，张超，叶文珺. 计算机应用基础[M]. 2 版. 北京：清华大学出版社，2013.

[5] 巩政，郝莉. 大学计算机应用基础[M]. 2 版. 北京：清华大学出版社，2013.

[6] 侯东梅. 计算机应用基础教程 Windows 7+Office 2010[M]. 北京：中国铁道出版社，2012.

[7] 宋翔. Excel 2010 办公专家从入门到精通[M]. 北京：石油工业出版社，2011.

[8] 刘文平. 大学计算机基础[M]. 3 版. 北京：中国铁道出版社，2011.

[9] 张锡华，詹文英. 办公软件高级应用安全教程[M]. 北京：中国铁道出版社，2012.

[10] 邓蓓，孙锋. 新思路计算机应用基础[M]. 北京：中国铁道出版社，2012.

[11] 叶丽珠，马焕坚. 大学计算机项目式教程——Windows 7+Office 2010[M]. 北京：北京邮电大学出版社，2013.

[12] 胡维华，郭艳华. 计算机基础与应用案例教程(Windows 7+Office 2010)[M]. 北京：科学出版社，2013.

[13] 郑德庆. 21 世纪高等学校计算机公共基础课规划教材·高职高专系列：计算机应用基础(Windows 7+Office 2010)[M]. 北京：中国铁道出版社，2011.

[14] 唐光海，李作主. 大学计算机应用基础(Windows 7+Office 2010)[M]. 2 版. 北京：电子工业出版社出版，2013.

[15] 刘瑞新. 大学计算机基础(Windows 7+Office 2010)[M]. 3 版. 北京：机械工业出版社，2013.

[16] 李淑华. 计算机文化基础(Windows 7+Office 2010)[M]. 北京：高等教育出版社，2013.

[17] 张爱民，陈炯. 计算机应用基础(Windows 7+Office 2010)[M]. 北京：电子工业出版社，2013.

[18] 李畅. 计算机应用基础(Windows 7+Office 2010)[M]. 北京：人民邮电出版社，2013.

[19] 李俊霞. 计算机应用基础——Windows 7+Office 2010[M]. 北京：北京理工大学出版社，2013.

[20] 徐辉. 大学计算机应用基础(Windows 7+Office 2010)[M]. 北京：北京理工大学出版社，2013.

[21] 袁爱娥. 计算机应用基础：Windows 7+Office 2010+Photoshop CS5+Movie Maker 2012[M]. 北京：中国铁道出版社，2013.

[22] 赵荣，龙燕，全学成. 全国高职高专公共课程"十二五"规划教材：计算机基础教程(Windows 7+Office 2010)[M]. 北京：中国铁道出版社，2013.

[23] 宋强，刘凌霞，等. Windows XP+Office 2010 标准教程(2013—2015 版)[M]. 北京：清华大学出版社，2013.

[24] 朱颖雯，孙勤红. 计算机基础及 MS Office 一级教程(Windows 7 和 Office 2010)(工业和信息化普通高等教育"十二五"规划教材立项项目)[M]. 北京：人民邮电出版社，2013.

[25] 贾小军. 大学计算机(Windows 7 Office 2010 版)[M]. 长沙：湖南大学出版社，2013.

[26] 刘祖萍，宋燕福. 计算机文化及 MS Office 案例教程(Windows 7+Office 2010)[M]. 2 版. 北京：中国水利水电出版社，2014.

[27] 张永，夏平. 信息化应用基础实践教程(Windows 7+Office 2010)[M]. 北京：电子工业出版社，2013.

[28] 赖利君，张朝清，谢宇. 信息技术基础项目式教程(Windows 7+Office 2010)[M]. 北京：人民邮电出版社，2013.

[29] 吴卿. 办公软件高级应用(Office 2010)[M]. 杭州：浙江大学出版社，2012.

[30] 张静，张俊才. 办公应用项目化教程[M]. 北京：清华大学出版社，2012.

[31] 教育部考试中心. 全国计算机等级考试——一级 MS-Office2010 教程(2013 年版)[M]. 天津：南开大学出版社，2013.

[32] 教育部考试中心. 全国计算机等级考试——一级 MS-Office2010 考试参考书(2013 年版)[M]. 天津：南开大学出版社，2013.

[33] 李周芳. Word+Excel+Powerpoint 三合一无师自通(2010 版)[M]. 北京：清华大学出版社，2012.

[34] 贾学明. 大学计算机机基础[M]. 北京：中国水利水电出版社，2012.

[35] 亓常松，刘军，冯相忠. 计算机基础(高等学校计算机应用规划教材)[M]. 2 版. 北京：清华大学出版社，2012.

[36] 高巍巍. 大学计算机基础(普通高等应用型院校"十二五"规划教材)[M]. 3 版. 北京：中国水利水电出版社，2016.